运筹学及Python 编程实践

主 编 吴影辉

南京大学出版社

图书在版编目(CIP)数据

运筹学及 Python 编程实践 / 吴影辉主编. —南京：
南京大学出版社，2024.4
ISBN 978 - 7 - 305 - 27783 - 2

Ⅰ. ①运… Ⅱ. ①吴… Ⅲ. ①软件工具—程序设计—
应用—运筹学　Ⅳ. ①O22 - 39②TP311.561

中国国家版本馆 CIP 数据核字(2024)第 076009 号

出版发行　南京大学出版社
社　　址　南京市汉口路 22 号　　　　　邮　　编　210093
书　　名　**运筹学及 Python 编程实践**
　　　　　YUNCHOUXUE JI Python BIANCHENG SHIJIAN
主　　编　吴影辉
责任编辑　武　坦　　　　　　　　编辑热线　025 - 83592315
照　　排　南京开卷文化传媒有限公司
印　　刷　南京京新印刷有限公司
开　　本　787 mm×1092 mm　1/16　印张 17　字数 372 千
版　　次　2024 年 4 月第 1 版　　2024 年 4 月第 1 次印刷
ISBN 978 - 7 - 305 - 27783 - 2

定　　价　49.00 元
网　　址：http://www.njupco.com
官方微博：http://weibo.com/njupco
微信服务号：njuyuexue
销售咨询热线：(025)83594756

内容简介

　　运筹学是一门重要的管理类专业基础课程,运用数学模型等方法对管理问题进行定量分析,为管理人员提供决策的科学依据。运筹学是实现管理现代化的有力工具,在供应链管理、生产计划、商品动态定价,金融工程下的组合优化,人工智能和机器学习等领域,均发挥着重要的作用。运筹学的实用性较强,需要与编程技术相结合应用到解决实际问题中去。Python 是功能强大且简单易学的编程语言,目前大多数管理类专业将 Python 编程作为一门重要的通识课程。本书最主要的特色就是把运筹学中涉及的重要理论方法或算法采用 Python 编程实现。

　　本书包含了线性规划、对偶理论与敏感性分析、运输问题、整数规划、目标规划、动态规划、图与网络等重要的运筹学基础知识模块。针对这些理论方法给出相应的 Python 实现程序,有助于读者通过 Python 程序反过来理解理论知识,使这些理论不再晦涩难懂。因此,本书涵盖运筹学理论的相关算法介绍以及 Python 编程实践代码。

　　本书适合管理类、应用数学和工程类专业的本科生和研究生作为运筹学课程的教材和参考书,仅需要读者具有高等数学和 Python 编程基础就可以阅读本书。

前　言

运筹学是一门探索决策优化的学科,涉及众多的数学理论和方法。然而,这些理论常常在表达方式上显得抽象,难以让学习者直观地理解其实质。因此,本书旨在将运筹学的基础理论与 Python 编程实践相结合,使得这些理论不再局限于数学公式和概念,而是可以通过编程语言变得更加直观和具体。这也是本书的最大特色。

这本书囊括运筹学的基础且重要的知识模块,涵盖线性规划、对偶理论与敏感性分析、运输问题、整数规划、目标规划、动态规划、图与网络等理论知识。每个知识模块或方法都通过示例进行阐述,并配以相应的 Python 实现程序。通过这些程序,学习者能够更好地理解理论的本质和编程实现的方式,使这些理论不再晦涩难懂。

编写这本书的初衷是希望能够为运筹学的学习者提供一本综合、易懂且注重实践的学习资料。每一个章节,都经过精心设计,希望能够为读者带来新的启发和认识。本书编写分工如下:吴影辉编写第 1 章,并统筹编写工作;林佳倩编写第 2~3 章;陈思杰编写第 4~6 章;付玉晖编写第 7~8 章。通过本书的学习,学习者不仅可以掌握运筹学的核心理论,更能够结合 Python 编程解决现实管理中的优化问题。

对于管理类、应用数学和工程类专业的本科生和研究生而言,本书既可以作为课程教材,也可以作为学习运筹学的入门参考书。更重要的是,本书所需要的仅限于高等数学和 Python 编程的基础知识,不要求读者有太多额外的知识储备,致力于让更多的读者能够轻松地接触和理解运筹学这门学科。

衷心希望这本书能够激发您对运筹学的热爱,并为您未来的学术和职业生涯提供坚实的基础。运筹学和 Python 编程的结合不仅仅是技术的学习,更是一种思考和解决问题的方式。愿这本书成为您学习运筹学和解决实际问题的得力工具和伙伴。愿这本书能够引领您进入运筹学的奇妙世界,为您的学习带来更多的启示和收获。

由于编者水平有限,书中难免有不妥和错误之处,敬请各位读者批评指正。

吴影辉
2024 年 2 月

目　录

第1章 绪 论

运筹学的主要目的是为决策者提供科学的决策依据,是实现管理现代化的有力工具。运筹学最初被应用于解决军事和经济活动中的管理问题。随着科技和生产的进步,运筹学在各个领域都扮演着重要角色,特别是在生产、交通运输、酒店等行业。当运筹学与计算机科学、统计学等学科相结合,这种集成的方法已成为企业管理和商务决策以及提升管理能力的有效工具。实践证明,在资源有限的情况下,科学的运筹规划能够帮助企业实现高质量的发展。

1.1 运筹学的起源与发展

运筹学的起源可以追溯到第二次世界大战期间,当时在战争中有许多需要解决的军事战略和战术问题,解决这些问题需要考虑如何最优化资源利用、决策制定以及规划部署等。例如,军队需要有效地分配武器资源、运输人员和后勤物资,并做出迅速而明智的决策。为了解决这些问题,数学家、统计学家和工程师开始研究如何利用数学模型和分析方法来优化决策过程。他们开始研究最优化理论、线性规划、排队论和决策分析等概念,并将这些概念应用于战场上的实际军事问题。

George Dantzig 是运筹学的奠基人之一。他在 1947 年提出了线性规划的数学模型。线性规划是一种数学优化技术,用于在有限资源下最大化或最小化一个线性目标函数。这一理论为解决资源分配问题提供了强大的工具。R. A. Fisher 是一位统计学家和遗传学家,他在第二次世界大战期间通过统计学方法解决军事问题,为运筹学的发展提供了实际经验和理论基础。

第二次世界大战后,英美军队相继成立了运筹学研究组织。运筹学学会的建立标志着运筹学作为一门独立学科的确立。1952 年,Operations Research Society of America(ORSA)成立,为研究和推广运筹学提供了一个专业平台。后来,ORSA 与其他组织合并成为现今的运筹学与管理科学学会(Institute for Operations Research and the Management Sciences,INFORMS)。

随着对问题复杂性认识的深入,运筹学逐渐发展出了更为复杂的数学规划方法。除了线性规划,非线性规划、整数规划等方法的引入使得运筹学能够处理更加复杂和实际的问题。为了解决多阶段决策问题,特别是在控制理论和优化问题中的应用,

Richard Bellma 提出了动态规划的思想。随后,动态规划被扩展形成随机动态规划,用于处理带有随机性质的问题。这种拓展使动态规划在控制系统、金融工程等领域得到广泛应用。随着深度学习的兴起,动态规划的思想被引入神经网络中。循环神经网络和长短时记忆网络等模型中使用了动态规划的思想,以处理序列数据和时间依赖关系。

与此同时,运筹学的其他理论等也得到了迅速的发展。在 1952 年,L.R. Agnew 和 C. Derman 在 *Operations Research* 杂志上发表了一篇论文,介绍了排队系统的基本理论,并提出了用于分析排队系统的数学工具。他们的工作为排队论的理论奠定了更加坚实的基础。在 1961 年,Leonard Kleinrock 在博士论文 *Information Flow in Large Communication Nets* 中提出了著名的 Kleinrock 定理,该定理为网络排队论奠定了基础。他的工作对理解分组交换网络中的流量和延迟问题非常重要,对互联网的发展有着深远的影响。

随着计算机技术的飞速发展,计算机的强大计算能力使得运筹学能够处理更大规模、更复杂的问题,提高了解决方案的准确性和效率,运筹学的方法得以成功地应用到工业、商业、医疗、金融等各个领域。

我国古代也出现了运筹学思想的萌芽和早期运用。例如,司马迁在《史记·高祖本纪》一书中提到"夫运筹帷幄之中,决胜于千里之外",北宋时期沈括在《梦溪笔谈》中提到"丁渭巧修皇宫"等。这些古籍蕴含的运筹思想要比西方国家早一千多年。在新中国成立之初,钱学森、许国志等老一辈科学家放弃外国优厚的待遇,将运筹学从国外引进国内,结合当时的国情加以推广应用。在此期间,以华罗庚先生为代表的一批数学家积极投身到运筹学的研究领域,取得了丰硕的研究成果,这些成果得到了国际上的认可,为新中国的建设做出了巨大的贡献。

1.2 运筹学的定义

究竟什么是运筹学呢? 运筹学一词源自希腊语中的"运筹"(Orcheisthai),意为"指挥、规划",以及拉丁语中的"学"(Logos),意为"知识、科学"。运筹学的英文名称先后使用过"Operational Research"和"Operations Research",都被简称为"OR"。1951 年,美国国家科学院院士 P.M. Morse 与 G.E.Kimball 在他们合作出版的《运筹学方法》中给运筹学下的定义是:"运筹学是在实行管理的领域,运用数学方法,对需要进行管理的问题统筹规划,从而做出决策的一门应用科学。"运筹学创始人丘奇曼认为运筹学是:"应用科学的方法、技术和工具来处理一个系统运行中的问题,使系统的控制得到最优的解决方法。"英国运筹学会认为:"运筹学是把科学方法应用在指导和管理有关的人员、机器、物资以及工商业、政府和国防方面资金的大系统中所发生的各种问题。其独特的方法是发展一个科学的系统模式,列入随机和风险等各种因素的尺度,并运用这个模式预测和比较各种决策、战略并控制方案所产生的后果。其目的是帮助主管人员科学地决定方针和政策。"美国运筹学会认为:"运筹学所研究的问题,通常是在要求分配有限资源的条件下,科学地决定如何最好地设计和运营人机系统。"

《中国大百科全书》定义运筹学是"用数学方法研究经济、民政和国防等部门在内外部环境的约束条件下合理分配人力、物力、财力等资源,使实际系统有效运行的技术科学。它可以用来预测发展趋势、制定行动规划或优选可行方案"。《辞海》中运筹学被定义为"主要研究经济活动与军事活动中能用数量来表达有关运用、筹划与管理方面的问题。它根据问题的要求,通过数学分析与运算,做出综合性的合理安排,以达到经济有效地使用人力物力"。

总的来说,运筹学是一门科学和数学的交叉学科,致力于通过建立数学模型、运用统计方法和优化技术,对复杂系统进行分析、设计和决策,以求在有限资源下实现最优解。其目标是提高效率、优化决策、降低成本,并在各种应用领域中解决实际问题。

1.3 运筹学的工作步骤

在利用运筹学解决问题时,运筹学的工作步骤通常包括以下几个方面,每个步骤都是问题解决过程中不可或缺的一环。

第1步,问题定义。这一步骤是运筹学工作的起点。清晰明确的问题陈述是成功建模的关键。决策者在定义问题时往往需要回答以下问题:管理面临的主要挑战来自哪些方面,这些挑战会带来怎样的影响;可以采用哪些行动方案来应对这些挑战;需要制定哪些决策,决策的主要目标是什么,以及涉及的各种约束条件;等等。

第2步,数据搜集与分析。根据界定的问题,需要明确与管理相关的数据以及可作为决策依据的数据,这些数据将被用作模型的输入。获取与问题相关的数据,这可能包括历史数据、市场趋势、资源使用情况等。而这些数据的质量和准确性对于建立有效的模型至关重要。通过对数据进行统计分析,包括描述性统计和概率分布分析等方法,有助于更好地理解问题的现状和趋势。

第3步,模型构建与求解。建模是把用语言描述的管理问题准确地转化为数学模型,是对现实管理问题的抽象。建立模型需要选择适当的数学符号来描述模型中的参数、决策变量等,并建立参数与决策变量之间的关系。在建模过程中可能需要设定一些假设来降低模型的复杂性。通常一个完整的数学模型包括优化目标,约束条件和决策变量取值类型。模型求解的具体步骤包括选择适当的数学工具和算法,利用计算机进行数值计算,以找到使得目标函数最优化的决策变量取值。常用的数学工具包括线性规划、整数规划、动态规划、排队论等,而求解算法可以是单纯形法、分支定界法、动态规划算法等。

第4步,结果解释与验证。分析模型的输出,解释最优解或推荐方案。这涉及理解数学模型的意义,并将其转化为可操作的实施方案或建议。对模型中的参数和变量进行敏感性分析,评估模型对数据变化的鲁棒性。这有助于了解模型对不确定性的响应。

第5步,实施与跟踪。将优化或决策方案应用于实际问题。这可能包括制定实施计划、分配资源、调整流程等。跟踪实施效果,监测绩效指标,确保实际结果与模型预测一致。如有必要,可以根据反馈信息进行模型的再优化。

1.4 运筹学的典型应用

运筹学具有广泛的应用领域,在不同领域中为解决复杂的问题提供了强大的工具和方法。以下是一些典型的应用。

1.4.1 生产计划与调度

生产计划与调度在制造业中是至关重要的,直接关系到企业生产效率、成本控制和客户满意度。

运筹学通过数学建模对生产计划进行抽象和形式化,深入理解生产流程、资源、需求等。线性规划等方法用于表示目标函数和约束条件,确保数学模型准确反映实际情况。生产计划的优化目标多样,包括最大化产量、最小化成本、最小化周期等。运筹学通过数学建模和优化算法,帮助企业找到最适合自身情况的生产计划,并确保计划的科学性和合理性。例如,丰田生产方式是一个成功的运筹学应用案例,通过精细的生产计划和调度,实现了生产过程的高效运作,提高了生产效率。

未来,随着人工智能和大数据技术的不断发展,运筹学将更多地融合这些技术,以处理更复杂、更庞大的数据集,提高生产计划与调度的精确度和效率。智能制造和物联网的兴起,将为运筹学提供更为精确的数据,实现更高级别的自动化和智能化生产计划与调度。

1.4.2 物流与供应链优化

物流与供应链是企业运作中至关重要的环节,涉及产品的生产、运输、存储和分销等多个方面。运筹学在这一领域发挥着关键作用,通过数学建模和优化算法,可以有效地提高效率、降低成本,并确保供应链的稳定性。① 运筹学可用于确定最优的库存水平,以平衡存储成本和订单交付的需求。通过数学建模和需求预测,可以制定库存策略,确保及时满足客户需求的同时避免过多的库存积压。② 在物流中,选择最佳的运输路线对于降低运输成本至关重要。运筹学通过考虑各种因素(如距离、交通状况、运输费用等），使用优化算法来确定最经济、最高效的运输路线，减少运输时间和成本。运筹学可用于优化仓库的设计和布局，确保在有限的空间内最大化存储容量，并通过合理的货物排列和提取策略来提高仓库操作效率。③ 通过数学建模，运筹学可以帮助企业优化供应链网络结构，包括供应商选择、生产中心的位置、分销中心的布局等，以实现最佳的物流流程。④ 运筹学可用于确定最优的订单批量，以平衡生产和库存成本。通过考虑订单成本、存储成本和生产成本等因素，可以确保企业在供应链中实现最优的经济利益。

1.4.3　金融风险管理

运筹学在金融领域中用于优化投资组合、风险管理等，通过数学建模和优化算法帮助机构做出更明智的投资决策。① 运筹学可以用于构建最优的投资组合，以实现投资目标并最小化风险。通过数学模型和优化算法，可以考虑不同资产之间的相关性、风险收益特征以及投资者的风险偏好，以生成最佳的投资组合。② 运筹学方法可以用于量化和评估不同金融工具和投资策略的风险。通过统计学、概率论和数学建模，可以制定风险测度，以便更好地理解潜在的损失和波动性。③ 运筹学方法在衍生品定价和风险管理中发挥关键作用。通过数学模型，可以对期权、期货和其他衍生品的价格进行建模，并通过对冲和调整来管理相关的市场风险。这包括对债务工具和贷款组合的违约概率建模，以及制定有效的信贷风险管理策略。④ 运筹学方法可以被整合到决策支持系统中，为金融专业人员提供实时的决策信息。这包括对不同决策方案的模拟和分析，以帮助制定最佳的风险管理策略。

1.4.4　医疗资源优化

运筹学在医疗资源优化中发挥着重要作用，帮助医疗机构更有效地分配和利用资源，提高服务质量和降低成本。① 运筹学可以用于优化手术室的调度，确保手术室的使用率最大化，减少患者等待时间，并优化手术室的资源分配。这包括考虑手术室准备时间、手术时间、清洁时间等因素，以最大限度地提高手术室的效率。② 运筹学可用于优化床位的分配和管理，以应对患者流量的波动。通过考虑患者的病情、治疗时间、床位清洁时间等因素，可以制定最佳的床位分配策略，提高床位利用率，减少患者等待时间。③ 运筹学方法可以帮助优化急诊室的流程，提高患者就医的效率。通过分析患者的到达模式、医疗资源的分布和处理时间等因素，可以制定最佳的急诊室排班和资源配置方案。④ 运筹学可用于优化医院药物库存的管理，确保及时供应，同时降低库存成本。通过分析患者需求、药物使用模式和供应链信息，可以制定有效的库存策略，减少过剩和短缺。⑤ 运筹学可用于优化医院人力资源的分配和调度，确保在不同科室和时间段有足够的医生、护士和其他医疗人员。通过考虑人员的技能、工作时间、疲劳程度等因素，可以提高医疗团队的效率和工作满意度。⑥ 在面对突发疫情时，运筹学可以用于优化医疗资源的紧急调配，包括床位、人员、医疗设备等，以最大限度地提高应对疫情的能力。

1.4.5 市场营销优化

运筹学在市场营销中的应用可以帮助企业更有效地分配资源、优化决策,并提高市场效益。一些运筹学在市场营销优化中的具体应用包括以下几个方面:① 定价策略优化:运筹学可以用于制定最佳的定价策略,考虑到不同市场条件、竞争格局和消费者行为,通过数学建模和优化算法,企业可以确定最大化收益或市场份额的最佳价格。② 产品组合优化:运筹学可以帮助企业优化其产品组合,以满足不同消费者群体的需求,并最大限度地提高总体销售收入。这包括考虑到产品之间的相互替代关系、横向销售机会和销售渠道的效能。③ 广告和促销优化:运筹学方法可以用于优化广告和促销策略,以最大化投资回报率。通过建立数学模型,可以分析不同广告渠道和促销方案的效果,并根据预算约束制定最佳的广告和促销计划。④ 市场细分和目标定位:运筹学可以帮助企业更精确地进行市场细分和目标定位,以便更好地满足不同消费者群体的需求。通过分析市场数据和消费者行为,可以优化产品定位和营销策略。⑤ 运筹学可以帮助企业更好地理解客户行为,用于市场预测和需求规划,以帮助企业更准确地预测市场趋势、产品需求和销售量。这有助于避免过剩或短缺的情况,提高供应链的效率。

1.4.6 环境保护与资源利用

将运筹学方法引入环境保护和资源利用领域,可以帮助各类组织更有效地实现可持续发展目标,降低对环境的负面影响,提高资源利用效率,从而推动绿色经济的发展。① 为提高供应链的可持续性,运筹学可用于优化整个供应链的设计和运作,以减少对环境的不良影响。通过考虑供应链中的各个环节,从原材料采购到生产、运输和最终产品分发,可以降低碳排放、减少能源消耗和最小化废弃物。② 运筹学可以支持循环经济的实施,通过优化资源回收、再利用和再循环的流程,这包括在产品设计阶段考虑可回收性、制定最佳的废物处理策略,以及优化回收网络以减少资源浪费。③ 针对生产过程中的能源利用和设备效率,通过建立数学模型,可以识别最佳的能源配置方案,减少对非可再生能源的依赖,并降低温室气体排放。④ 运筹学可用于优化水资源的利用,包括农业灌溉、工业用水和城市供水。通过建模和优化水资源分配,可以降低水资源浪费,提高效率,并减少对水资源的过度开采。⑤ 运筹学可以应用于建立实时的环境监测系统,以及根据监测结果实施及时的响应,通过数据分析和优化算法,可以更有效地监控环境参数,预测环境变化,以及制定合适的应对措施。⑥ 运筹学可以用于优化减排策略,包括能源转型、交通规划和生产过程优化。通过建模碳排放源和利用优化算法,可以找到最经济和环保的减排方案。

1.5 优化软件和 Python 优化库

现实优化问题涉及大量的决策变量和约束条件,其复杂性难以通过手工解决。运筹优化软件和第三方优化库应运而生。运筹学求解优化软件能够利用高效的算法和数学模型,快速求解复杂问题,提供最佳或近似最佳的解决方案。下面介绍一些常用的几个求解运筹学模型的优化软件和 Python 编程常用优化库。

1.5.1 Lingo 优化软件

Lingo 是 Linear interactive and general optimizer 的缩写,即"交互式的线性和通用优化求解器",由美国 Lindo 系统公司推出。Lingo 是一款综合工具,旨在更快、更轻松、更高效地构建和求解线性、非线性(凸和非凸/全局)、二次、二次约束、二阶锥、半定、随机和整数优化模型。Lingo 提供了一个完全集成的软件包,其中包括用于表达优化模型的强大语言、用于构建和编辑问题的全功能环境以及一组快速内置求解器,利用高效的求解器可快速求解模型并分析结果。Lingo 具有以下优点:

(1) 简单的模型表达。Lingo 可以将线性、非线性和整数问题用公式表示,并且容易阅读和修改。它的建模语言简洁易懂,建模语言与标准的数学符号的相似性使它很容易被阅读。对于开发人员来说,模型更容易维护。

(2) 方便的数据选项。Lingo 能方便地与 Excel、文本文件、数据库文件等其他软件交换数据。通过文本文件读取数据,并把数据(计算结果)写入文本文件;通过 Excel 文件中导入数据,并将计算结果导出到 Excel 文件中;Lingo 提供与 Access 数据库之间的数据传递;Lingo 提供 ODBC(开放式数据库)接口,为数据库管理系统(DBMS)定义了一个标准化接口,其他软件可以通过这个接口访问任何 ODBC 支持的数据库。

(3) 强大的求解器。在求解各种大型线性、非线性、凸面和非凸面规划、整数规划、随机规划、动态规划、多目标规划、圆锥规划及半定规划、二次规划、二次方程、二次约束及双层规划等方面有明显的优势。Lingo 软件的内置建模语言,提供了几十个内部函数,从而能以较少语句,以较直观的方式描述大规模的优化模型。它的运算速度快,计算结果可靠。

(4) 广泛的文档和帮助。用户可在官网获得 Lingo 用户手册,完整描述了程序的命令和功能。Lingo 还附带了数十个基于现实问题的建模和求解示例供用户修改和扩展①。

1.5.2 Cplex 优化软件

Cplex 是一种高性能的商业数学优化软件,由 IBM 公司开发和维护。它是针对

---

① 更多使用说明,感兴趣的读者可到以下网址查询:https://www.lindo.com。

线性规划、整数规划、混合整数规划、二次规划、约束规划等多种数学优化问题而设计的强大求解器。

Cplex 以其出色的求解效率、可扩展性和稳健性而闻名，能够有效地解决大规模和复杂的优化问题。它采用了多种优化算法和技术，包括内点方法、分支定界算法、割平面方法等，这些算法在处理不同类型的问题时表现出色。

这个软件提供了多种接口和工具包，包括 C、C++、Python、Java 等多种编程语言的接口，以及用于建模和解决优化问题的高级工具包（如 OPL、AMPL 等），使得用户能够根据自己的需求和技术栈来使用这个优化引擎。[①]

Cplex 被广泛应用于各种领域，包括物流和供应链管理、运输优化、金融建模、生产规划等。它对于解决大规模的实际问题有着出色的性能和适用性，是许多领域中首选的优化求解器之一。

1.5.3 Gurobi 优化软件

与 Cplex 类似，Gurobi 也是一种商业数学优化软件，提供了强大的求解器和工具，用于解决线性规划、整数规划、混合整数规划、二次规划等多种数学优化问题。

这个软件以其卓越的性能、高效的求解能力和用户友好的接口而著称。Gurobi 采用了许多先进的优化算法和技术，包括内点方法、割平面方法、启发式算法等，使其能够高效地解决大规模和复杂的优化问题。

Gurobi 提供了多种编程语言的接口，包括 Python、C、C++、Java、MATLAB 等，这使得用户能够根据自己的喜好和技术栈来使用这个优化工具。此外，它还提供了丰富的文档和教程，以及友好的用户界面，方便用户进行建模和求解优化问题。[②]

这个软件被广泛应用于各种领域，如物流和供应链管理、运输优化、金融建模、资源分配等。它在处理大规模、复杂问题时表现出色，被许多学术界和工业界的专业人士所青睐和使用。Gurobi 是业界领先的商业数学优化软件之一，其强大的性能和广泛的应用使其成为许多组织和企业首选的优化工具。

1.5.4 SciPy.optimize 库

SciPy.optimize 是 Python 中 SciPy 库的一个优化模块，专门用于提供多种优化算法和工具。它包含许多用于最小化或最大化目标函数值的函数和方法。这些函数可以用于各种优化问题，如曲线拟合、参数估计、最小二乘法、非线性方程求解、约束优化、全局优化等。这个模块提供了多种优化算法。

（1）最小化函数：minimize() 函数是其中一个主要函数，可用于最小化一个目标函数，支持不同的优化算法，如 BFGS、L-BFGS-B、SLSQP 等。BFGS 是一种用于无约束优化问题的拟牛顿法。它是一种迭代算法，通过逐步逼近目标函数的局部最小

---

① 更多使用说明，感兴趣的读者可到以下网址查询：https://www.ibm.com/docs/zh/icos/12.10.0?topic=cplex-introducing。

② 更多使用说明，感兴趣的读者可到以下网址查询：https://www.gurobi.com。

值来寻找最优解。BFGS 在每次迭代时利用目标函数的梯度信息来更新并逼近最优解，尝试找到使目标函数最小化的参数值。它适用于大多数光滑、无约束的优化问题。L-BFGS-B 是 BFGS 方法的一种变体，专门用于带有约束条件的优化问题。与BFGS 不同之处在于，L-BFGS-B 能够处理带边界约束的问题，即变量的取值范围有限制。SLSQP 是一种用于带约束优化问题的序列二次规划方法。它结合了线性和二次规划技术，在每一步迭代中使用近似的二次规划子问题来逼近全局最优解。

（2）最小二乘法拟合：curve_fit()函数可用于曲线拟合，尝试找到数据的最佳拟合曲线。

（3）非线性方程求解：root()函数可用于求解非线性方程组的根。

（4）全局优化：differential_evolution()函数提供了差分进化算法，适用于全局优化问题，尤其是对于无约束问题。

（5）约束优化：minimize()函数中的一些方法（如 SLSQP）可以处理带有约束条件的优化问题。

使用 SciPy.optimize 模块需要传递目标函数和可能的约束条件（如果有的话），然后选择适当的优化方法和参数。选择合适的优化方法通常取决于问题的性质以及约束条件的复杂性。这个模块对于解决多种数学和科学领域的问题都非常有用，如工程、经济学等。

1.5.5　OR-Tools

OR-Tools(Google Optimization Tools)是由 Google 开发的一个开源的优化库，旨在提供解决各种优化问题的工具和算法。它主要使用C++编写，并提供了 Python 接口，使得用户可以方便地在 Python 环境中使用这些工具。OR-Tools 涵盖多种优化问题领域，包括线性规划、整数规划、调度、网络流、约束编程等。

OR-Tools 的一些主要特点和组成部分如下：

（1）广泛的优化问题支持：OR-Tools 提供了多个模块，覆盖不同类型的优化问题。其中包括线性规划、整数规划、调度、网络流、车辆路径规划、约束编程等。这使得 OR-Tools 成为解决多种实际问题的强大工具。

（2）灵活的求解器：OR-Tools 支持多个求解器，包括 Glop（线性规划求解器）、SCIP（整数规划求解器）、CP—SAT（约束编程求解器）等。用户可以选择合适的求解器以满足问题的特定要求。

（3）Python 接口：OR-Tools 提供了 Python 接口，使得用户可以在 Python 环境中轻松使用这些工具。这让更广泛的开发者能够享受到 OR-Tools 的便利。

（4）活跃的开发社区：OR-Tools 是一个活跃的开源项目，拥有来自全球的开发者和研究者贡献代码。这保证了库的持续发展和改进。

（5）详细的文档和示例：OR-Tools 提供了详细的官方文档，其中包括对每个模块的详细介绍、API 文档和示例代码。这使得用户可以轻松入手并快速上手使用这些工具。

1.5.6　COPT

COPT(Cardinal Optimizer)是国内杉数科技公司自主研发的针对大规模优化问题的高效数学规划求解器套件,也是支撑杉数端到端供应链平台的核心组件,是目前同时具备大规模混合整数规划、线性规划(单纯形法和内点法)、半定规划、(混合整数)二阶锥规划以及(混合整数)凸二次规划和(混合整数)凸二次约束规划问题求解能力的综合性能数学规划求解器,为企业应对高性能求解的需求提供了更多选择。COPT 提供了多种编程接口,如 C 接口、C++接口、C♯接口、Java 接口、Python 接口、AMPL 接口、GAMS 接口、Julia 接口等。COPT 官网提供了丰富的课程和案例学习资源。

第 2 章　线性规划

线性规划是运筹学的基础，被誉为 20 世纪中期最重要的科学发展。1938 年，苏联科学家 Kantorovich 教授在《生产组织与计划中的数学方法》中首次提出求解线性规划问题的方法——解乘数法。他把资源最优利用这一传统的经济学问题，由定性研究和一般的定量分析推进到现实计量阶段，对线性规划方法的建立和发展做出了开创性的贡献，并于 1975 年凭借对资源最优分配理论的贡献获得了诺贝尔经济学奖。1947 年，美国国家工程科学院院士 George Dantzig 针对人员轮训和任务分配问题，开发了求解线性规划的单纯形法。由于该方法具有极强的普适性，因此 George Dantzig 被誉为"线性规划之父"。1984 年，Narendra Karmarkar 提出内点法，它是第一个在理论上和实际上都表现良好的算法，现被广泛用于求解巨型线性规划问题。

2.1　线性规划问题及其数学模型

线性规划通常研究资源的最优利用、设备最佳运行等问题，即在一定的资源条件限制下，如何设计方案以获得最好的经济效益。下面通过三个例子来描述线性规划问题。

【例 2 - 1】(资源分配问题)　小王经营了一家小型厂房，计划在下一季度生产甲、乙、丙三种产品。这些产品分别需要在设备 A，B 上加工，需要消耗原材料 C，D，按工艺资料规定，单件产品在不同设备上加工及所需要的资源如表 2 - 1 所示；同时，设备的可用工作效能和原材料的可用量存在限制。若假定市场需求无限制，小王应如何安排生产计划，使他的厂房在计划期内的总利润最大？

表 2 - 1　某厂生产情况表

	甲	乙	丙	资源限额
设备 A/台时	3	1	2	200
设备 B/台时	2	2	4	200
原材料 C/千克	4	5	1	360
原材料 D/千克	2	3	5	300
单位利润/元	40	30	50	

这个问题可以通过建立以下数学模型来求解,定义:

x_1 = 计划生产甲的数量

x_2 = 计划生产乙的数量

x_3 = 计划生产丙的数量

如果用 z 表示总利润,则其表达式为:

$z = 40x_1 + 30x_2 + 50x_3$

直观上,产品甲、乙、丙的产量越高,则总利润越高。但是,产量决策必须满足一些限制条件(称为"约束条件"),体现在如下几个方面:

(1) 生产三种产品总共消耗的设备 A 工时不超过 200 工时,即:

$3x_1 + x_2 + 2x_3 \leqslant 200$

(2) 生产三种产品总共消耗的设备 B 工时不超过 200 工时,即:

$2x_1 + 2x_2 + 4x_3 \leqslant 200$

(3) 生产三种产品总共消耗的原材料 A 不超过 360 千克,即:

$4x_1 + 5x_2 + x_3 \leqslant 360$

(4) 生产三种产品总共消耗的原材料 B 不超过 300 千克,即:

$2x_1 + 3x_2 + 5x_3 \leqslant 300$

(5) 生产的产品数量不能为负数,即:

$x_1 \geqslant 0, x_2 \geqslant 0, x_3 \geqslant 0$

将上述目标函数和约束条件汇总到一起,就完成了对工厂生产安排的完整建模,如下:

$$\max z = 40x_1 + 30x_2 + 50x_3$$

$$\text{s.t.} \begin{cases} 3x_1 + x_2 + 2x_3 \leqslant 200 & \text{设备 A} \\ 2x_1 + 2x_2 + 4x_3 \leqslant 200 & \text{设备 B} \\ 4x_1 + 5x_2 + x_3 \leqslant 360 & \text{原材料 C} \\ 2x_1 + 3x_2 + 5x_3 \leqslant 300 & \text{原材料 D} \\ x_1, x_2, x_3 \geqslant 0 & \text{非负性} \end{cases}$$

"s.t." 是英文 subject to 的缩写,表示受约束于。要进行最优的生产计划,就是要在同时满足上述所有约束条件的所有方案中,找出一个使得目标函数值 z 最大的方案。根据线性规划的基本原理(在本章介绍),我们并不需要遍历所有的可行方案来优化求解。通过线性规划优化方法或 Python 编程求解,可以求得上述模型的最优解为 $(x_1^*, x_2^*, x_3^*) = (50, 30, 10)$,那么该厂生产决策可描述为:产品甲、乙、丙的产量分别为 50 件、30 件、10 件,对应的总利润为 $z^* = 40 \times 50 + 30 \times 30 + 50 \times 10 = 3\,400$(元)。

在该例子中,确定产品甲、乙、丙的产量等价于确定把多少资源"分配"到不同的产品中,因此我们称之为"资源配置问题"。不同实际问题中,"资源"可以体现为不同的形式,如资金、厂房容量、服务器计算能力、网络带宽等。

一般的资源配置问题都是为了通过资源分配来实现整体利益的最大化。在式

(2-1)的线性规划模型中,决策变量 x_j 表示产品 j 的产量,价值系数 c_j 表示产品 j 的单位贡献,资源限量 b_i 表示资源 i 的可用数量,技术系数 a_{ij} 表示每单位产品 j 所消耗的资源 i 的数量。考虑到所有可用资源的限制,资源配置问题的模型为:

$$\max z = c_1 x_1 + c_2 x_2 + \cdots + c_n x_n$$

$$\text{s.t.} \begin{cases} a_{11} x_1 + a_{12} x_2 + \cdots + a_{1n} x_n \leqslant b_1 \\ a_{21} x_1 + a_{22} x_2 + \cdots + a_{2n} x_n \leqslant b_2 \\ \qquad\qquad \cdots\cdots \\ a_{m1} x_1 + a_{m2} x_2 + \cdots + a_{mn} x_n \leqslant b_m \\ x_1, x_2, \cdots, x_n \geqslant 0 \end{cases} \qquad (2-1)$$

除了上述资源配置问题,有些决策场景中管理者追求的目标是以最小的代价(如成本、时间)来达到既定的目标。比如,在满足供货合同要求的前提下生产成本最小化,在配送所有用户订单的前提下总路径最短,在保证所有任务能完成的前提下总人力最少等。

【例 2-2】(饮食方案问题) 在国外留学的小明同学,他每天的饮食方案基本来自当地的 4 个"基本食物组"之一(巧克力蛋糕、冰激凌、苏打水、干酪蛋糕)。目前小明日常选择的食物有 4 种:巧克力糖、巧克力冰激凌、可口可乐、水果蛋糕。每种食物的价格以及每单位食物所提供的营养含量如表 2-2 所示。表中最后一列给出了小明每天所需摄入的最低营养成分含量。请表述一个以最低消费满足小明每天营养需求的线性规划模型。

表 2-2 价格与营养成分表

营养成分	食物类型				
	巧克力糖	巧克力冰激凌	可口可乐	水果蛋糕	最小需求量
卡路里	400	200	150	500	500
巧克力/盎司	3	2	0	0	6
糖/盎司	2	2	4	4	10
脂肪/盎司	2	4	1	5	8
价格/美分	50	20	30	80	

这个问题可以通过建立以下数学模型来求解,定义:

x_1 = 每天需要的巧克力糖的数量(颗)

x_2 = 每天需要的巧克力冰激凌的数量(勺)

x_3 = 每天需要的可口可乐的数量(瓶)

x_4 = 每天需要的水果蛋糕的数量(块)

如果用 z 表示总饮食费用,则其表达式为:

$z = 50 x_1 + 20 x_2 + 30 x_3 + 80 x_4$

直观上,选择的食物越少总费用越低。但是,饮食方案决策也必须满足一些约束,体现在如下几个方面:

(1) 每天摄入的卡路里不低于 500,即:

$$400x_1 + 200x_2 + 150x_3 + 500x_4 \geqslant 500$$

(2) 每天摄入的巧克力含量不低于 6 盎司,即:

$$3x_1 + 2x_2 \geqslant 6$$

(3) 每天摄入的糖含量不低于 10 盎司,即:

$$2x_1 + 2x_2 + 4x_3 + 4x_4 \geqslant 10$$

(4) 每天摄入的脂肪含量不低于 8 盎司,即:

$$2x_1 + 4x_2 + x_3 + 5x_4 \geqslant 8$$

(5) 各种食物的数量必须为非负,即:

$$x_1 \geqslant 0, x_2 \geqslant 0, x_3 \geqslant 0, x_4 \geqslant 0$$

将上述目标函数和约束条件汇总到一起,就完成了对饮食方案问题的完整建模,如下:

$$\min z = 50x_1 + 20x_2 + 30x_3 + 80x_4$$

$$\text{s.t.} \begin{cases} 400x_1 + 200x_2 + 150x_3 + 500x_4 \geqslant 500 & \text{卡路里} \\ 3x_1 + 2x_2 \geqslant 6 & \text{巧克力} \\ 2x_1 + 2x_2 + 4x_3 + 4x_4 \geqslant 10 & \text{糖} \\ 2x_1 + 4x_2 + x_3 + 5x_4 \geqslant 8 & \text{脂肪} \\ x_1, x_2, x_3, x_4 \geqslant 0 & \text{非负性} \end{cases}$$

通过线性规划优化方法或 Python 编程求解,可以求得上述模型的最优解为 $(x_1^*, x_2^*, x_3^*, x_4^*) = (0, 3, 1, 0)$,那么小明的每日饮食方案可描述为:为满足每天 4 种营养成分的摄入量需要吃 3 勺巧克力冰激凌和 1 瓶可口可乐,此时的最低消费为 $z^* = 20 \times 3 + 30 \times 1 = 900$(美分)。

不同于例 2-1,例 2-2 优化的目标是使费用最小化,但是优化模型需要在成本和效果(营养成分)之间进行平衡,我们把该类线性规划问题称为"成本—收益平衡问题"。在这类线性规划模型中,决策变量 x_j 表示食物 j 的数量,价值系数 c_j 表示食物 j 的单位价格,资源限量 b_i 表示效果指标 i 的最低需求,技术系数 a_{ij} 表示每单位食物 j 所贡献的指标 i 的数量,其一般形式如下:

$$\min z = c_1x_1 + c_2x_2 + \cdots + c_nx_n$$

$$\text{s.t.} \begin{cases} a_{11}x_1 + a_{12}x_2 + \cdots + a_{1n}x_n \geqslant b_1 \\ a_{21}x_1 + a_{22}x_2 + \cdots + a_{2n}x_n \geqslant b_2 \\ \qquad\qquad \cdots\cdots \\ a_{m1}x_1 + a_{m2}x_2 + \cdots + a_{mn}x_n \geqslant b_m \\ x_1, x_2, \cdots, x_n \geqslant 0 \end{cases} \tag{2-2}$$

【**例 2 - 3**】(网络运输问题) 从生产规模经济性的角度考虑,某企业在全国范围内布局了 m 个工厂,为 n 个销售终端供货。在本例中,考虑 $m=n=3$ 的情形,如图 2 - 1 所示,每个产地都可以向各个销地进行供货。

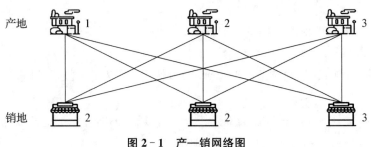

图 2 - 1 产—销网络图

已知每个产地的产能和每个销地的需求量,且总产量和总需求量相等,如表 2 - 3 所示。同时表中给出了从各产地到各销地的单位运价。请问:企业应采用什么样的运输方案才能使运输成本最小?

表 2 - 3 单位运价表

	销地 1	销地 2	销地 3	产 量
产地 1	2	1	3	50
产地 2	2	2	4	30
产地 3	3	4	2	10
需求量	40	15	35	

这个问题可以通过建立以下数学模型来求解,定义:

x_{ij} = 从产地 i 运送至销地 j 的产品数量,$i,j=1,2,3$

如果用 z 表示总运输费用,则其表达式为:

$$z=2x_{11}+x_{12}+3x_{13}+2x_{21}+2x_{22}+4x_{23}+3x_{31}+4x_{32}+2x_{33}$$

分析本例可知我们必须保证所有的工厂都将其所有库存运输出去,同时每个商店的需求都能恰好得到满足,因此运输方案需满足一些约束条件,体现在如下几个方面:

(1) 从产地 1 运送出去的产品数等于 50,即:

$$x_{11}+x_{12}+x_{13}=50$$

(2) 从产地 2 运送出去的产品数等于 30,即:

$$x_{21}+x_{22}+x_{23}=30$$

(3) 从产地 3 运送出去的产品数等于 10,即:

$$x_{31}+x_{32}+x_{33}=10$$

(4) 销地 1 接收到的产品数等于 40,即:

$$x_{11}+x_{21}+x_{31}=40$$

（5）销地 2 接收到的产品数等于 15，即：

$$x_{12} + x_{22} + x_{32} = 15$$

（6）销地 3 接收到的产品数等于 35，即：

$$x_{13} + x_{23} + x_{33} = 35$$

（7）从产地到销地的运输量必须为非负，即：

$$x_{ij} \geqslant 0, \quad i,j = 1,2,3$$

将上述目标函数和约束条件汇总到一起，就完成了对运输方案问题的完整建模，如下：

$$\min z = 2x_{11} + x_{12} + 3x_{13} + 2x_{21} + 2x_{22} + 4x_{23} + 3x_{31} + 4x_{32} + 2x_{33}$$

$$\text{s.t.} \begin{cases} x_{11} + x_{12} + x_{13} = 50 & \text{产地 1} \\ x_{21} + x_{22} + x_{23} = 30 & \text{产地 2} \\ x_{31} + x_{32} + x_{33} = 10 & \text{产地 3} \\ x_{11} + x_{21} + x_{31} = 40 & \text{销地 1} \\ x_{12} + x_{22} + x_{32} = 15 & \text{销地 2} \\ x_{13} + x_{23} + x_{33} = 35 & \text{销地 3} \\ x_{ij} \geqslant 0, \quad i,j = 1,2,3 & \text{非负性} \end{cases}$$

上述运输问题可通过表上作业法进行求解（这在后面介绍运输问题的章节中进行详述）可以求得上述模型的最优解为 $x_{11}^* = 10$，$x_{12}^* = 15$，$x_{13}^* = 25$，$x_{21}^* = 30$，$x_{33}^* = 10$，此时总运输成本最小，即 $z^* = 2 \times 10 + 1 \times 15 + 3 \times 25 + 2 \times 30 + 2 \times 10 = 190$。事实上，该最小运输成本下的运输方案不止一个，表 2-4 给出了其中一个最优的运输方案。

表 2-4 最优运输方案

	销地 1	销地 2	销地 3
产地 1	10	15	25
产地 2	30	0	0
产地 3	0	0	10

不同于例 2-1 和例 2-2 的是，该模型中所有约束条件均为等式约束（非负性约束除外）。其中，一组等式约束表示各个产地运送出去的总量刚好等于其产量，另一组约束表示各个销地收到的运送量之和刚好等于其需求量。我们称这类总产量刚好等于总需求量的运输问题为"产销平衡运输问题"。我们在后面章节中即将学到，而对于产销不平衡的运输问题（总产量大于总需求量，或者总产量小于总需求量的情形），我们可以通过等价变换，将其转化为一个产销平衡的运输问题。

在一个包含 m 个产地、n 个销地的产销平衡运输问题中，记 c_{ij} 为从产地 i 运往销地 j 的单位运费，a_i 为产地 i 的产能，b_j 为销地 j 的需求，则追求总运费最小化的规划模型为：

$$\min z = \sum_{i=1}^{m} \sum_{j=1}^{n} c_{ij} x_{ij}$$

$$\text{s.t.} \begin{cases} \sum_{j=1}^{n} x_{ij} = a_i, & i = 1,2,\cdots,m \\ \sum_{i=1}^{m} x_{ij} = b_j, & j = 1,2,\cdots,n \\ x_{ij} \geqslant 0, & i = 1,2,\cdots,m; j = 1,2,\cdots,n \end{cases} \tag{2-3}$$

在例 2-1、例 2-2 和例 2-3 中，我们都通过一个数学模型来描述决策者所面临的决策问题。三个例子表明，规划模型一般包含三个要素：

（1）决策变量，即规划问题中需要确定的能用数量表示的量。

（2）目标函数，它是关于决策变量的函数，也是决策者优化的目标，一般追求最大（用 max 表示）或者最小（用 min 表示）。

（3）约束条件，即决策变量需要满足的限制条件（如可用资源的限制、需要满足的服务率的要求等），通常表达为关于决策变量的等式或者不等式。

相应地，对一个管理问题进行建模时，也需要遵循三个步骤：

（1）定义决策变量。有时决策变量的选择方式并非唯一的，定义决策变量的原则是便于建模即可；有时出于建模的需要，可以引入一些"冗余"的中间变量。

（2）定义目标函数。目标函数一定要正确刻画出决策者优化的目标。

（3）定义约束条件。结合管理问题，一定要完备地列出所有约束条件。有时部分约束条件是隐性但客观存在的，很容易被忽视。

当一个规划模型中决策变量的取值是连续的（而不是离散点），且目标函数和约束条件都是线性表达式时，该类规划模型被称为"线性规划"。线性规划问题模型是建立在以下隐含的重要假设基础上的：

（1）比例性：决策变量对目标函数或者约束条件的影响是成比例关系的，如价格每增加 1 单位，会导致需求的减少量是一个常数 b。用经济学的术语来讲，就是决策变量所对应的边际影响（收益、成本等）是一个常数。

（2）可加性：如生产多种产品时，总利润是各种产品利润之和，总成本也是各种资源的成本之和。

（3）连续性：决策变量可以取某区间的连续值，其取值可以为小数、分数或者实数。

（4）确定性：线性函数中的参数都是确定的常数。

考虑一个一般的线性规划模型，假定其中包含 n 个决策变量，通常用 $x_j(j=1,2,\cdots,n)$ 来表示。在目标函数中，x_j 对应的系数为 c_j（称为价值系数）。规划模型包含 m 个约束条件，用 $b_i(i=1,2,\cdots,m)$ 表示第 i 个约束条件对应的右边项（称为资源限量），用 a_{ij} 表示第 i 个约束中决策变量 x_j 所对应的系数（称为技术系数或者工艺系

数),则一般的线性规划模型可以表示为:

$$\max \text{ 或 } \min z = c_1 x_1 + c_2 x_2 + \cdots + c_n x_n$$

$$\text{s.t.}\begin{cases} a_{11}x_1 + a_{12}x_2 + \cdots + a_{1n}x_n \leqslant (\text{或}=, \geqslant)b_1 \\ a_{21}x_1 + a_{22}x_2 + \cdots + a_{2n}x_n \leqslant (\text{或}=, \geqslant)b_2 \\ \qquad\qquad \cdots\cdots \\ a_{m1}x_1 + a_{m2}x_2 + \cdots + a_{mn}x_n \leqslant (\text{或}=, \geqslant)b_m \\ x_1, x_2, \cdots, x_n \geqslant 0 \end{cases} \tag{2-4}$$

上述模型可以简写为:

$$\max \text{ 或 } \min z = \sum_{j=1}^{n} c_j x_j$$

$$\text{s.t.}\begin{cases} \sum_{j=1}^{n} a_{ij}x_j \leqslant (\text{或}=, \geqslant)b_i, & i = 1, 2, \cdots, m \\ x_j \geqslant 0, & j = 1, 2, \cdots, n \end{cases} \tag{2-5}$$

如果引入向量符号,记为:

$$X = (x_1, x_2, \cdots, x_n)^T$$
$$C = (c_1, c_2, \cdots, c_n)^T$$
$$b = (b_1, b_2, \cdots, b_m)^T$$
$$P_j = (a_{1j}, a_{2j}, \cdots, a_{mj})^T$$

$$A = \begin{bmatrix} a_{11} & a_{12} & \cdots & a_{1n} \\ a_{21} & a_{22} & \cdots & a_{2n} \\ \vdots & \vdots & & \vdots \\ a_{m1} & a_{m2} & \cdots & a_{mn} \end{bmatrix} = (P_1, P_2, \cdots, P_n)$$

那么,式(2-4)还可以用矩阵形式进一步简写为:

$$\max \text{ 或 } \min z = CX \qquad\qquad \max \text{ 或 } \min z = CX$$

$$\text{s.t.}\begin{cases} \sum_{j=1}^{n} P_j x_j \leqslant (\text{或}=, \geqslant)b \\ X \geqslant 0 \end{cases} \quad \text{或} \quad \text{s.t.}\begin{cases} AX \leqslant (\text{或}=, \geqslant)b \\ X \geqslant 0 \end{cases} \tag{2-6}$$

我们称向量 C 为"价值系数",向量 b 为"资源限量",矩阵 A 为约束条件的"技术系数矩阵"。在数学意义上,有些决策变量是可以取负值的,但是在绝大多数管理问题中,决策变量只能取非负数。因此,在本书中我们通常加上决策变量的非负性约束。

2.2　线性规划的标准型

由 2.1 节可知,线性规划问题有多种不同的形式。目标函数可以是求最大化或最小化,约束条件可以是"$\leqslant$","$\geqslant$"或"$=$"形式。决策变量一般是非负约束的,但也允许在 $(-\infty, +\infty)$ 范围内取值,即无约束。为了便于分析线性规划问题的性质,对任何类型的线性规划,我们都可以通过等价变换,将其转化为如下"标准型":

$$\max z = c_1 x_1 + c_2 x_2 + \cdots + c_n x_n$$
$$\text{s.t.} \begin{cases} a_{11} x_1 + a_{12} x_2 + \cdots + a_{1n} x_n = b_1 \\ a_{21} x_1 + a_{22} x_2 + \cdots + a_{2n} x_n = b_2 \\ \qquad\qquad \cdots\cdots \\ a_{m1} x_1 + a_{m2} x_2 + \cdots + a_{mn} x_n = b_m \\ x_1, x_2, \cdots, x_n \geqslant 0 \end{cases} \qquad (2-7)$$

等式右边项系数 $b_i \geqslant 0$,对应的矩阵形式为:

$$\max z = CX$$
$$\text{s.t.} \begin{cases} AX = b \\ X \geqslant 0 \end{cases} \qquad (2-8)$$

因此,我们把这类求最大化、所有约束条件都为等式约束的线性规划模型称为线性规划的标准型。下面通过两个例子说明如何将一般的问题转化为标准型。

【例 2 - 4】(线性规划标准型)　将如下线性规划问题转化为标准型:

$$\max z = x_1 - x_2 + 3x_3$$
$$\text{s.t.} \begin{cases} 2x_1 + x_2 + x_3 \leqslant 8 \\ x_1 + x_2 + x_3 \geqslant 3 \\ -3x_1 + x_2 + 2x_3 \leqslant -5 \\ x_1, x_2, x_3 \geqslant 0 \end{cases}$$

解:首先由于第三个约束的常数项为负数,先在其左右两边乘上负 1,然后在三个不取等号的约束条件中分别引入非负决策变量 x_4,x_5 和 x_6,可以将原始线性规划问题等价转化为:

$$\max z = x_1 - x_2 + 3x_3$$
$$\text{s.t.} \begin{cases} 2x_1 + x_2 + x_3 + x_4 = 8 \\ x_1 + x_2 + x_3 - x_5 = 3 \\ 3x_1 - x_2 - 2x_3 - x_6 = 5 \\ x_1, x_2, \cdots, x_6 \geqslant 0 \end{cases}$$

我们把引入的变量 x_4 称为"松弛变量",而 x_5 和 x_6 是"剩余变量"。一般地,在资源配置型约束中会引入松弛变量,在成本—收益平衡型约束中会引入剩余变量。且决策变量 x_4, x_5 和 x_6 在目标函数中系数为零,即 $c_4 = c_5 = c_6 = 0$。

【例 2-5】(线性规划标准型) 将如下线性规划问题转化为标准型:

$$\min \omega = -x_1 + 2x_2 - 2x_3$$

$$\text{s.t.} \begin{cases} x_1 + 2x_2 + x_3 \leqslant 6 \\ 2x_1 - x_2 + 2x_3 \geqslant 8 \\ 3x_1 + x_2 - 3x_3 = 5 \\ x_1 \geqslant 0, x_2 \leqslant 0, x_3 \text{ 无约束} \end{cases}$$

解:(1) 令 $z = -\omega$,把最小化问题转化为最大化问题;

(2) 在第一个约束条件中引入非负松弛变量 x_4;

(3) 在第二个约束条件中引入非负剩余变量 x_5;

(4) 考虑到 $x_2 \leqslant 0$,令 $x_2 = -x_2'$,$x_2' \geqslant 0$;

(5) 考虑到 x_3 无约束,令 $x_3 = x_3' - x_3''$,$x_3', x_3'' \geqslant 0$。

通过上述转换,得到原问题的标准型如下:

$$\max z = x_1 + 2x_2' + 2x_3' - 2x_3''$$

$$\text{s.t.} \begin{cases} x_1 - 2x_2' + x_3' - x_3'' + x_4 = 6 \\ 2x_1 + x_2' + 2x_3' - 2x_3'' - x_5 = 8 \\ 3x_1 - x_2' - 3x_3' + 3x_3'' = 5 \\ x_1, x_2', x_3', x_3'', x_4, x_5 \geqslant 0 \end{cases}$$

综上,在将一般线性规划问题转化为标准型时:如果目标函数求最小值,可以将目标函数系数乘以负 1,等价为求最大值;对"小于等于"型约束,引入非负松弛变量;对"大于等于"型约束,引入非负剩余变量;对取值非正的决策变量 x_j,可以做变量替换 $x_j = -x_j'$,其中 x_j' 取值非负;对取值无约束的决策变量 x_j,可以引入 $x_j = x_j' - x_j''$,其中 x_j' 和 x_j'' 均为非负。

2.3 线性规划的图解法

对于只有两个决策变量的线性规划问题,可以考虑采用图解法来寻找其最优解。图解法简单直观,有助于了解线性规划问题求解的基本原理和线性规划问题的某些重要性质。下面结合例 2-6 来介绍图解法的一般步骤。

【例 2-6】(线性规划图解法) 用图解法求解如下资源分配问题:

$$\max z = 20x_1 + 30x_2$$

$$\text{s.t.} \begin{cases} 2x_1 + 6x_2 \leqslant 200 & \text{劳动力} \\ 2x_1 + 2x_2 \leqslant 100 & \text{设备} \\ 4x_1 + 2x_2 \leqslant 180 & \text{原材料} \\ x_1 \geqslant 0, x_2 \geqslant 0 & \text{非负性} \end{cases}$$

求解上述线性规划问题,等价于在满足所有约束条件(劳动力、设备、原材料、非负性)的所有点(x_1, x_2)中,找一个能使目标函数(利润)达到最大值的方案。由于该问题只有两个非负决策变量,我们可以采用一种直观的方式——图解法来进行求解,如图 2-2 所示。

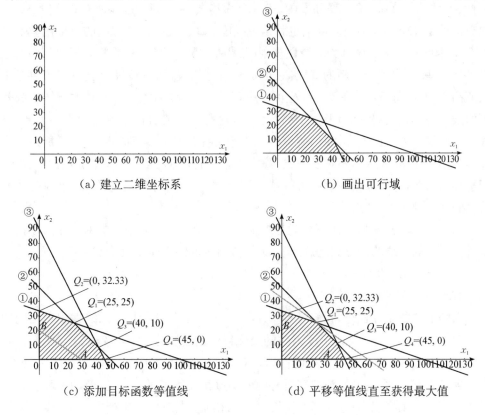

（a）建立二维坐标系　　　　　（b）画出可行域

（c）添加目标函数等值线　　　（d）平移等值线直至获得最大值

图 2-2　图解法步骤

第 1 步,画一个二维坐标系,其中 x_1 对应横轴,x_2 对应纵轴。因为两个决策变量都是非负的,所以只需要画坐标系中的第一象限。

第 2 步,依次考虑三个约束条件。先考虑劳动力,在二维坐标系中画出直线 $2x_1 + 6x_2 = 200$。很显然,位于这条直线上的任何一点所对应的生产方案都可以刚好消耗掉所有的劳动力资源。位于直线上方的任何一点都满足 $2x_1 + 6x_2 > 200$,即它们对应生产方案所需的劳动力超出了可用劳动力的限制,因此属于不可行方案。位于直线下方的任何一点都满足 $2x_1 + 6x_2 < 200$,即它们对应生产方案所需的劳动力低于实际可用的劳动力。因此,要保证实际消耗的劳动力资源不超过最大值 200,我们只能取位于直线 $2x_1 + 6x_2 = 200$ 上或者位于这条直线下方的非负点(如箭头方

向所示）。类似地，考虑设备和原材料的限制，又可以画出另外两条直线，而考虑到对应资源的限制，只能取位于直线上或者下方的点。

上述三条直线构成的可行区间的交集如图 2-2 中的阴影区域所示。管理者采用的任一生产方案必须同时满足劳动力、设备和原材料的限制，这意味着生产方案只能在图中阴影区域（包括边界）取值。该阴影区域被称为线性规划问题的"可行域"，凡是位于可行域之外的点都不是可行的。

第 3 步，要在可行域上找到使得目标函数（利润）达到最大值的方案，可以在二维坐标系上取两个点 $A(30,0)$ 和 $B(0,20)$，并做连线 AB。很显然，所有在线段 AB 上的点都满足 $20x_1 + 30x_2 = 600$，也就是说线段 AB 上任一点所对应的目标函数值都为 600，因此我们将 AB 称为该线性规划问题的一条等值线。如果将直线 AB 向右上方平移一些，会得到一条新的直线，它也是一条等值线，而且该等值线对应的目标函数值高于 600。事实上，在该二维坐标系中，凡是与直线 AB 平行的其他直线也都是等值线。特别是，越是往右上方平移等值线，它所对应的目标函数值越大。因此，要找到利润最大的生产方案，我们应该尽可能地往右上方平移等值线，直到不能进一步平移为止。在该例子中，不难发现，当等值线向右上方平移到经过 Q_1 点时，如果进一步平移等值线，那么等值线就和可行域没有交集了，这意味着这里的 Q_1 点就是能使得总利润达到最大的方案了。

第 4 步，Q_1 点对应的决策究竟是多少呢？不难发现，Q_1 点刚好对应于劳动力和设备所对应的直线的交点。这意味着 Q_1 点的坐标同时满足如下条件：
$$\begin{cases} 2x_1 + 6x_2 = 200 \\ 2x_1 + 2x_2 = 100 \end{cases}$$

求解上述联立方程组，我们可得 $(x_1, x_2) = (25, 25)$。因此，该线性规划问题的最优解为 $(x_1^*, x_2^*) = (25, 25)$，对应的最优目标函数值为 $z^* = 1\,250$。

最优点 Q_1 刚好是劳动力和设备约束对应方程的联立解，这意味着如果采用 Q_1 点的生产方案，那么将刚好消耗完所有的劳动力和设备工时。于是，劳动力和设备工时所对应的约束将成为一个"紧约束"。相反，在 Q_1 点对应的生产方案下，实际消耗的原材料是 $4x_1^* + 2x_2^* = 4 \times 25 + 2 \times 25 = 150$，还剩余 30，那么原材料对应的约束成为一个"非紧约束"。换言之，在最优生产安排下，紧约束对应的是系统的稀缺资源（或瓶颈资源），而非紧约束对应的是系统的过剩资源。

值得一提的是，通过引入松弛变量，例 2-6 的线性规划问题对应的标准型如下：
$$\max z = 20x_1 + 30x_2$$
$$\text{s.t.} \begin{cases} 2x_1 + 6x_2 + x_3 = 200 \\ 2x_1 + 2x_2 + x_4 = 100 \\ 4x_1 + 2x_2 + x_5 = 180 \\ x_1, x_2, x_3, x_4, x_5 \geq 0 \end{cases}$$

　　直观上,上述标准型线性规划问题的最优解应该为 $(x_1^*, x_2^*, x_3^*, x_4^*, x_5^*)=$ $(25, 25, 0, 0, 30)$。 这里的 x_5^* 刚好对应原材料的剩余量。

　　总结一下,对于只有两个决策变量的线性规划问题,图解法的一般步骤如下:

　　第 1 步,画出二维直角坐标系,非负约束构成坐标系的第一象限。

　　第 2 步,画出每条约束所对应的区域(对不等式约束,首先画出等值线,再判明约束方向),并确定线性规划问题的可行域(即各条约束所对应区域的交集)。

　　第 3 步,根据目标优化方向平移目标函数等值线,直到不能再平移为止,确定性规划问题对应的最优点。

　　第 4 步,根据最优点满足的等式构建联立方程组,从而求解出最优方案,并计算最优方案所对应的最优目标函数值。

　　根据上述步骤,在用图解法求解过程中可能会碰到一些特殊的情形:

　　(1) 存在多个最优解的情形。在上面的例子中,假设目标函数系数发生变化,目标函数变为 $z=30x_1+30x_2$。 由于可行域并没发生变化,只需要在第三步中调整等值线的方向。如图 2-3 所示,不难发现,等值线刚好和可行域的一个边界(CD)平行。因此,在向右上方平移等值线的过程中,当等值线经过 C 点或者 D 点时即达到最优。直观上,线段 CD 上的任何一点都能使目标函数达到最大(因为 CD 是等值线)。此时,线性规划问题存在无穷多个最优解。

$$\max z = 30x_1 + 30x_2$$

$$\text{s.t.} \begin{cases} 2x_1 + 6x_2 \leqslant 200 & \text{劳动力} \\ 2x_1 + 2x_2 \leqslant 100 & \text{设备} \\ 4x_1 + 2x_2 \leqslant 180 & \text{原材料} \\ x_1 \geqslant 0, x_2 \geqslant 0 & \text{非负性} \end{cases}$$

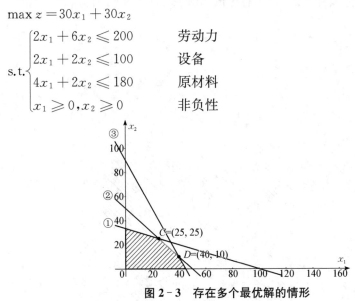

图 2-3　存在多个最优解的情形

　　(2) 可行域为空集的情形。在绘制可行域的过程中,如果各个约束条件所确定的区域的交集为空,那么可行域为空集。这意味着不存在能同时满足所有约束条件的方案,因此,该线性规划问题无解,如图 2-4 所示。

$$\max z = 5x_1 + 2x_2$$

$$\text{s.t.}\begin{cases} 2x_1 + x_2 \leqslant 40 \\ 2x_1 + 3x_2 \leqslant 60 \\ x_1 + x_2 \geqslant 50 \\ x_1 \geqslant 0, x_2 \geqslant 0 \end{cases}$$

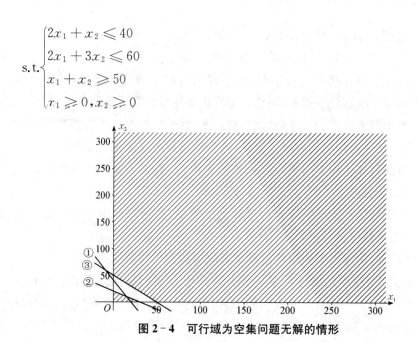

图 2 - 4　可行域为空集问题无解的情形

（3）无有界最优解的情形。在平移等值线的过程中，如果等值线可以无限地向改进目标函数的方向平移，如图 2 - 5 所示，那么该线性规划问题的最优解是无穷大（或者无穷小），我们称该种情形为"无有界最优解"。

$$\max z = 5x_1 + 2x_2$$

$$\text{s.t.}\begin{cases} 2x_1 + x_2 \geqslant 40 \\ 2x_1 + 3x_2 \geqslant 60 \\ x_1 + x_2 \geqslant 50 \\ x_1 \geqslant 0, x_2 \geqslant 0 \end{cases}$$

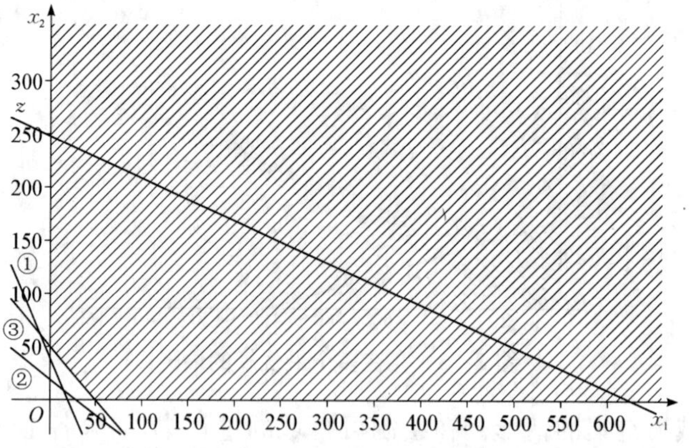

图 2 - 5　无有界最优解的情形

当求解情况出现（2）和（3）中的情况时，一般说明构建的线性规划模型存在问题。前者存在相互矛盾的约束条件，后者缺少必要的约束条件，因此在建立模型时需要多加注意。通过图解法可以发现,当线性规划问题的可行域非空时,它是有界或无界的凸多边形;从图形上来看,若线性规划问题存在有界最优解,它一定在可行域的某个顶点得到;若在两个顶点同时得到最优解,则它们连线上的任意一点都是最优解,即有无穷多最优解。需要注意的是,图解法只适用于两个决策变量的情形。

2.4　线性规划问题解的性质

在本节,我们利用如下标准型来探讨一下线性规划问题解的一般性质:

$$\max z = \sum_{j=1}^{n} c_j x_j \tag{2-9}$$

$$\text{s.t.} \begin{cases} \sum_{j=1}^{n} a_{ij} x_j = b_i, & i=1,2,\cdots,m \tag{2-10} \\ x_j \geqslant 0, & j=1,2,\cdots,n \tag{2-11} \end{cases}$$

在该问题中,工艺矩阵 A 是一个 $m \times n$ 阶的矩阵。一般情况下,我们有 $m \leqslant n$;因为如果 $m > n$,则意味着在约束式(2-10)的 m 个方程中,至少有 $(m-n)$ 个方程是多余的[即这 $(m-n)$ 个方程可以通过其他方程的线性组合得到],或者方程组的解是空集。另外,我们假设矩阵 A 的秩是 m(即 A 的 m 个行向量彼此线性独立),否则,若 A 的秩小于 m,意味着至少有一个方程是多余的或者方程组的解是空集。

2.4.1　几个基本概念

1. 可行解与最优解

满足线性规划模型约束条件式(2-10)和式(2-11)的解,称为可行解;所有可行解构成的集合称为可行域。在可行域中,能使得目标函数式(2-9)达到最大的解称为最优解。

2. 基、基向量与基变量

由于工艺矩阵 A 的秩为 m,从列向量的角度,A 的 n 列中,至少存在 m 列彼此线性独立。因此,在矩阵 A 中存在一个 $m \times m$ 阶的子矩阵 B,其秩为 m(即 B 为满秩子矩阵)。不失一般性,设:

$$B = \begin{pmatrix} a_{11} & a_{12} & \cdots & a_{1m} \\ a_{21} & a_{22} & \cdots & a_{2m} \\ \vdots & \vdots & & \vdots \\ a_{m1} & a_{m2} & \cdots & a_{mm} \end{pmatrix} = (P_1, P_2, \cdots, P_m)$$

我们称该满秩子矩阵 B 为一个基阵,简称为基。基阵中的每一个列向量 $P_j (j=$

$1,2,\cdots,m$) 称为一个基向量；与基向量 P_j 对应的变量 x_j 称为基变量。

线性规划问题中除基向量以外的其他列向量则称为非基向量，除基变量以外的其他变量则称为非基变量。比如：

$$A = \begin{pmatrix} a_{11} & a_{12} & \cdots & a_{1n} \\ a_{21} & a_{22} & \cdots & a_{2n} \\ \vdots & \vdots & & \vdots \\ a_{m1} & a_{m2} & \cdots & a_{mn} \end{pmatrix} = (P_1,P_2,\cdots,P_{m+1},\cdots,P_n) = (B,N)$$

式中，$P_{m+1},\cdots,P_n$ 为非基向量；相应的 $x_{m+1},\cdots,x_n$ 为非基变量。

3. 基解与基可行解

为了方便，我们将所有非基向量构成的子矩阵记为 $N=(P_{m+1},\cdots,P_n)$；也将变量 X 分为两部分 $X=(X_B,X_N)^T$，其中：

$$X_B=(x_1,x_2,\cdots,x_m)^T, X_N=(x_{m+1},x_{m+2},\cdots,x_n)^T$$

考虑约束条件 $AX=b$，按照上述符号定义，方程组等价于：

$$(B,N)\begin{pmatrix} X_B \\ X_N \end{pmatrix} = b$$

即

$$BX_B + NX_N = b$$

考虑到 B 是满秩子矩阵，它是可逆的，我们有：

$$X_B = B^{-1}(b - NX_N)$$

对应于基 B，如果令 $X_N=0$，可以得到一个解 $X=(B^{-1}b,0)^T$，我们称该解是对应于基 B 的基解；这样，我们把满足变量非负约束（即 $B^{-1}b \geqslant 0$）的基解称为基可行解；那么，对应于基可行解的基阵称为一个可行基。

根据上述几种解的概念，约束方程(2-10)最多可产生 C_n^m 个基解，由于基可行解是满足非负约束的基解，所以基可行解的数量往往少于基解的数量。如果基解中存在变量取值为负，则该基解位于可行域之外，属于非可行解。因此，在非可行解、可行解、基解、基可行解之间存在如图 2-6 的关系。

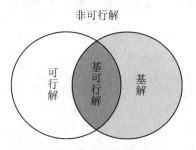

图 2-6 四种解的关系图

【例 2-7】（基解）　找出下述线性规划问题可行域中的所有基解，并指出哪些是基可行解。

$$\max z = 3x_1 + 5x_2$$

$$\text{s.t.} \begin{cases} x_1 + 2x_2 + x_3 = 30 \\ 3x_1 + 2x_2 + x_4 = 60 \\ 2x_2 + x_5 = 24 \\ x_1, x_2, x_3, x_4, x_5 \geqslant 0 \end{cases}$$

解：本例中 $m = 3, n = 5$，因此最多有 20 个基。比如，如果取 $B = (P_1, P_2, P_3)$，可得对应的基解为 $X = (12, 12, -6, 0, 0)$，不满足非负性约束，因此该基解对应的不是基可行解。通过列举，该线性规划问题总共有 9 个基解，其中有 5 个基可行解，如表 2-5 所示。

表 2-5　所有基解

序　号	x_1	x_2	x_3	x_4	x_5	是否为基可行解
①	12	12	-6	0	0	否
②	6	12	0	18	0	是
③	15	7.5	0	0	9	是
④	20	0	10	0	24	是
⑤	30	0	0	-30	24	否
⑥	0	12	6	36	0	是
⑦	0	30	-30	0	-36	否
⑧	0	15	0	30	-6	否
⑨	0	0	30	60	24	是

值得一提的是，在本例中，x_3, x_4, x_5 可以看作是如下约束条件中引入的松弛变量：

$$\begin{cases} x_1 + 2x_2 \leqslant 30 \\ 3x_1 + 2x_2 \leqslant 60 \\ 2x_2 \leqslant 24 \\ x_1, x_2 \geqslant 0 \end{cases}$$

如果用二维坐标系画出上述约束条件所定义的可行域，如图 2-7 所示，可以发现以上 9 个基解刚好对应于三条直线和两条坐标轴之间的交点；其中 5 个基可行解刚好对应于可行域的 5 个顶点，其余 4 个点对应于可行域之外的交点。

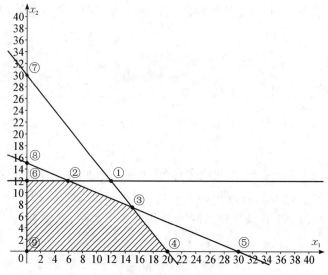

图 2-7 可行域图示

4. 凸集与图组合

设 S 是 n 维欧式空间的一点集,若 S 中任意两点 X_1 和 X_2 的连线上的所有点也属于集合 S,则称集合 S 为一个凸集。

X_1 和 X_2 两点间的连线可以表示为:

$$\alpha X_1 + (1-\alpha) X_2, \quad 0 < \alpha < 1$$

因此,凸集用数学语言描述为:对集合 S 中任意两点 X_1 和 X_2,如果对任意 $\alpha \in (0,1)$,均有 $\alpha X_1 + (1-\alpha) X_2 \in S$,则称集合 S 为一个凸集。根据该定义,不难看出在下面的四个图中,(a) 和 (b) 是凸集,而 (c) 和 (d) 不是凸集(见图 2-8)。

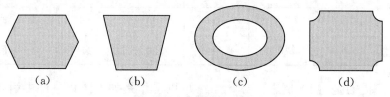

图 2-8 凸集和非凸集

设 $X_i, i=1,2,\cdots,k$,是 n 维欧氏空间中的 k 个点,若有一组数 $\mu_i (i=1,2,\cdots,k)$ 满足 $\mu_i \in [0,1]$,而且 $\mu_1 + \mu_2 + \cdots + \mu_k = 1$,那么,

$$X = \mu_1 X_1 + \mu_2 X_2 + \cdots + \mu_k X_k$$

是点 $X_1, X_2, \cdots, X_k$ 的凸组合。

一个凸集 S 中的点 X,如果不存在任何两个不同的点 $X_1 \in S$ 和 $X_2 \in S$,使得 X 成为这两个点连线上的一个点,即用数学语言描述为:对任何点 $X_1 \in S$ 和 $X_2 \in S$,不存在常数 $\alpha \in (0,1)$,使得 $X = \alpha X_1 + (1-\alpha) X_2$,那么点 X 为凸集 S 的一个顶点。

2.4.2　几个基本定理

正如图解法所示,线性规划问题的可行域都是凸集,如下定理给出了严格的证明。

【**定理 2-1**】　如果一个线性规划问题的可行域非空,那么它一定是凸集。

证明: 记线性规划问题的可行域为:

$$S = \{X \mid AX = b, X \geqslant 0\}$$

为了证明满足线性规划问题的约束条件的所有点(可行解)组成的集合是凸集,只要证明 S 中任意两点连线上的点也位于 S 内即可。

任取两点 $X_1, X_2 \in S$,设 X 是点 X_1 和 X_2 连线上的任意一点,则存在 $\alpha \in (0, 1)$,使得:

$$X = \alpha X_1 + (1-\alpha) X_2$$

显然, X 的所有分量为非负。同时,

$$AX = \alpha AX_1 + (1-\alpha) AX_2 = \alpha b + (1-\alpha) b = b$$

因此, $X \in S$。即可行域 S 上任意两点之间的连线也属于该可行域,所以 S 为凸集。

【**引理 2-1**】　设 S 为有界凸多面集,那么对该凸集中的任何一点 $X \in S$,它必可表示为 S 的顶点的凸组合。

该引理可以用数学归纳法加以证明,这里我们通过一个例子来说明该引理。

【**例 2-8**】　设 X 是三角形中任意一点,如图 2-9 所示, $X^{(1)}$, $X^{(2)}$, $X^{(3)}$ 是三角形的三个顶点,试用三个顶点的凸组合来表示 X。

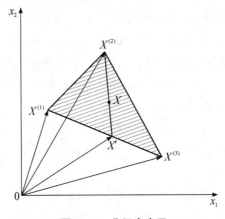

图 2-9　凸组合表示

解: 任选一顶点 $X^{(2)}$,做一条连线 $XX^{(2)}$;并延长交于 $X^{(1)}$, $X^{(3)}$ 连接线上一点 X'。因 X' 是 $X^{(1)}$, $X^{(3)}$ 连线上一点,故可用 $X^{(1)}$, $X^{(3)}$ 的线性组合表示为

$$X' = \alpha X^{(1)} + (1-\alpha) X^{(3)}, \quad 0 < \alpha < 1$$

又因 X 是 X' 与 $X^{(2)}$ 连线上的一个点,故

$$X = \beta X' + (1-\beta)X^{(2)}, \quad 0 < \beta < 1$$

将 X' 的表达式代入上式得到

$$X = \beta[\alpha X^{(1)} + (1-\alpha)X^{(3)}] + (1-\beta)X^{(2)}, \quad 0 < \beta < 1$$
$$= \beta\alpha X^{(1)} + \beta(1-\alpha)X^{(3)} + (1-\beta)X^{(2)}$$

令

$$\mu_1 = \beta\alpha, \mu_2 = (1-\beta), \mu_3 = \beta(1-\alpha)$$

可得

$$X = \mu_1 X^{(1)} + \mu_2 X^{(2)} + \mu_3 X^{(3)}$$

其中,$\sum_i \mu_i = 1, 0 < \mu_i < 1$。

【定理 2 - 2】 如果线性规划问题的可行域有界,则其最优值必可在某个顶点处获得。

证明:利用反证法。记 $X_1, X_2, \cdots, X_k$ 是可行域 S 的所有顶点,假设它们都不是线性规划问题的最优解。记 X^* 为最优点,即最大值点为 $z^* = CX^*$。根据引理 2 - 1,X^* 可以表示为可行城顶点的凸组合,即存在一组非负参数 $\mu_i(i=1,2,\cdots,k)$,$\sum_{i=1}^{k}\mu_i = 1$ 使得:

$$X^* = \sum_{i=1}^{k}\mu_i X_i$$

因此,

$$z^* = CX^* \sum_{i=1}^{k}\mu_i CX_i < \sum_{i=1}^{k}\mu_i z^* = z^*$$

上述不等式之所以成立,是因为根据假设,对任意顶点,其对应的目标函数值小于 z^*。于是,矛盾产生。这意味着线性规划的最优值点至少可以在某个顶点处找到。

注意:上述定理只适用于有界可行域。当某个线性规划问题的可行域无界时,其最优解有可能是无界的,也有可能是有界的。如果线性规划问题存在有界最优解,那么它也一定可以在可行域的某个顶点处获得。

这个结论的最大优点在于,把决策空间从一个非常大的可行域空间收缩到了可行域的顶点上,而顶点的数量在大部分情况下是比较有限的,这就极大地降低了问题求解的复杂度。

以下引理给出了一个可行解是否为基可行解的判定条件。

【引理 2 - 2】 线性规划问题的可行解 X 是基可行的充分必要条件是:X 的非零分量对应的系数列向量线性无关。

证明:首先证明必要性。已知 X 是一个基可行解,根据基可行解的定义,X 的非零分量一定是基变量,它们所对应的系数列向量为可行基的一部分,很显然,满足系数列向量线性无关。

再证明充分性。设 $P_1,P_2,\cdots,P_k$ 为 X 的非零分量对应的系数列向量,它们是线性无关的。很显然,一定有 $k\leqslant m$(m 是矩阵 A 的行数或者秩)。如果 $k=m$,则 $B=(P_1,P_2,\cdots,P_k)$ 刚好构成一个满秩子矩阵,是原问题的一个基:可行解 X 刚好是对应于这个基的一个基可行解。如果 $k<m$,那么一定可以在矩阵 A 的其他 $(n-k)$ 个列向量中找出 $(m-k)$ 个列向量,它们与 $(P_1,P_2,\cdots,P_k)$ 构成一个满秩子矩阵 B,可行解 X 可以看作是对应于这个基的一个基可行解。

以下定理建立了基可行解和可行域顶点之间的关系。

【定理 2-3】　线性规划问题的基可行解 X 刚好对应可行域上的某个顶点。

证明:等价于要证明定理的逆否命题,即可行解 X 不是基可行解的充分必要条件是 X 不是可行域顶点。

首先证明必要性。给定可行域内的某点 X,如果它不是一个基可行解,根据引理 2-2 可知, X 的非零分量对应的系数列向量线性相关。记 $X=(x_1,x_2,\cdots,x_k,0,\cdots,0)$,其中 $x_1,x_2,\cdots,x_k$ 是非零分量。于是,存在一组不全为零的数 $\mu_i(i=1,2,\cdots,k)$,使得:

$$\mu_1 P_1+\mu_2 P_2+\cdots+\mu_k P_k=0 \tag{2-12}$$

因为 $AX=b$,我们知:

$$(P_1\quad P_2\cdots\quad P_n)\begin{pmatrix}x_1\\x_2\\\vdots\\x_k\\0\\\vdots\\0\end{pmatrix}=b$$

即:

$$x_1 P_1+x_2 P_2+\cdots+x_k P_k=b \tag{2-13}$$

取一个足够小的正数 $\delta>0$,令:

$$X_1:=(x_1+\delta\mu_1,x_2+\delta\mu_2,\cdots,x_k+\delta\mu_k,0,\cdots,0)^T$$
$$X_2:=(x_1-\delta\mu_1,x_2-\delta\mu_2,\cdots,x_k-\delta\mu_k,0,\cdots,0)^T$$

很显然,可以取:

$$\delta=\frac{1}{2}\min\left\{\frac{x_i}{\mu_i}\mid\mu_i>0\right\}$$

从而有 $X_1\geqslant 0,X_2\geqslant 0$,而且 $AX_1=AX_2=b$。即 X_1 和 X_2 是线性规划可行域上的两个不同的点。不难发现:

$$X=\frac{X_1+X_2}{2}$$

因此,根据顶点的定义可知,X 不是可行域的顶点。

再证明充分性。给定非顶点的可行解 $X=(x_1,x_2,\cdots,x_k,0,\cdots,0)$,其中 x_1,$x_2,\cdots,x_k$ 是非零分量,我们要证明它不可能是一个基可行解。根据顶点的定义,可以在可行域中找到两个不相同的点 X_1 和 X_2,以及一个正数 $\alpha \in (0,1)$,使得:

$$X = \alpha X_1 + (1-\alpha)X_2$$

很显然,X 的零分量所对应的 X_1 和 X_2 的分量也一定取 0,即可以记:

$$X_1 = (\hat{x}_1,\hat{x}_2,\cdots,\hat{x}_k,0,\cdots,0)^T$$
$$X_2 = (\hat{x}_1,\hat{x}_2,\cdots,\hat{x}_k,0,\cdots,0)^T$$

因为 $AX_1=AX_2=b$,可得:

$$\sum_{i-1}^{k}(\hat{x}_i - \tilde{x}_i)P_i = 0$$

考虑到 $X_1 \neq X_2$,上式意味着 $P_1,P_2,\cdots,P_k$ 是线性相关的。根据引理 2-2 可得,X 不是一个基可行解。

定理 2-3 表明,线性规划问题的顶点其实就是一个基可行解。结合定理 2-2,我们要寻找线性规划问题的最优解,只需要在基可行解上搜索(即不需要在可行域的内部进行搜索)。这一性质为开发线性规划的有效算法奠定了基础。

2.5 求解线性规划的单纯形法

搜索基可行解的基本思路是:先找出一个初始的基可行解,然后判断该基可行解是否为最优;如果否,则转换到相邻的能进一步改善目标函数值的基可行解,直到找到最优解为止。我们先利用这种思路计算例 2-6 资源分配问题的最优解:

$$\max z = 20x_1 + 30x_2$$

$$\text{s.t.}\begin{cases} 2x_1 + 6x_2 + x_3 = 200 \\ 2x_1 + 2x_2 + x_4 = 100 \\ 4x_1 + 2x_2 + x_5 = 180 \\ x_1,x_2,x_3,x_4,x_5 \geqslant 0 \end{cases}$$

该线性规划约束的系数矩阵为:

$$A = (P_1,P_2,P_3,P_4,P_5)\begin{bmatrix} 2 & 6 & 1 & 0 & 0 \\ 2 & 2 & 0 & 1 & 0 \\ 4 & 2 & 0 & 0 & 1 \end{bmatrix}$$

很显然,列向量 (P_3,P_4,P_5) 构成一个单位矩阵的基:

$$B = (P_3, P_4, P_5) = \begin{bmatrix} 1 & 0 & 0 \\ 0 & 1 & 0 \\ 0 & 0 & 1 \end{bmatrix}$$

第 1 步，寻找一个初始基可行解。显然，可以令 x_3，x_4 和 x_5 为基变量。将所有的非基变量移到方程式的右边，约束方程变为如下形式：

$$(\text{s1}) \begin{cases} x_3 = 200 - 2x_1 - 6x_2 \\ x_4 = 100 - 2x_1 - 2x_2 \\ x_5 = 180 - 4x_1 - 2x_2 \end{cases}$$

如果令非基变量 $x_1 = x_2 = 0$，可以直观地得到初始基可行解 $X^{(1)} = (0, 0, 200, 100, 180)^T$，它所对应的目标函数值为 $z^{(1)} = 20x_1 + 30x_2 = 0$。

接下来判断 $X^{(1)}$ 是否已经达到最优。从 $z^{(1)}$ 关于非基变量的表达式中可以看出，如果进一步增加非基变量 x_1 或 x_2 的取值（如非基变量从零值增加为一个正数），那么可以进一步增加目标函数的值（因为 x_1 和 x_2 的目标函数系数均为正）。特别是，每增加一单位 x_1，可以令目标函数值提高 20；每增加一单位 x_2，可以令目标函数值提高 30。于是，我们可以考虑优先增加 x_2 的取值，即把 x_2 从非基变量变为基变量，同时保持 x_1 为非基变量（即保持其取值为 0 不变）。

为了尽可能增加目标函数值，应该尽可能大地提高 x_2 的取值。但是，x_2 能否无限制地增加呢？显然不能，因为在增加 x_2 的过程中，要保证所有的基变量是非负的，即要满足：

$$\begin{cases} x_3 = 200 - 6x_2 \geqslant 0 \Rightarrow x_2 \leqslant \dfrac{100}{3} \\ x_4 = 100 - 2x_2 \geqslant 0 \Rightarrow x_2 \leqslant 50 \\ x_5 = 180 - 2x_2 \geqslant 0 \Rightarrow x_2 \leqslant 90 \end{cases}$$

将上述三个条件取交集，可得 x_2 的最大值为 $\dfrac{100}{3}$。如果 $x_2 = \dfrac{100}{3}$，对应的 $x_3 = 0$，即正好把 x_3 从基变量变为非基变量。

第 2 步，换基迭代，上面已经确定将 x_2 换入，将 x_3 换出。我们要对约束式 (s1) 进行等价变换，将新的基变量 (x_2, x_4, x_5) 用非基变量 (x_1, x_3) 的线性形式进行表示。通过数学变换，我们得到：

$$(\text{s2}) \begin{cases} x_2 = \dfrac{100}{3} - \dfrac{1}{3}x_1 - \dfrac{1}{6}x_3 \\ x_4 = \dfrac{100}{3} - \dfrac{4}{3}x_1 + \dfrac{1}{3}x_3 \\ x_5 = \dfrac{340}{3} - \dfrac{10}{3}x_1 + \dfrac{1}{3}x_3 \end{cases}$$

如果令非基变量 $x_1 = x_3 = 0$，得到换基迭代之后的基可行解 $X^{(2)} = \left(0, \dfrac{100}{3}, 0,\right.$

$\dfrac{100}{3},\dfrac{340}{3})^T$；对应的目标函数值为 $z^{(2)}=1\,000+10x_1-5x_3=1\,000$，即相对 $z^{(1)}$ 提高了 $1\,000$ 单位。

接下来判断 $X^{(2)}$ 是否已经达到最优。从 $z^{(2)}$ 关于非基变量的表达式中可以看出，x_1 的目标函数系数为正，这说明如果增加非基变量 x_1 的取值，可以进一步增加目标函数的值。于是，$x^{(2)}$ 并非最优，需要进一步换基迭代。在将 x_1 入基的过程中（保持 x_3 为非基变量），也需要保证所有基变量取非负值，即满足：

$$\begin{cases} x_2=\dfrac{100}{3}-\dfrac{1}{3}x_1 \geqslant 0 \Rightarrow x_1 \leqslant 100 \\[2mm] x_4=\dfrac{100}{3}-\dfrac{4}{3}x_1 \geqslant 0 \Rightarrow x_1 \leqslant 25 \\[2mm] x_5=\dfrac{340}{3}-\dfrac{10}{3}x_1 \geqslant 0 \Rightarrow x_1 \leqslant 34 \end{cases}$$

因此，x_1 的最大值为 25。如果 $x_1=25$，对应的 $x_4=0$，即正好把 x_4 从基变量变为非基变量。

第 3 步，继续换基迭代，上面已经确定将 x_1 换入，将 x_4 换出。对约束式（s2）进行等价变换，将新的基变量（x_1,x_2,x_5）用非基变量（x_3,x_4）的线性形式进行表示，得：

$$(s3)\begin{cases} x_2=25-\dfrac{1}{4}x_3+\dfrac{1}{4}x_4 \\[2mm] x_1=25+\dfrac{1}{4}x_3-\dfrac{3}{4}x_4 \\[2mm] x_5=30-\dfrac{1}{2}x_3+\dfrac{5}{2}x_4 \end{cases}$$

如果令非基变量 $x_3=x_4=0$，得到换基迭代之后的基可行解 $X^{(3)}=(25,25,0,0,30)^T$，它所对应的目标函数值为 $z^{(3)}=1\,250-\dfrac{5}{2}x_3-\dfrac{15}{2}x_4=1\,250$，相对 $z^{(2)}$ 提高了 250 单位。

接下来判断 $X^{(3)}$ 是否已经达到最优。从 $z^{(3)}$ 关于非基变量的表达式中可以看出，非基变量 x_3 和 x_4 的目标函数系数均为负，说明提高 x_3 或 x_4 的取值将不能再增加目标函数的值。因此，该问题的最优解为 $X^*=X^{(3)}=(25,25,0,0,30)^T$，对应的目标函数值为 $z^*=1\,250$。

对比例 2-6 的图解法不难看出，上述步骤的搜索过程中，搜索得到的结果刚好对应于可行域的顶点。$X^{(1)}=(0,0,200,100,180)^T$ 对应原点 $(0,0)$，$X^{(2)}=\left(0,\dfrac{100}{3},\right.$ $\left.0,\dfrac{100}{3},\dfrac{340}{3}\right)^T$ 对应顶点 $Q_2\left(0,\dfrac{100}{3}\right)$，$X^{(3)}=(25,25,0,0,30)^T$ 对应顶点 $Q_1(25,25)$。逐步"换基迭代"的过程，刚好是图 2-2 中的等值线沿着可行域平移至几个顶点的依次搜索的过程。

2.5.1　单纯形法的原理

上述例子中通过"换基迭代"的方法搜索可行域的顶点,实际上采用的是一个称为"单纯形法"的过程。本节结合标准型线性规划模型,探讨其基本原理。我们还是研究如下问题:

$$\max z = \sum_{j=1}^{n} c_j x_j$$

$$\text{s.t.} \begin{cases} \sum_{j=1}^{n} a_{ij} x_j = b_i, & i = 1, 2, \cdots, m \\ x_j \geqslant 0, & j = 1, 2, \cdots, n \end{cases}$$

首先考虑一个特殊的情形,即假设系数矩阵 A 中已经存在一个单位矩阵,一般地,假设

$$A = \begin{pmatrix} 1 & 0 & \cdots & 0 & a_{1(m+1)} & \cdots & a_{1n} \\ 0 & 1 & \cdots & 0 & a_{2(m+1)} & \cdots & a_{2n} \\ \vdots & \vdots & & \vdots & \vdots & & \vdots \\ 0 & 0 & \cdots & 1 & a_{m(m+1)} & \cdots & a_{mn} \end{pmatrix}$$

第 1 步,确定初始基可行解。

很显然,可以取基阵为:

$$B = (P_1, P_2, \cdots, P_m) = I$$

将所有基变量用非基变量的函数式来表示,可得:

$$x_i = b_i - \sum_{j=m+1}^{n} a_{ij} x_j, \quad i = 1, 2, \cdots, m$$

相应地,将目标函数用非基变量的函数式表示为:

$$z = \sum_{i=1}^{m} c_i x_i + \sum_{j=m+1}^{n} c_j x_j = \sum_{i=1}^{m} c_i \left(b_i - \sum_{j=m+1}^{n} a_{ij} x_j \right) + \sum_{j=m+1}^{n} c_j x_j$$

$$= \sum_{i=1}^{m} c_i b_i + \sum_{j=m+1}^{n} \left(c_j - \sum_{i=1}^{m} a_{ij} c_i \right) x_j$$

因此,如果令非基变量 $x_{m+1} = x_{m+2} = \cdots = x_n = 0$,可以直观地得到初始基可行解为:

$$X^{(0)} = (x_1, x_2, \cdots, x_n)^T = (b_1, b_2, \cdots, b_m, 0, \cdots, 0)^T$$

它所对应的目标函数值为:

$$z^{(0)} = \sum_{i=1}^{m} c_i b_i$$

第 2 步,判断最优性。

从目标函数关于当前非基变量的函数式来判断当前基可行解是否为最优。如果记：

$$\lambda_j := c_j - \sum_{i=1}^{m} a_{ij} c_i, \quad j = m+1, \cdots, n \tag{2-14}$$

可知，

$$z = \sum_{i=1}^{m} c_i b_i + \sum_{j=m+1}^{n} \lambda_j x_j$$

因此，如果在 $\lambda_{m+1}, \cdots, \lambda_n$ 中有一个系数为正（如设 $\lambda_k > 0$），则说明将其对应的非基变量 x_k 适当增加一些（从 0 变为一个正数），可以进一步改进目标函数值。当且仅当 $\lambda_{m+1}, \cdots, \lambda_n$ 均为非正时，我们才可以断定：进一步换基迭代不可能再次改进目标函数值。因此，可以直接利用 $\lambda_{m+1}, \cdots, \lambda_n$ 来判断当前基可行解是否已经达到最优。于是，我们将式（2-14）所定义的系数 λ_j 称为非基变量 x_j 的"检验数"。当且仅当所有非基变量的检验数为非正时，才算找到线性规划问题的最优解。

【定理 2-4】 对基可行解 $X^{(0)}$，如果所有检验数 $\lambda_k \leqslant 0 (k = m+1, \cdots, n)$，则 $X^{(0)}$ 即为线性规划问题的最优解。

证明： 因为检验数均非正，我们可知对任意可行解 X 均有：

$$z \leqslant \sum_{i=1}^{m} c_i b_i$$

即 $\sum\limits_{i=1}^{m} c_i b_i$ 是目标函数的上界，而当前的基可行解 $X^{(0)}$ 刚好能实现该上界值。因此，$X^{(0)}$ 即为线性规划问题的最优解。

第 3 步，换基迭代。

如果部分非基变量的检验数为正，按照经验可以选择最大的检验数对应的非基变量作为入基变量。不失一般性，记 x_k 为已经确定的入基变量（对应的 $\lambda_k > 0$）。为了确定出基变量，我们保持其他非基变量取值为 0 不变，来确定 x_k 的最大取值。要保持所有基变量依然为非负，需要保证对任意 $i = 1, 2, \cdots, m$，有：

$$x_i = b_i - a_{ik} x_k \geqslant 0$$

如果 $a_{ik} \leqslant 0$，很显然该不等式约束总是成立（即 x_k 可取无穷大）；如果 $a_{ik} > 0$，则对应有：

$$x_k \leqslant \frac{b_i}{a_{ik}}$$

【定理 2-5】 如果某个非基变量 x_k 的检验数为正，其对应的列向量 $P_k = (a_{1k}, a_{2k}, \cdots, a_{mk})^T$ 所有元素均非正，那么线性规划问题无有界最优解。

证明： 因为 $P_k = (a_{1k}, a_{2k}, \cdots, a_{mk})^T \leqslant 0$，那么在将非基变量 x_k 入基的过程中，可以无限制地增加其取值。每增加一单位 x_k，目标函数值增加 λ_k。因此，目标函数值可以无限制地朝改进的方向移动，线性规划问题的最优解无界。

考虑 a_{ik} 中至少有一个为正的情形。考虑到所有关于 x_k 的限制,我们可以取其交集,令

$$\theta = \min_{i=1,2,\cdots,m}\left\{\frac{b_i}{a_{ik}} \mid a_{ik} > 0\right\} \qquad (2-15)$$

则 θ 是非基变量 x_k 的最大取值。设在该取值处,某一基变量(记为 x_r)取值为 0,即:

$$b_r - a_{rk}\theta = 0$$

则 x_r 是出基变量。

接下来,要用新的一组非基变量表示新的基变量,等价于在下列方程组中将变量 x_r 从左边移到右边,同时将 x_k 移到左边。

$$\begin{cases} x_1 = b_1 - \sum_{j=m+1}^{n} a_{1j}x_j \\ x_2 = b_2 - \sum_{j=m+1}^{n} a_{2j}x_j \\ \qquad \cdots \\ x_m = b_m - \sum_{j=m+1}^{n} a_{mj}x_j \end{cases}$$

(1) 对第 r 个方程,可以直接得到:

$$x_k = \frac{b_r}{a_{rk}} - \frac{1}{a_{rk}}x_r - \sum_{j=m+1,j\neq k}^{n} \frac{a_{rj}}{a_{rk}}x_j$$

(2) 对 $i=1,2,\cdots,r-1,r+1,\cdots,m$, 有:

$$x_i = b_i - \sum_{j=m+1,j\neq k}^{n} a_{ij}x_j - a_{ik}x_k$$

$$= b_i - \sum_{j=m+1,j\neq k}^{n} a_{ij}x_j - a_{ik}\left(\frac{b_r}{a_{rk}} - \sum_{j=m+1,j\neq k}^{n} \frac{a_{rj}}{a_{rk}}x_j - \frac{1}{a_{rk}}x_r\right)$$

$$= b_i - \frac{a_{ik}}{a_{rk}}b_r + \frac{a_{ik}}{a_{rk}}x_r - \sum_{j=m+1,j\neq k}^{n} \left(a_{ij} - \frac{a_{rj}}{a_{rk}}a_{ik}\right)x_j$$

用非基变量来表示目标函数为:

$$z^{(1)} = \sum_{i=1}^{m} c_ib_i + \sum_{j=m+1,j\neq k}^{n} \lambda_j x_j + \lambda_k x_k$$

$$= \sum_{i=1}^{m} c_ib_i + \sum_{j=m+1,j\neq k}^{n} \lambda_j x_j + \left(\frac{b_r}{a_{rk}} - \frac{1}{a_{rk}}x_r - \sum_{j=m+1,j\neq k}^{n} \frac{a_{rj}}{a_{rk}}x_j\right)\lambda_k$$

$$= \sum_{i=1}^{m} c_ib_i + \frac{b_r}{a_{rk}}\lambda_k - \frac{\lambda_k}{a_{rk}}x_r + \sum_{j=m+1,j\neq k}^{n} \left(\lambda_j - \frac{a_{rj}}{a_{rk}}\lambda_k\right)x_j$$

如果令非基变量取值为 0,可得基变量 $(x_1,\cdots,x_k,\cdots,x_m)$ 所对应的基可行解为:

$$X^{(1)} = (b_1 - \theta a_{1k}, b_2 - \theta a_{2k}, \cdots, b_m - \theta a_{mk}, 0, \cdots, \theta, 0, \cdots, 0) \qquad (2-16)$$

相应的目标函数值为:

$$z^{(1)} = \sum_{i=1}^{m} c_i b_i + \frac{b_r}{a_{rk}} \lambda_k = \sum_{i=1}^{m} c_i b_i + \theta \lambda_k$$

【定理 2 - 6】 经过换基迭代得到的新解 $X^{(1)}$ 是一个基可行解,同时,它所对应的目标函数值相对 $z^{(0)}$ 是一个改进,即 $z^{(1)} > z^{(0)}$。

证明:要证明 $X^{(1)}$ 是基可行解,只需要证明 $X^{(1)}$ 的所有分量为非负即可。根据式(2-15)对 θ 的定义,可知 $X^{(1)}$ 是非负的。另外,有:

$$z^{(1)} - z^{(0)} = \theta \lambda_k > 0$$

上述不等式之所以成立,是因为检验数 λ_k 和 θ 的取值均为正。

定理 2-6 表明,经过换基迭代得到的新的基可行解,它所带来的目标函数的增量刚好等于检验数 λ_k 和 θ 值的乘积。这是因为 λ_k 可以被看作是变量 x_k 的"边际效应",即每增加一单位 x_k 所带来的目标函数值的变化量;同时,θ 值刚好对应于换基迭代过程中 x_k 的增量值(从 0 → θ)。

接下来可以将 $X^{(1)}$ 看作初始基可行解,重复前面的三个步骤,进一步验证 $X^{(1)}$ 的最优性,并根据结果进行换基迭代。如果线性规划问题存在有界最优解,那么通过有限步的换基迭代,总能找到该问题的最优解。

单纯形法的基本步骤可总结如下:

(1)确定初始基,得到初始的基可行解;

(2)检查非基变量检验数是否全部非正,若是,则已经得到最优解;若否,则转到(3);

(3)如果存在某检验数 $\lambda_k > 0$,则检查变量 x_k 所对应的列向量 P_k,如果 P_k 的所有元素非正,则线性规划问题无有界最优解,否则转到(4);

(4)根据最大非负检验数确定入基变量 x_k,根据最小 θ 值确定出基变量 x_r,以 a_{rk} 为中心换基迭代,然后转到(2)。

2.5.2 单纯形表

为了更加直观地进行换基迭代计算过程,可以将上述基可行解搜索过程通过表格的方式进行描述。一般情况下,单纯形表的布局方式如表 2-6 所示。

表 2 - 6 单纯形表

c_j			目标函数系数	θ_i
C_B	X_B	b	决策变量	
基变量的目标函数系数	基变量	约束右边项 b	系数矩阵 A	θ 值
λ_j			检验数	

接下来我们引用 2.5.1 中的特殊情形,利用单纯形法来进行计算。

第 1 步,建立初始单纯形表。

显然可以找到一组初始基变量为($x_1, x_2, \cdots, x_m$),初始的单纯形表如表 2-7 所示。

表 2-7　初始单纯形表

c_j			c_1	c_2	$\cdots$	c_m	c_{m+1}	$\cdots$	c_k	$\cdots$	c_n	θ_i
C_B	X_B	b	x_1	x_2	$\cdots$	x_m	x_{m+1}	$\cdots$	x_k	$\cdots$	x_n	
c_1	x_1	b_1	1	0	$\cdots$	$\cdots$	$a_{1(m+1)}$	$\cdots$	a_{1k}	$\cdots$	a_{1n}	θ_1
c_2	x_2	b_2	0	1	$\cdots$	$\cdots$	$a_{2(m+1)}$	$\cdots$	a_{2k}	$\cdots$	a_{2n}	θ_2
$\cdots$	$\cdots$	$\cdots$	$\cdots$	$\cdots$	$\cdots$	$\cdots$	$\cdots$	$\cdots$	$\cdots$	$\cdots$	$\cdots$	$\cdots$
c_r	x_r	b_r	0	$\cdots$	$\cdots$	$\cdots$	$a_{r(m+1)}$	$\cdots$	$[a_{rk}]$	$\cdots$	a_{rn}	θ_r
$\cdots$	$\cdots$	$\cdots$	$\cdots$	$\cdots$	$\cdots$	$\cdots$	$\cdots$	$\cdots$	$\cdots$	$\cdots$	$\cdots$	$\cdots$
c_m	x_m	b_m	0	0	$\cdots$	$\cdots$	$a_{m(m+1)}$	$\cdots$	a_{mk}	$\cdots$	a_{mn}	θ_m
λ_j			0	0	$\cdots$	0	$\lambda_{(m+1)}$	$\cdots$	λ_k	$\cdots$	λ_n	

在最后一行中,可直接计算出每个决策变量所对应的检验数。注意:对基变量而言,它们的检验数一定为 0。对非基变量而言,它们的检验数计算公式为:

$$\lambda_j = c_j - \sum_{i=1}^{m} c_i a_{ij}, \quad j = 1, 2, \cdots, n$$

根据检验数进行判定,如果至少存在一个非基变量的检验数为正,则选择检验数最大的作为入基变量(不妨设为 x_k),相应地计算 a_{ik} 为正时所对应的 θ_i 值,并记录在表格的最后一列:

$$\theta_i = \frac{b_i}{a_{ik}}, \quad i = 1, 2, \cdots, m, \text{且 } a_{ik} > 0$$

如果某 $a_{ik} \leqslant 0$,可以认为其对应的 θ_i 取值为无穷大。令

$$\theta = \min\left(\frac{b_i}{a_{ik}} \mid a_{ik} > 0\right) = \frac{b_r}{a_{rk}}$$

则 x_r 为出基变量。接下来以 a_{rk} 为中心进行换基迭代。

第 2 步,换基迭代后的单纯形表。

在上面的单纯形表中,x_k 为入基变量,x_r 为出基变量,以 a_{rk} 为中心进行换基迭代,利用行变换将 x_k 所对应的列向量化为单位列向量:

$$P_k = \begin{bmatrix} a_{1k} \\ a_{2k} \\ \vdots \\ a_{rk} \\ \vdots \\ a_{mk} \end{bmatrix} \quad 变换 \Rightarrow \quad \begin{bmatrix} 0 \\ 0 \\ \vdots \\ 1 \\ \vdots \\ 0 \end{bmatrix} \leftarrow 第\ r\ 行$$

将 X_B 列中的 x_r 换为 x_k，得到新的单纯形表，如表 2-8 所示。

表 2-8 换基迭代后的单纯形表

c_j			c_1	c_2	$\cdots$	c_m	c_{m+1}	$\cdots$	c_k	$\cdots$	c_n	θ_i
C_B	X_B	b	x_1	x_2	$\cdots$	x_m	x_{m+1}	$\cdots$	x_k	$\cdots$	x_n	
c_1	x_1	$b_1 - a_{1k}\dfrac{b_r}{a_{rk}}$	1	0	$\cdots$	$\cdots$	$a_{1(m+1)} - a_{1k}\dfrac{a_{r(m+1)}}{a_{rk}}$	$\cdots$	0	$\cdots$	$a_{1n} - a_{1k}\dfrac{a_{rn}}{a_{rk}}$	
c_2	x_2	$b_2 - a_{2k}\dfrac{b_r}{a_{rk}}$	0	1	$\cdots$	$\cdots$	$a_{2(m+1)} - a_{2k}\dfrac{a_{r(m+1)}}{a_{rk}}$	$\cdots$	0	$\cdots$	$a_{2n} - a_{2k}\dfrac{a_{rn}}{a_{rk}}$	
$\cdots$	$\cdots$	$\cdots$	$\cdots$	$\cdots$	$\cdots$	$\cdots$	$\cdots$	$\cdots$	$\cdots$	$\cdots$	$\cdots$	
c_r	x_r	$\dfrac{b_r}{a_{rk}}$	0	$\cdots$	$\cdots$	$\cdots$	$\dfrac{a_{r(m+1)}}{a_{rk}}$	$\cdots$	1	$\cdots$	$\dfrac{a_{rn}}{a_{rk}}$	
$\cdots$	$\cdots$	$\cdots$	$\cdots$	$\cdots$	$\cdots$	$\cdots$	$\cdots$	$\cdots$	$\cdots$	$\cdots$	$\cdots$	
c_m	x_m	$b_m - a_{mk}$	0	0	$\cdots$	$\cdots$	$a_{m(m+1)} - a_{mk}\dfrac{a_{r(m+1)}}{a_{rk}}$	$\cdots$	0	$\cdots$	$a_{mn} - a_{mk}\dfrac{a_{rn}}{a_{rk}}$	

同样，在上述单纯形表的基础上，继续计算每个决策变量对应的检验数，判断基可行解的最优性。如果当前的基可行解非最优，则进一步确定入基变量，通过计算 θ 值来确定出基变量，然后进行换基迭代。

下面通过两个例子来演示单纯形表的计算过程。

【例 2-9】(单纯形法)　应用单纯形法求解以下线性规划问题：

$$\max z = -x_1 + x_2$$

$$\text{s.t.} \begin{cases} 3x_1 + 2x_2 + x_3 = 1 \\ 2x_1 + x_2 + x_4 = 4 \\ x_j \geqslant 0, \quad j = 1, \cdots, 4 \end{cases}$$

解：首先确定初始基可行解，建立初始单纯形表。很显然，可以取 (x_3, x_4) 为初始基变量，因为它们所对应的系数矩阵中的列向量刚好构成一个单位阵，如表 2-9 所示。

表 2-9　初始单纯形表

c_j			-1	1	0	0	θ_i
C_B	X_B	b	x_1	x_2	x_3	x_4	
0	x_3	1	3	[2]	1	0	$\dfrac{1}{2}$
0	x_4	4	2	1	0	1	4
λ_j			-1	1	0	0	

依次计算各决策变量的检验数,并填入表中的检验数行。由于 x_2 的检验数为正,因此将其作为换入变量。接着计算每个基变量对应的 θ_i 值,可知应该将 x_3 出基。因而可进行换基迭代,得到表 2-10。

表 2-10　换基迭代后的单纯形表

c_j			-1	1	0	0	θ_i
C_B	X_B	b	x_1	x_2	x_3	x_4	
1	x_2	$\dfrac{1}{2}$	$\dfrac{3}{2}$	1	$\dfrac{1}{2}$	0	
0	x_4	$\dfrac{7}{2}$	$\dfrac{1}{2}$	0	$-\dfrac{1}{2}$	1	
λ_j			$-\dfrac{5}{2}$	0	$-\dfrac{1}{2}$	0	

再次计算各决策变量的检验数,并填入表中。可以发现,此时所有非基变量的检验数均为非正。因此,当前的基可行解即为该线性规划问题的最优解,即 $X^* = \left(0, \dfrac{1}{2}, 0, \dfrac{7}{2}\right)^T$,对应的最优目标函数值 $z^* = \dfrac{1}{2}$。

【例 2-10】(单纯形法)　应用单纯形法求解以下线性规划问题:

$$\max z = 50x_1 + 100x_2$$
$$\text{s.t.}\begin{cases} x_1 + x_2 + x_3 = 300 \\ 2x_1 + x_2 + x_4 = 400 \\ x_2 + x_5 = 150 \\ x_j \geqslant 0, \quad j = 1, \cdots, 5 \end{cases}$$

解:在实际计算中,可以将每一步的单纯形表直接用一个大表格来呈现。因此,本例完整的单纯形表计算过程如表 2-11 所示。

表 2-11 完整计算过程的单纯形表

c_j			50	100	0	0	0	θ_i
C_B	X_B	b	x_1	x_2	x_3	x_4	x_5	
0	x_3	300	1	1	1	0	0	300
0	x_4	400	2	1	0	1	0	400
0	x_5	150	0	[1]	0	0	1	150
	λ_j		50	100	0	0	0	
0	x_3	150	1	0	1	0	-1	150
0	x_4	250	[2]	0	0	1	-1	125
100	x_2	150	0	1	0	0	1	—
	λ_j		50	0	0	0	-100	
0	x_3	25	0	0	1	$-\dfrac{1}{2}$	$-\dfrac{1}{2}$	
50	x_1	125	1	0	0	$\dfrac{1}{2}$	$-\dfrac{1}{2}$	
100	x_2	150	0	1	0	0	1	
	λ_j		0	0	0	-25	-75	

从上面的例子可以看出,换基迭代本质上是对约束方程 $AX=b$ 不断变换的过程。在每一步中,针对给定的基变量相对应的基阵 B,相当于在最初约束方程两边左乘 B^{-1} 即可。下面考虑资源配置问题:

$$\max z = CX$$
$$\text{s.t.} \begin{cases} AX \leqslant b \\ X \geqslant 0 \end{cases}$$

将其转化为标准化形式,通过引入松弛变量(记为 X_s),有:

$$\max z = CX$$
$$\text{s.t.} \begin{cases} AX + X_s = b \\ X \geqslant 0 \end{cases}$$

于是,可以直接将 X_s 作为初始基变量建立初始单纯形表。如果通过若干步换基迭代后,最终单纯形表对应的基为 B,基变量为 X_B,基变量对应的目标函数系数为 C_B,那么其最终单纯形表如表 2-12 所示。

表 2 - 12　单纯形表的一般形式

c_j			C	0	θ_i	
C_B	基	b	X	X_s		
0	X_s	b	N	I		初始单纯形表
	λ_j		C	0		
C_B	X_B	$B^{-1}b$	$B^{-1}N$	B^{-1}		最终单纯形表
	λ_j		$C-C_BB^{-1}N$	$-C_BB^{-1}$		

根据最终单纯形表的最优性判断准则,一定有:

$$\begin{cases} C-C_BB^{-1}A \leqslant 0 \\ -C_BB^{-1} \leqslant 0 \end{cases} \Leftrightarrow \begin{cases} C_BB^{-1}A \geqslant C \\ C_BB^{-1} \geqslant 0 \end{cases}$$

上述关系是对偶单纯形法的基础,我们将在下章学习。

2.5.3　几种特殊情形

1. 无穷多最优解的情形

线性规划问题的最优解有可能并非唯一的。如果能找到至少两个不同的顶点(即不同的基可行解),那么可以断定该线性规划问题有无穷多个最优解,见表 2 - 13。

表 2 - 13　存在无穷多最优解的单纯形表

c_j			3	-3	0	5	-1	θ_i
C_B	X_B	b	x_1	x_2	x_3	x_4	x_5	
4	x_2	$\dfrac{7}{2}$	0	1	$\dfrac{1}{4}$	$\dfrac{1}{4}$	0	14
2	x_1	3	1	0	$-\dfrac{1}{2}$	$\dfrac{1}{2}$	0	—
0	x_5	$\dfrac{5}{2}$	0	0	$\left[\dfrac{3}{4}\right]$	$-\dfrac{1}{4}$	1	$\dfrac{10}{3}$
	λ_j		0	0	0	-2	0	

所有检验数均为非正,所以 $X^{(1)}=\left(3,\dfrac{7}{2},0,0,\dfrac{5}{2}\right)^T$ 是该问题的最优解,对应的目标函数值为 20。

注意:在上述结果中,非基变量 x_3 的检验数为 0。如果我们继续换基迭代,把 x_3 作为入基变量,根据 θ_i 的最小值确定 x_5 为出基变量。

换基迭代得到的结果如表 2 - 14 所示。

表 2 - 14 上一单纯形表换基迭代结果

	c_j		3	-3	0	5	-1	θ_i
C_B	X_B	b	x_1	x_2	x_3	x_4	x_5	
4	x_2	$\dfrac{8}{3}$	0	1	0	$\dfrac{1}{3}$	$-\dfrac{1}{3}$	
2	x_1	$\dfrac{14}{3}$	1	0	0	$\dfrac{1}{3}$	$\dfrac{2}{3}$	
0	x_3	$\dfrac{10}{3}$	0	0	1	$-\dfrac{1}{3}$	$\dfrac{4}{3}$	
	λ_j		0	0	0	-2	0	

我们得到一个新的基可行解 $X^{(2)} = \left(\dfrac{14}{3}, \dfrac{8}{3}, \dfrac{10}{3}, 0, 0\right)^T$,它所对应的目标函数值也是 20。之所以与刚才的换基迭代得到的目标函数值相等,是因为目标函数的增量 = x_3 的检验数 $\times \dfrac{10}{3}$(检验数 $\times \theta$ 值)。于是,我们得到了线性规划问题的两个不同的最优顶点,因此,两个顶点连线上的任一点都是该线性规划问题的最优解。

按照上述思路,存在无穷多个最优解的判定条件是最终单纯形表中某个非基变量的检验数为零。但是,这只是一个必要条件而非充分条件。

2. 无界解的情形

如果某线性规划问题在求解过程中某一步的单纯形表如表 2 - 15 所示。

表 2 - 15 存在无界解的单纯形表

	c_j		-1	1	0	0	θ_i
C_B	X_B	b	x_1	x_2	x_3	x_4	
0	x_3	1	3	-2	1	0	
0	x_4	4	2	-1	0	1	
	λ_j		-1	1	0	0	

非基变量 x_2 的检验数为正,因此入基。可 $a_{12} < 0, a_{22} < 0$,没有比值,从而线性规划的最优解无界。由模型可以看出,当固定 x_1 使 $x_2 \to +\infty$ 且满足约束条件,还可以用图解法看出具有无界解。

3. 退化解的情形

如果某线性规划问题在求解过程中某一步的单纯形表如表 2 - 16 所示。

表 2-16　存在退化解的单纯形表

	c_j		3	−3	0	5	−1	θ_i
C_B	X_B	b	x_1	x_2	x_3	x_4	x_5	
3	x_1	12	1	0	−2	[2]	0	6
−3	x_2	1	0	1	−2	0	0	—
−1	x_5	24	0	0	−4	[4]	1	6
	λ_j		0	0	−4	3	0	

非基变量 x_4 的检验数为正,因此入基。在计算 θ_i 时发现 x_1 和 x_5 所对应的 θ_i 值相等,因此可以考虑 x_1 或 x_5 出基。

如果选择 x_1 出基,得到的最优基变量为 (x_4, x_2, x_5),最优解 $X^{(1)} = (0, 1, 0, 6, 0)$,目标函数值 $z^{(1)} = 27$;如果选择 x_5 出基,得到的最优基变量为 (x_1, x_2, x_4),最优解 $X^{(2)} = (0, 1, 0, 6, 0)$,目标函数值 $z^{(2)} = 27$。

上面两种选择得到的基变量不同,但是最优解完全相同,即出现了两个不同的基对应同一个顶点的情形。我们称此时的最优解为一个"退化解"。

此外,还有一种情况也可能出现退化解的情形,如表 2-17 所示。

表 2-17　存在另一种退化解的单纯形表

	c_j		3	6	0	0	0	θ_i
C_B	X_B	b	x_1	x_2	x_3	x_4	x_5	
3	x_1	4	1	0	0	$\frac{1}{4}$	0	6
0	x_5	0	0	0	−2	$\left[\frac{1}{2}\right]$	1	0
6	x_2	2	0	1	$\frac{1}{2}$	$-\frac{1}{8}$	0	—
	λ_j		0	0	−3	0	0	

最优解为 $X^{(1)} = (4, 2, 0, 0, 0)^T$。若继续进行换基迭代,将 x_4 入基,将 x_5 出基,得到表 2-18。

表 2-18　上表换基迭代结果

	c_j		3	6	0	0	0	θ_i
C_B	X_B	b	x_1	x_2	x_3	x_4	x_5	
3	x_1	4	1	0	1	0	$-\frac{1}{2}$	6
0	x_4	0	0	0	−4	1	2	0
6	x_2	2	0	1	0	0	$\frac{1}{4}$	—
	λ_j		0	0	−3	0	0	

这时得到另一个基可行解,对应基变量为 (x_1, x_4, x_2),对应的顶点为 $X^{(2)} = (4, 2, 0, 0, 0) = X^{(1)}$,刚好和 $X^{(1)}$ 重合。此时两个不同的最优基可行解对应的其实是同一个顶点。因此,我们也称它的最优解为一个"退化解"。

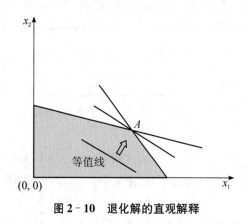

图 2 - 10 给出了退化解的直观解释。在图中,最优解为顶点 A,它刚好是三条约束直线对应的交点(一般情形下,三条直线有三个交点,这三个交点现在"退化"为同一个交点了)。

图 2 - 10 退化解的直观解释

4. 求极小的线性规划问题

在前面介绍的单纯形法中,我们采用的标准化形式中是求目标函数极大值。对于目标函数极小的情形,以后不一定需要等价变换为求极大了,可以直接利用单纯形表进行换基迭代。相对于求极大值的单纯形法而言,唯一需要调整的就是基可行解的最优性检验准则,即当且仅当所有非基变量的检验数为正时,最优解已经找到。如果某个非基变量的检验数为负,那么取检验数为负且绝对值最大的非基变量作为入基变量。通过完全相同的方法根据 θ_i 值确定出基变量,然后换基迭代即可。基于类似的换基迭代原理,可知每次换基迭代目标函数的增量依然等于检验数乘以 θ 值。

2.6 求解线性规划的人工变量法

在实际问题中有些模型并不含有单位矩阵,为了得到一组基向量和初始基可行解,在约束条件的等式左端人为添加若干个变量,从而得到一组基变量。我们把这种人为添加的变量称为人工变量,构成的可行基称为人工基,这种用人工变量作桥梁的求解方法称为人工变量法。一般用大 M 法或两阶段法求解。

2.6.1 大 M 法

【例 2 - 11】(大 M 法) 求解下列线性规划问题:

$$\max z = 3x_1 + 2x_2 - x_3$$

$$\text{s.t.} \begin{cases} -4x_1 + 3x_2 + x_3 \geqslant 4 \\ x_1 - x_2 + 2x_3 \leqslant 10 \\ -2x_1 + 2x_2 - x_3 = -1 \\ x_1, x_2, x_3 \geqslant 0 \end{cases}$$

按照本书的惯例,我们首先将它等价变换为如下标准形式:

$$\max z = 3x_1 + 2x_2 - x_3$$

$$\text{s.t.} \begin{cases} -4x_1 + 3x_2 + x_3 - x_4 = 4 \\ x_1 - x_2 + 2x_3 + x_5 = 10 \\ 2x_1 - 2x_2 + x_3 = 1 \\ x_1, x_2, x_3, x_4, x_5 \geqslant 0 \end{cases}$$

式中，x_4 为引入的剩余变量，x_5 为松弛变量。

$$A = \begin{pmatrix} -4 & 3 & 1 & -1 & 0 \\ 1 & -1 & 2 & 0 & 1 \\ 2 & -2 & 1 & 0 & 0 \end{pmatrix}$$

以上线性规划问题的系数矩阵中 A 很显然并不包含任何三阶单位阵，因此没法直观地给出初始基可行解。为了人为地"凑出"一个单位子矩阵，我们可以在约束条件中再次引入两个非负的"人工变量"(记为 x_6 和 x_7)，即：

$$\begin{cases} -4x_1 + 3x_2 + x_3 - x_4 + x_6 = 4 \\ x_1 - x_2 + 2x_3 + x_5 = 10 \\ 2x_1 - 2x_2 + x_3 + x_7 = 1 \\ x_1, x_2, x_3, x_4, x_5, x_6, x_7 \geqslant 0 \end{cases}$$

此时，变量 (x_5, x_6, x_7) 对应的列向量刚好构成一个单位子矩阵。然而，以上方程组所定义的可行域和原始问题的可行域显然是不同的，除非 x_6 和 x_7 取值刚好为零。也就是说，我们要进行一定的等价变换，保证最终 x_6 和 x_7 取值为零。一个直观的做法是对目标函数 $z = 3x_1 + 2x_2 - x_3$ 进行适当的调整，调整为：

$$\hat{z} = 3x_1 + 2x_2 - x_3 - Mx_6 - Mx_7$$

式中，M 是一个很大的正数(可以认为它等于无穷大)。从经济含义上讲，M 可以理解为是引入的人工变量 x_6 和 x_7 取正值的"惩罚"。如果原始问题的可行域非空，那么优化下列线性规划问题得到的最优解中一定满足 $x_6 = x_7 = 0$(否则目标函数值将无穷小)：

$$\max \hat{z} = 3x_1 - x_2 - x_3 - Mx_6 - Mx_7$$

$$\text{s.t.} \begin{cases} -4x_1 + 3x_2 + x_3 - x_4 + x_6 = 4 \\ x_1 - x_2 + 2x_3 + x_5 = 10 \\ 2x_1 - 2x_2 + x_3 + x_7 = 1 \\ x_1, x_2, x_3, x_4, x_5, x_6, x_7 \geqslant 0 \end{cases}$$

接下来将 M 看作是一个很大的正数，按照正常的单纯形法求解上述等价变换后的线性规划问题即可。将 (x_5, x_6, x_7) 作为基变量，得到的初始单纯形表如表 2 - 19 所示。

表 2－19　求解例 2－11 的初始单纯形表

	c_j		3	2	-1	0	0	$-M$	$-M$	θ_i
C_B	Y_B	b	y_1	y_2	y_3	y_4	y_5	y_6	y_7	
$-M$	y_6	4	-4	3	1	-1	0	1	0	4
0	y_5	10	1	-1	2	0	1	0	0	5
$-M$	y_7	1	2	-2	[1]	0	0	0	1	1
	λ_j		$3-2M$	$2+M$	$-1+2M$	$-M$	0	0	0	

由最后一列可以看出，决策变量的检验数可以写为 M 的线性函数。考虑到 M 足够大，可知 x_2 和 x_3 的检验数为正；取 x_3 为入基变量。通过计算并比较 θ_i 值，得出应该 x_7 出基。换基迭代后的单纯形表如表 2－20 所示。

表 2－20　第 1 次换基迭代后的单纯形表

	c_j		3	2	-1	0	0	$-M$	$-M$	θ_i
C_B	Y_B	b	y_1	y_2	y_3	y_4	y_5	y_6	y_7	
$-M$	y_6	3	-6	[5]	0	-1	0	1	0	$\dfrac{3}{5}$
0	y_5	8	-3	3	0	0	1	0	-2	$\dfrac{8}{3}$
-1	y_3	1	2	-2	1	0	0	0	1	—
	λ_j		$5-6M$	$5M$	0	$-M$	0	0	$1-M$	

x_2 的检验数为正，取 x_2 为入基变量，同时只能 x_6 出基。换基迭代后的单纯形表如表 2－21 所示。

表 2－21　第 2 次换基迭代后的单纯形表

	c_j		3	2	-1	0	0	$-M$	$-M$	θ_i
C_B	Y_B	b	y_1	y_2	y_3	y_4	y_5	y_6	y_7	
2	y_2	$\dfrac{3}{5}$	$-\dfrac{6}{5}$	1	0	$-\dfrac{1}{5}$	0	$\dfrac{1}{5}$	0	—
0	y_5	$\dfrac{31}{5}$	$\left[\dfrac{3}{5}\right]$	0	0	$\dfrac{3}{5}$	1	$-\dfrac{3}{5}$	-2	$\dfrac{31}{3}$
-1	y_3	$\dfrac{11}{5}$	$-\dfrac{2}{5}$	0	1	$-\dfrac{2}{5}$	0	$\dfrac{2}{5}$	1	
	λ_j		5	0	0	0	0	$-M$	$1-M$	

x_1 的检验数为正，取 x_1 为入基变量，同时只能 x_5 出基。换基迭代后的单纯形表如表 2－22 所示。

表 2 - 22　第 3 次换基迭代后的单纯形表

c_j			3	2	-1	0	0	$-M$	$-M$	θ_i
C_B	Y_B	b	y_1	y_2	y_3	y_4	y_5	y_6	y_7	
2	y_2	13	0	1	0	1	2	-1	-4	
3	y_1	$\dfrac{31}{3}$	1	0	0	1	$\dfrac{5}{3}$	-1	$-\dfrac{10}{3}$	
-1	y_3	$\dfrac{19}{3}$	0	0	1	0	$\dfrac{2}{3}$	0	$-\dfrac{1}{3}$	
	λ_j		0	0	0	-5	$-\dfrac{25}{3}$	$5-M$	$\dfrac{53}{3}-M$	

所有非基变量检验数为负,因此当前基可行解就是最优解。即在原始问题中,最优解为 $X^* = \left(\dfrac{31}{3}, 13, \dfrac{19}{3}, 0, 0 \right)^T$,最优目标函数值为 $z^* = \dfrac{125}{3}$。

从上面的计算过程不难看出,引入两个人工变量 x_6 和 x_7 的作用在于帮助我们快速地找到一个初始基可行解。事实上,在上面换基迭代的过程中,一旦两个人工变量都出基,变为非基变量,那么它们的使命就已经完成了。比如,从第三步开始,人工变量 x_6 和 x_7 就不可能再被选中作为入基变量了(因为增加 x_6 或 x_7 的值只会降低目标函数值)。

2.6.2　两阶段法

两阶段法与大 M 法的目的类似,将人工变量从基变量中换出,以求出原问题的初始基本可行解,将问题分成两个阶段求解。

第 1 阶段,构造一个辅助的线性规划模型,其目标函数是人工变量之和,优化方向是最小化,即:

$$\min \omega = \sum_{i=1}^{m} R_i$$

约束条件是引入人工变量后的等式形式。利用单纯形法求解该辅助问题,如果最终的单纯形表中所有人工变量取值为零,则第一阶段的最优解便是原问题的一个基可行解,进入第二阶段计算。当第一阶段的最优解 $\omega \neq 0$ 时,说明还有不为零的人工变量是基变量,则原问题无可行解。

第 2 阶段,在第一阶段的最终单纯形表中,删去人工变量,将目标函数系数替换为原始问题的目标函数系数,利用单纯形法继续求解。

还是考虑例 2 - 11。第一阶段的辅助线性规划问题的标准化形式为:

$\min \omega = x_6 + x_7$

$$\text{s.t.} \begin{cases} -4x_1 + 3x_2 + x_3 - x_4 + x_6 = 4 \\ x_1 - x_2 + 2x_3 + x_5 = 10 \\ 2x_1 - 2x_2 + x_3 + x_7 = 1 \\ x_1, x_2, x_3, x_4, x_5, x_6, x_7 \geqslant 0 \end{cases}$$

求解对应的单纯形表，见表 2-23。

表 2-23　求解例 2-11 的单纯形表

c_j			0	0	0	0	0	1	1	θ_i
C_B	Y_B	b	y_1	y_2	y_3	y_4	y_5	y_6	y_7	
1	y_6	4	-4	3	1	-1	0	1	0	4
0	y_5	10	1	-1	2	0	1	0	0	5
1	y_7	1	2	-2	[1]	0	0	0	1	1
	λ_j		2	-1	-2	1	0	0	0	
1	y_6	3	-6	[5]	0	-1	0	1	-1	$\dfrac{5}{3}$
0	y_5	8	-3	3	0	0	1	0	-2	$\dfrac{8}{3}$
0	y_3	1	2	-2	1	0	0	0	1	
	λ_j		6	-5	-2	1	0	0	2	
0	y_2	$\dfrac{3}{5}$	$-\dfrac{6}{5}$	1	0	$-\dfrac{1}{5}$	0	$\dfrac{1}{5}$	$-\dfrac{1}{5}$	$\dfrac{5}{3}$
0	y_5	$\dfrac{31}{5}$	$\dfrac{3}{5}$	0	0	$\dfrac{3}{5}$	1	$\dfrac{2}{5}$	$\dfrac{3}{5}$	$\dfrac{8}{3}$
0	y_3	$\dfrac{11}{5}$	$-\dfrac{2}{5}$	0	1	$-\dfrac{2}{5}$	0	$-\dfrac{3}{5}$	$-\dfrac{7}{5}$	—
	λ_j		0	0	0	0	0	1	1	

　　两个人工变量 x_6 和 x_7 均已出基，辅助线性规划问题的最优解为 0。在上面最终的单纯形表中，去掉人工变量，替换原问题的目标函数系数，继续换基迭代，如表 2-24 所示。

表 2-24　上表换基迭代后的单纯形表

c_j			3	2	-1	0	0	θ_i
C_B	Y_B	b	y_1	y_2	y_3	y_4	y_5	
2	y_2	$\dfrac{3}{5}$	$-\dfrac{6}{5}$	1	0	$-\dfrac{1}{5}$	0	—
0	y_5	$\dfrac{31}{5}$	$\left[\dfrac{3}{5}\right]$	0	0	$\dfrac{3}{5}$	1	$\dfrac{31}{3}$

续　表

c_j			3	2	-1	0	0	θ_i
C_B	Y_B	b	y_1	y_2	y_3	y_4	y_5	
-1	y_3	$\dfrac{11}{5}$	$-\dfrac{2}{5}$	0	1	$-\dfrac{2}{5}$	0	—
	λ_j		5	0	0	0	0	
2	y_2	13	0	1	0	1	2	
3	y_1	$\dfrac{31}{3}$	1	0	0	1	$\dfrac{5}{3}$	
-1	y_3	$\dfrac{19}{3}$	0	0	1	0	$\dfrac{2}{3}$	
	λ_j		0	0	0	-5	$-\dfrac{25}{3}$	

因此，我们可得原始线性规划问题的最优解为 $X^* = \left(\dfrac{31}{3}, 13, \dfrac{19}{3}, 0, 0\right)^T$，最优目标函数值为 $z^* = \dfrac{125}{3}$。对比两阶段法和大 M 法不难看出，两种方法换基迭代的过程是完全一致的。相对大 M 法而言，两阶段法中并不需要引入参数 M，因此计算起来更为便利。

试想一下，如果经过多次换基迭代已经达到了最优性条件（即所有非基变量检验数非正），但是某个人工变量依然是取正值的基变量。这会是什么原因造成的？此种情况下，最优解对应的目标函数显然是关于 M 的一个线性函数（其系数为负），即目标函数的取值为负无穷大。这意味着不存在一个使得所有人工变量取值为 0 的基可行解，原线性规划问题的可行域是空集。因此，大 M 法提供了一种判断线性规划问题可行域是否为空的方法。

2.7　Python 编程求解线性规划问题

单纯形法虽然是一个简单的求解方法，但在处理规模较大的线性规划问题时，手工计算会变得十分烦琐，并且在实际应用中大家往往会借助软件工具来解决复杂的问题。Python 作为一种广泛应用的编程语言，在学术和实践领域都有着广泛的使用，因此，在面对大规模线性规划问题时，Python 编程是一种简单而高效的方法。本节具有极其重要的实际意义。接下来我们将介绍如何利用 Python 编程实现以单纯形法来解决这类问题。

2.7.1　Python 编程调用 PuLP 优化库求解

编写代码前，我们先在 Python 中安装好 PuLP 库，它是一个使用 Python 的线性规划库，提供了一种简单而灵活的方法来定义线性规划问题，并且能够调用优化算法求解最优解。下面 Python 编程代码实现了以调用 PuLP 库来求解例 2 - 1。

```python
# 调用 pulp 库
from pulp import *
# 创建问题实例
model = LpProblem("LP Problem", LpMaximize)
# 定义决策变量
x1 = LpVariable("x1", 0)
x2 = LpVariable("x2", 0)
x3 = LpVariable("x3", 0)
# 添加目标函数
model += 40 * x1 + 30 * x2 + 50 * x3,
# 添加约束条件
model += 3 * x1 + x2 + 2 * x3 <= 200
model += 2 * x1 + 2 * x2 + 4 * x3 <= 200
model += 4 * x1 + 5 * x2 + x3 <= 360
model += 2 * x1 + 3 * x2 + 5 * x3 <= 300
# 求解问题
status = model.solve()
# 打印结果
print("Optimal Solution:")
print("x1 =", value(x1))
print("x2 =", value(x2))
print("x3 =", value(x3))
print("Optimal Objective Value:")
print(value(model.objective))
# 以下内容为运行上述代码求解例 2 - 1 的结果:
Optimal Solution:
x1 = 50.0
x2 = 30.0
x3 = 10.0
Optimal Objective Value:
3400.0
```

当该程序用于求解一般的线性规划问题时，需要注意的是，在创建问题时，如果是求最小化问题，则 model = LpProblem("LP Problem", LpMinimize)；在定义决策

变量 x_i 时，其代码为 xi＝ pulp.LpVariable（"xi"，lowBound，upBound）；例如，$1 \leqslant$ $x_1 \leqslant 3$，其代码为 x1＝ pulp.LpVariable（"x1"，1，3）。

2.7.2　Python 编程实现单纯形法求解

虽然利用单纯形法可以手动求解一个线性规划问题，但随着线性规划问题的规模增大，变量和约束增多，需要利用计算机编程技术实现单纯形法来更有效地求解问题。针对标准的线性规划问题编写了单纯形法的 Python 程序 simplex_method。该程序可以求出最优解和最优值，以及生成最终单纯形表。下面 Python 代码实现了以单纯形法求解例 2-10。

```python
# 导入 pandas 和 numpy 模块
import pandas as pd
from pandas import DataFrame
import numpy as np
# 定义 simplex_method 求解程序
def simplex_method(matrix: DataFrame):
    # 检验数是否大于 0
    c = matrix.iloc[0, 1:]
    while c.max() > 0:
        # 选择入基变量,目标函数系数最大的变量入基
        c = matrix.iloc[0, 1:]
        in_x = c.idxmax()
        in_x_v = c[in_x]    # 入基变量的系数
        # 选择出基变量, 选择正的最小比值对应的变量出基 min( b列/入基变量列)
        b = matrix.iloc[1:, 0]
        in_x_a = matrix.iloc[1:][in_x]    # 选择入基变量对应的列
        out_x = (b / in_x_a).idxmin()    # 得到出基变量
        # 迭代操作
        matrix.loc[out_x, :] = matrix.loc[out_x, :] / matrix.loc[out_x, in_x]
        for idx in matrix.index:
            if idx ! = out_x:
                matrix.loc[idx, :] = matrix.loc[idx, :] - matrix.loc[out_x, :] * matrix.loc[idx, in_x]
        # 索引替换(入基出基变量名称替换)
        index = matrix.index.tolist()
        i = index.index(out_x)
        index[i] = in_x
        matrix.index = index
    # 打印结果
```

```python
        print("最终的最优单纯形法是:")
        print(matrix)
        print("目标函数值是:", - matrix.iloc[0, 0])
        print("最优决策变量是:")
        x_count = (matrix.shape[1] - 1) - (matrix.shape[0] - 1)
        X = matrix.iloc[0, 1:].index.tolist()[: x_count]
        for xi in X:
            print(xi, '=', matrix.loc[xi, 'b'])
# 定义主程序
def main():
    # 约束方程系数矩阵,包含常数项
    matrix = pd.DataFrame(
        np.array([
            [0, 50, 100, 0, 0, 0],
            [300, 1, 1, 1, 0, 0],
            [400, 2, 1, 0, 1, 0],
            [150, 0, 1, 0, 0, 1]]),
            index =['obj', 'x3', 'x4', 'x5'],
            columns =['b', 'x1', 'x2', 'x3', 'x4', 'x5'])
    # 调用 simplex_method 程序求解
    result = simplex_method(matrix)
    print(result)
# 执行主程序
if _name_ == '_main_':
    main()
# 例 2-10 的运行结果如下:
```

最终的最优单纯形法是:

	b	x1	x2	x3	x4	x5
obj	- 21250	0	0	0	- 25.0	- 752.0
x3	25	0	0	1	- 0.5	- 0.5
x1	125	1	0	0	0.5	- 0.5
x2	150	0	1	0	0.0	1.0

目标函数值是:21250
最优决策变量是:
x1 = 125
x2 = 150

该程序求解的是标准形式的线性规划问题,因此在调用该程序前需先将原线性规划问题转化为标准形式。

课后习题

1. 用图解法求解下列线性规划问题,并指出各问题是具有唯一最优解、无穷多最优解、无界解或无可行解。

(1) $\max z = x_1 + x_2$

$$\begin{cases} 8x_1 + 6x_2 \geqslant 24 \\ 4x_1 + 6x_2 \geqslant -12 \\ 2x_2 \geqslant 4 \\ x_1, x_2 \geqslant 0 \end{cases}$$

(2) $\max z = 3x_1 - 2x_2$

$$\begin{cases} x_1 + x_2 \leqslant 1 \\ 2x_1 + 2x_2 \geqslant 4 \\ x_1, x_2 \geqslant 0 \end{cases}$$

(3) $\max z = 3x_1 + 9x_2$

$$\begin{cases} x_1 + 3x_2 \leqslant 22 \\ -x_1 + x_2 \leqslant 4 \\ x_2 \leqslant 6 \\ 2x_1 - 5x_2 \leqslant 0 \\ x_1, x_2 \geqslant 0 \end{cases}$$

(4) $\max z = 3x_1 + 4x_2$

$$\begin{cases} -x_1 + 2x_2 \leqslant 8 \\ x_1 + 2x_2 \leqslant 12 \\ 2x_1 + x_2 \leqslant 16 \\ x_1, x_2 \geqslant 0 \end{cases}$$

2. 将下列线性规划问题变换成标准型。

(1) $\min z = -2x_1 + x_2 + 3x_3$

$$\begin{cases} 5x_1 + x_2 + x_3 \leqslant 7 \\ x_1 - x_2 - 4x_3 \geqslant 2 \\ -3x_1 + x_2 + 2x_3 = -5 \\ x_1, x_2 \geqslant 0, x_3 \text{ 无约束} \end{cases}$$

(2) $\max z = |x_1| + |x_2|$

$$\begin{cases} |2x_1 - x_2| \leqslant 5 \\ x_1 \leqslant 4 \\ x_1, x_2 \text{ 无约束} \end{cases}$$

3. 找出下列线性规划问题的所有基本解，指出哪些是基可行解，并确定最优解。

(1) $\max z = 3x_1 + 5x_2$

$$\begin{cases} x_1 + x_3 = 4 \\ 2x_2 + x_4 = 12 \\ 3x_1 + 2x_2 + x_5 = 18 \\ x_j \geqslant 0, j = 1, \cdots, 5 \end{cases}$$

(2) $\min z = 4x_1 + 12x_2 + 18x_3$

$$\begin{cases} x_1 + 3x_3 - x_4 = 3 \\ 2x_2 + 2x_3 - x_5 = 5 \\ x_j \geqslant 0, j = 1, \cdots, 5 \end{cases}$$

4. 用单纯形法求解下列线性规划问题。

(1) $\max z = 60x_1 + 30x_2 + 20x_3$

$$\begin{cases} 8x_1 + 6x_2 + x_3 \leqslant 48 \\ 4x_1 + 2x_2 + \dfrac{3}{2}x_3 \leqslant 20 \\ 2x_1 + \dfrac{3}{2}x_2 + \dfrac{1}{2}x_3 \leqslant 8 \\ x_2 \leqslant 5 \\ x_1, x_2, x_3 \geqslant 0 \end{cases}$$

(2) $\max z = 2x_1 - x_2 + x_3$

$$\begin{cases} 3x_1 + x_2 + x_3 \leqslant 60 \\ x_1 - x_2 + 2x_3 \leqslant 10 \\ x_1 + x_2 - x_3 \leqslant 20 \\ x_1, x_2, x_3 \geqslant 0 \end{cases}$$

5. 分别用大 M 法和两阶段法求解下列线性规划问题。

(1) $\max z = 4x_1 + 5x_2 + x_3$

$$\begin{cases} 3x_1 + 2x_2 + x_3 \geqslant 18 \\ 2x_1 + x_2 \leqslant 4 \\ x_1 + x_2 - x_3 = 5 \\ x_1, x_2, x_3 \geqslant 0 \end{cases}$$

(2) $\max z = 2x_1 + x_2 + x_3$

$$\begin{cases} 4x_1 + 2x_2 + 2x_3 \geqslant 4 \\ 2x_1 + 4x_2 \leqslant 20 \\ 4x_1 + 8x_2 + 2x_3 \leqslant 16 \\ x_1, x_2, x_3 \geqslant 0 \end{cases}$$

6. 下表中给出某求极大化问题的单纯形表，问表中 a_1, a_2, c_1, c_2, d 为何值时以及表中变量属于哪一种类型时有：

(1) 表中解为唯一最优解；

(2) 表中解为无穷多最优解之一；

(3) 表中解为退化的可行解；

(4) 下一步迭代将以 x_1 替换基变量 x_5；

（5）该线性规划问题具有无界解；

（6）该线性规划问题无可行解。

		x_1	x_2	x_3	x_4	x_5
x_3	d	4	a_1	1	0	0
x_4	2	-1	-5	0	1	0
x_5	3	a_2	-3	0	0	1
$c_j - z_j$		c_1	c_2	0	0	0

7. 某昼夜服务的公交线路每天各时间区段内所需司机和乘务人员数如下：

班　次	时　间	所需人数
1	06:00—10:00	60
2	10:00—14:00	70
3	14:00—18:00	60
4	18:00—22:00	50
5	22:00—02:00	20
6	02:00—06:00	30

设司机和乘务人员分别在各时间区段一开始时上班，并连续工作八小时，问该公交线路至少配备多少名司机和乘务人员？列出此问题的线性规划模型，试用 Python 编程求解该模型以获得最优配备方案。

8. 某糖果厂用原料 A、B、C 加工成三种不同牌号的糖果甲、乙、丙。已知各种牌号糖果中 A、B、C 含量,原料成本,各种原料的每月限制用量,三种牌号糖果的单位加工费及售价如下表所示。问该厂每月应生产这三种牌号糖果各多少千克,使该厂获利最大? 试建立此问题的线性规划的数学模型,并用 Python 编程进行求解。

	甲	乙	丙	原料成本 (元/千克)	每月限量 (千克)
A	$\geqslant 60\%$	$\geqslant 15\%$		2.00	2 000
B				1.50	2 500
C	$\leqslant 20\%$	$\leqslant 60\%$	$\leqslant 50\%$	1.00	1 200
加工费(元/千克)	0.50	0.40	0.30		
售价	3.40	2.85	2.25		

9. 某农场有 100 公顷土地及 15 000 元资金可用于发展生产。农场劳动力情况为秋冬季 3 500 人,春夏季 4 000 人,如劳动力本身用不了时可外出干活,春夏季收入为 2.1 元/人,秋冬季收入为 1.8 元/人。该农场种植大豆、玉米、小麦三种作物,并饲养奶牛和鸡。种作物时不需要专门投资,而饲养动物时每头奶牛投资 400 元,每只鸡投资 3 元。养奶牛时每头需拨出 1.5 公顷土地种饲草,并占用人工秋冬季为 100 人,春夏季为 50 人,年净收入每头奶牛 400 元。养鸡时不占土地,需人工为每只鸡秋冬季需 0.6 人,春夏季为 0.3 人,年净收入为每只鸡 2 元。农场现有鸡舍允许最多养 3 000 只鸡,牛栏允许最多养 32 头奶牛。三种作物每年需要的人工及收入情况如下表所示。试决定该农场的经营方案,使年净收入为最大? 建立线性规划模型,并用 Python 编程进行求解。

	大 豆	玉 米	麦 子
秋冬季所需人数	20	35	10
春夏季所需人数	50	75	40
年净收入(元/公顷)	175	300	120

10. 战斗机是一种重要的作战工具,但要使战斗机发挥作用必须有足够的驾驶员。因此生产出来的战斗机除一部分直接用于战斗外,需抽一部分用于培训驾驶员。已知每年生产的战斗机数量为 $a_j (j=1,\cdots,n)$,每架战斗机每年能培训出 k 名驾驶员,问应如何分配每年生产出来的战斗机,使在 n 年内生产出来的战斗机为空防做出最大贡献?试建立线性规划模型。

第3章 对偶理论与敏感性分析

每一个线性规划问题都有另一个与之对应的线性规划问题,我们称之为"对偶问题"。对偶理论是线性规划中最重要的理论之一,它充分显示出线性规划理论的严谨性和结构的对称性。对偶线性规划问题的最优解和原始问题的最优解之间也存在一定的对应关系。有时对偶解也称为"影子价格",它是经济学中一个非常重要的概念。学习对偶理论,不仅能帮助决策者从另一个视角求解原始线性规划问题,而且能够帮助决策者进行敏感性分析,并提供有意义的管理启示。

3.1 对偶线性规划问题

我们首先回顾第2章例2-1和例2-2描述的线性规划问题。

【例3-1】(资源分配问题)　小王经营的一家小型厂房计划在下一季度生产甲、乙、丙三种类型的产品。这些产品分别需要在设备 A,B 上加工,需要消耗原材料 C,D,按工艺资料规定,单件产品在不同设备上加工及所需要的资源如表3-1所示。

表3-1　某厂生产情况表

	甲	乙	丙	资源限额
设备 A/台时	3	1	2	200
设备 B/台时	2	2	4	200
原材料 C/千克	4	5	1	360
原材料 D/千克	2	3	5	300
单位利润/元	40	30	50	

为了提高厂房的利润,需要确定三种产品的产量。设 x_1,x_2,x_3 分别为产品甲、乙、丙的生产数量,则该厂生产的优化模型为:

$$\max z = 40x_1 + 30x_2 + 50x_3$$

$$\text{s.t.} \begin{cases} 3x_1 + x_2 + 2x_3 \leqslant 200 & \text{设备 A} \\ 2x_1 + 2x_2 + 4x_3 \leqslant 200 & \text{设备 B} \\ 4x_1 + 5x_2 + x_3 \leqslant 360 & \text{原材料 C} \\ 2x_1 + 3x_2 + 5x_3 \leqslant 300 & \text{原材料 D} \\ x_1, x_2, x_3 \geqslant 0 & \text{非负性} \end{cases}$$

利用单纯形法或者采用 Python 实践,可以求得上述模型的最优解为 $(x_1^*, x_2^*, x_3^*) = (50, 30, 10)$,那么该厂生产决策可描述为:产品甲、乙、丙的产量分别为 50 件、30 件、10 件,对应的总利润为 $z^* = 40 \times 50 + 30 \times 30 + 50 \times 10 = 3\,400$(元)。

现在假设有一家大企业由于产能供应不足,其生产部门经理小李找到了小王,商量是否可以临时租用小王厂房的设备并购买他的原材料。于是小王衡量着,要是出租设备和出售原材料的盈利能比自己生产时创造的利润还高,并且厂房还能停工休息一段时间,何乐而不为呢!相反,经理小李希望在保证交易成功达成的前提下,尽可能地压低价格,从而降低企业的生产成本。

因此,这里最关键的问题是对 4 种资源的价格(租金)进行谈判。为建模方便,设:

$y_1 =$ 企业为设备 A 支付的单位租金(元／小时)

$y_2 =$ 企业为设备 B 支付的单位租金(元／小时)

$y_3 =$ 企业为原材料 C 支付的单位价格(元／千克)

$y_4 =$ 企业为原材料 D 支付的单位价格(元／千克)

很显然,企业希望支付的总费用越低越好,目标是追求总成本的最小化,即:

$$\min \omega = 200y_1 + 200y_2 + 360y_3 + 300y_4$$

直观上,对企业生产部门经理小李而言,他期望的谈判结果是 4 种资源的价格都为零($y_1 = y_2 = y_3 = y_4 = 0$),这样企业就能够免费获得小王厂房的 4 种资源。然而,对经营厂房的小王而言,一旦价格不合适,他是肯定不会愿意租售的。这意味着 4 种资源的价格要满足一定的条件。试想一下,厂房利用 3 单位设备 A 的工时、2 单位设备 B 的工时、4 单位的原材料 C 以及 2 单位的原材料 D 能生产出 1 件甲产品,从而创造出 40 元的利润。于是,为了让厂房愿意放弃产品甲的生产而选择租售出去,则企业需要支付的当量租售费用(表示为 $3y_1 + 2y_2 + 4y_3 + 2y_4$)不能低于厂房的生产利润 40 元,用不等式约束来表示,即:

$$3y_1 + 2y_2 + 4y_3 + 2y_4 \geqslant 40$$

为了让厂房愿意放弃产品乙的生产,支付的当量租售费用应该满足:

$$y_1 + 2y_2 + 5y_3 + 3y_4 \geqslant 30$$

为了让厂房愿意放弃产品丙的生产,支付的当量租售费用应该满足:

$$2y_1 + 4y_2 + y_3 + 5y_4 \geqslant 50$$

考虑到单位价格(租金)的非负性,我们可以得到企业的一个完整的线性规划模

型,如下:

$$\min \omega = 200y_1 + 200y_2 + 360y_3 + 300y_4$$

$$\text{s.t.}\begin{cases} 3y_1 + 2y_2 + 4y_3 + 2y_4 \geqslant 40 \\ y_1 + 2y_2 + 5y_3 + 3y_4 \geqslant 30 \\ 2y_1 + 4y_2 + y_3 + 5y_4 \geqslant 50 \\ y_1, y_2, y_3, y_4 \geqslant 0 \end{cases}$$

利用上一章介绍的单纯形法或者采用 Python 实践,可以计算出最优决策为:$(y_1^*, y_2^*, y_3^*, y_4^*) = \left(\dfrac{50}{9}, \dfrac{85}{9}, \dfrac{10}{9}, 0\right)$,最优值为 $\omega^* = \dfrac{10\,200}{3}$。

对比厂房的资源配置模型和企业的成本模型,会发现这两个线性规划模型所有的参数(目标函数系数、工艺矩阵、约束右边项)都是共同的,只是不同的参数在不同的模型中位置不同而已。我们称这两个模型具有形式上的对称性,即资源配置模型是企业成本模型的对偶问题。

【例3-2】(饮食方案问题)　小明同学为确保每天能够摄入充足的营养成分,日常吃的食物有4种:巧克力糖、巧克力冰激凌、可口可乐、水果蛋糕。每种食物的价格以及每单位食物所提供的营养含量如表3-2所示。

表3-2　价格与营养成分表

营养成分	食物类型				
	巧克力糖	巧克力冰激凌	可口可乐	水果蛋糕	最小需求量
卡路里	400	200	150	500	500
巧克力/盎司	3	2	0	0	6
糖/盎司	2	2	4	4	10
脂肪/盎司	2	4	1	5	8
价格/美分	50	20	30	80	

对于小明而言,需要控制每天的饮食费用。设 x_1, x_2, x_3, x_4 依次为4种食物的购买数量,其优化模型如下:

$$\min z = 50x_1 + 20x_2 + 30x_3 + 80x_4$$

$$\text{s.t.}\begin{cases} 400x_1 + 200x_2 + 150x_3 + 500x_4 \geqslant 500 & \text{卡路里} \\ 3x_1 + 2x_2 \geqslant 6 & \text{巧克力} \\ 2x_1 + 2x_2 + 4x_3 + 4x_4 \geqslant 10 & \text{糖} \\ 2x_1 + 4x_2 + x_3 + 5x_4 \geqslant 8 & \text{脂肪} \\ x_1, x_2, x_3, x_4 \geqslant 0 & \text{非负性} \end{cases}$$

利用上一章介绍的单纯形法或者采用 Python 实践,可以求得上述模型的最优解为 $(x_1^*, x_2^*, x_3^*, x_4^*) = (0, 3, 1, 0)$,那么小明的每日饮食方案可描述为:为满足每天 4 种营养成分的摄入量需要吃 3 勺巧克力冰激凌和 1 瓶可口可乐,此时的最低消费为 $z^* = 20 \times 3 + 30 \times 1 = 900$(美分)。

最近,小明公寓附近有一家营养品店刚刚开业,于是小明在放学之余来到了这家店向一名"营养"搭配师小金提出了自己的需求并询问价格。对于小明而言,他认为直接摄入卡路里、巧克力、糖和脂肪这四种营养物比通过吃食物来补充这些营养物更方便,倘若购买营养物又比购买食物划算,那么小明便打算以后都在这家店消费。对于小金而言,她要制定满足小明要求的营养物套餐,在留住顾客的前提下,尽可能抬高每种营养物的价格,以增加自己的销售业绩。

因此,这里最关键的问题是对 4 种营养物的进行定价。为建模方便,设:

y_1 = 每卡路里热量的价格

y_2 = 每盎司巧克力的价格

y_3 = 每盎司糖的价格

y_4 = 每盎司脂肪的价格

对于小金而言,她希望通过提供满足小明要求的营养物套餐,使自己的收入最大化,即目标函数为:

$$\max \omega = 500y_1 + 6y_2 + 10y_3 + 8y_4$$

如果没有任何约束限制,那么小金肯定希望将价格定得越高越好。但是,营养物价格过高,小明就不会愿意购买营养物而还是选择吃原来的食物来补充这四种营养。比如,小明花 50 美分就可以买到一块巧克力糖,从而获得 400 卡路里、3 盎司巧克力、2 盎司糖和 2 盎司脂肪。那么要使小明放弃购买巧克力糖去选择小金提供的营养物组合,则小金对这组营养物的定价不能超过 50 美分,即:

$$400y_1 + 3y_2 + 2y_3 + 2y_4 \leqslant 50$$

同样,要使小明放弃购买巧克力冰激凌,那么它对应的营养物组合定价不能超过巧克力冰激凌的价格,即:

$$200y_1 + 2y_2 + 2y_3 + 4y_4 \leqslant 20$$

为使小明放弃购买可口可乐,对应的营养物组合定价不能超过可口可乐的价格,即:

$$150y_1 + 4y_3 + y_4 \leqslant 30$$

为使小明放弃购买水果蛋糕,对应的营养物组合定价不能超过水果蛋糕的价格,即:

$$500y_1 + 4y_3 + 5y_4 \leqslant 80$$

考虑到营养物价格的非负性,我们可以得到一个完整的线性规划模型,如下:

$$\max \omega = 500y_1 + 6y_2 + 10y_3 + 8y_4$$

$$\text{s.t.} \begin{cases} 400y_1 + 3y_2 + 2y_3 + 2y_4 \leqslant 50 \\ 200y_1 + 2y_2 + 2y_3 + 4y_4 \leqslant 20 \\ 150y_1 + 4y_3 + y_4 \leqslant 30 \\ 500y_1 + 4y_3 + 5y_4 \leqslant 80 \\ y_1, y_2, y_3, y_4 \geqslant 0 \end{cases}$$

利用单纯形法或者采用 Python 实践，可以计算出最优解为：$(y_1^*, y_2^*, y_3^*, y_4^*) = \left(0, \dfrac{5}{2}, \dfrac{15}{2}, 0\right)$，最优值为 $\omega^* = 90$。

通过上述两个例子，我们发现原问题和对偶问题之间的对称关系体现为：

- 原问题的每个约束对应对偶问题的一个决策变量；
- 原问题为求极大（或极小），则对偶问题为求极小（或极大）；
- 原问题的目标函数系数对应于对偶问题约束右边项；
- 原问题的约束右边项对应于对偶问题的目标函数系数；
- 原问题的系数矩阵和对偶问题的系数矩阵互为转置关系；
- 原问题的约束条件方向为小于等于，其对偶问题的约束条件方向为大于等于。

一个规范的线性规划对偶模型如下：

原问题（Primary Problem，记为 P）：

$$\max z = c_1 x_1 + c_2 x_2 + \cdots + c_n x_n$$

$$\text{s.t.} \begin{cases} a_{11}x_1 + a_{12}x_2 + \cdots + a_{1n}x_n \leqslant b_1 \\ a_{21}x_1 + a_{22}x_2 + \cdots + a_{2n}x_n \leqslant b_2 \\ \qquad\qquad \cdots\cdots \\ a_{m1}x_1 + a_{m2}x_2 + \cdots + a_{mn}x_n \leqslant b_m \\ x_1, x_2, \cdots, x_n \geqslant 0 \end{cases}$$

那么，其对偶问题（Dual Problem，记为 D）：

$$\min \omega = b_1 y_1 + b_2 y_2 + \cdots + b_m y_m$$

$$\text{s.t.} \begin{cases} a_{11}y_1 + a_{21}y_2 + \cdots + a_{m1}y_m \leqslant c_1 \\ a_{12}y_1 + a_{22}y_2 + \cdots + a_{m2}y_m \leqslant c_2 \\ \qquad\qquad \cdots\cdots \\ a_{1n}y_1 + a_{2n}y_2 + \cdots + a_{mn}y_m \leqslant c_n \\ y_1, y_2, \cdots, y_m \geqslant 0 \end{cases}$$

这样我们参照下面这张对偶说明表（见表 3-3），可以很容易地求得一个规范的线性规划问题的对偶。如果原问题求 max，则其对偶问题求 min，那么向下可以读出对偶问题；反之，如果原问题求 min，则其对偶问题求 max，那么横着可以读出对偶问题。

表 3 – 3 求规范 max 或 min 问题的对偶

min ω		max z				
		$(x_1 \geqslant 0)$	$(x_2 \geqslant 0)$	$\cdots$	$(x_n \geqslant 0)$	
		x_1	x_2	$\cdots$	x_n	
$(y_1 \geqslant 0)$	y_1	a_{11}	a_{12}	$\cdots$	a_{1n}	$\leqslant b_1$
$(y_2 \geqslant 0)$	y_2	a_{21}	a_{22}	$\cdots$	a_{2n}	$\leqslant b_2$
$\vdots$	$\vdots$	$\vdots$	$\vdots$	$\cdots$	$\vdots$	$\vdots$
$(y_m \geqslant 0)$	y_m	a_{m1}	a_{m2}	$\cdots$	a_{mn}	$\leqslant b_m$
		$\geqslant c_1$	$\geqslant c_2$	$\cdots$	$\geqslant c_n$	

以上互为对偶的问题中,原问题是一个规范的线性规划问题,其对偶问题也是规范的。然而,实际情况往往存在很多非规范的线性规划问题,那如何写出其对应的对偶问题呢? 下面我们通过一个例子来解决这个问题。

【例 3 – 3】(对偶问题 1) 写出下面问题的对偶问题:

$$\max z = 2x_1 + x_2$$

$$\text{s.t.}\begin{cases} x_1 + x_2 = 2 \\ x_1 - 2x_2 \geqslant 3 \\ 3x_1 - x_2 \leqslant 1 \\ x_1 \geqslant 0, x_2 \text{ 无约束} \end{cases}$$

解:该问题中,约束 1、约束 2 及决策变量 x_2 不符合规范要求,因此,首先将非规范形式转化为规范形式,步骤如下:

(1) 将约束 1 的等式约束分解成两个不等式约束,即 $x_1 + x_2 = 2$ 分解成 $x_1 + x_2 \leqslant 2$ 和 $-x_1 - x_2 \leqslant -2$。

(2) 将约束 2 的"$\geqslant$"约束转换成"$\leqslant$"约束,即 $x_1 - 2x_2 \geqslant 3$ 转换成 $-x_1 + 2x_2 \leqslant -3$。

(3) 将无约束的决策变量 x_2 分解,即 $x_2 = x_2' - x_2''$,且 $x_2' \geqslant 0, x_2'' \geqslant 0$。

得到规范形式为:

$$\max z = 2x_1 + x_2' - x_2''$$

$$\text{s.t.}\begin{cases} x_1 + x_2' - x_2'' \leqslant 2 & \rightarrow y_1' \\ -x_1 - x_2' + x_2'' \leqslant -2 & \rightarrow y_1'' \\ -x_1 + 2x_2' - 2x_2'' \leqslant -3 & \rightarrow y_2' \\ 3x_1 - x_2' + x_2'' \leqslant 1 & \rightarrow y_3 \\ x_1 \geqslant 0, x_2' \geqslant 0, x_2'' \geqslant 0 \end{cases}$$

记各约束条件对应的对偶变量分别为 y_1', y_1'', y_2', y_3,然后就可以根据表 3 – 3 写出它的对偶问题为:

$$\min \omega = 2y'_1 - 2y''_1 - 3y'_2 + y_3$$

$$\text{s.t.} \begin{cases} y'_1 - y''_1 - y'_2 + 3y_3 \leqslant 2 \\ y'_1 - y''_1 + 2y'_2 - y_3 \leqslant 1 \\ -y'_1 + y''_1 - 2y'_2 + y_3 \leqslant -1 \\ y'_1 \geqslant 0, y''_1 \geqslant 0, y'_2 \geqslant 0, y_3 \geqslant 0 \end{cases}$$

这里,约束 2 和 3 可以合并写成一个等式约束为 $y'_1 - y''_1 + 2y'_2 - y_3 = 1$,还可以进一步做变量替换,令 $y_1 = y'_1 - y''_1$,$y_2 = -y'_2$,则上述对偶问题最终写成:

$$\min \omega = 2y_1 + 3y_2 + y_3$$

$$\text{s.t.} \begin{cases} y_1 + y_2 + 3y_3 \leqslant 2 \\ y_1 - 2y_2 - 3y_3 = 1 \\ y_1 \text{ 无约束}, y_2 \leqslant 0, y_3 \geqslant 0 \end{cases}$$

观察上述例子可知:

(1) 对偶变量 y_1 对应于等式约束 $x_1 + x_2 = 2$,是一个无约束变量。

(2) 对偶变量 y_2 对用于"$\geqslant$"型约束 $x_1 - 2x_2 \geqslant 3$,与约束条件符号相反,$y_2 \leqslant 0$。

因此,我们将更具有一般性的原问题和对偶问题的对应关系总结为表 3-4,这样,我们在写任何一个线性规划问题的对偶问题时,可参照表 3-4 中的对应关系直接进行建模。

表 3-4 对偶关系对应表

	原问题	对偶问题
目标函数类型	max	min
目标函数系数与右边项的对应关系	目标函数系数	约束右边项系数
	约束右边项系数	目标函数系数
变量数与约束数的对应关系	变量数 n	约束数 n
	约束数 m	变量数 m
原问题变量类型与对偶问题约束类型的对应关系	变量 $\geqslant 0$	$\geqslant$ 型约束
	变量 $\leqslant 0$	$\leqslant$ 型约束
	变量自由	$=$ 型约束
原问题约束类型与对偶问题变量类型的对应关系	$\geqslant$ 型约束	变量 $\leqslant 0$
	$\leqslant$ 型约束	变量 $\geqslant 0$
	$=$ 型约束	变量自由

【例 3-4】（对偶问题 2）　直接写出下面问题的对偶问题：

$$\min z = x_1 + 5x_2 - 4x_3 + 9x_4$$

$$\text{s.t.} \begin{cases} 7x_1 - 2x_2 + 8x_3 - x_4 \leqslant 18 \\ 6x_2 - 5x_4 \geqslant 10 \\ 2x_1 + 8x_2 - x_3 = -14 \\ x_1 \text{ 无约束}, x_2 \leqslant 0, x_3, x_4 \geqslant 0 \end{cases}$$

解： 设三个约束条件对应的对偶变量分别为 y_1，y_2 和 y_3，利用表 3-4 所示的对应关系，直接写出其对偶问题如下：

$$\max \omega = 18y_1 + 10y_2 - 14y_3$$

$$\text{s.t.} \begin{cases} 7y_1 + 2y_3 = 1 \\ -2y_1 + 6y_2 + 8y_3 \geqslant 5 \\ 8y_1 - y_3 \leqslant -4 \\ -y_1 - 5y_2 \leqslant 9 \\ y_1 \leqslant 0, y_2 \geqslant 0, y_3 \text{ 无约束} \end{cases}$$

3.2　对偶问题的基本性质

本节我们探讨线性规划对偶问题的基本性质，先看一个简单的例子。

【例 3-5】（对偶问题的性质）　考虑以下线性规划问题：

$$\max z = 3x_1 + 4x_2 + x_3$$

$$\text{s.t.} \begin{cases} x_1 + 2x_2 + x_3 \leqslant 10 \\ 2x_1 + 2x_2 + x_3 \leqslant 16 \\ x_1, x_2, x_3 \geqslant 0 \end{cases}$$

解： 为了利用单纯形法求解，我们首先增加松弛变量 x_4 和 x_5，将原问题转换为标准型。

$$\max z = 3x_1 + 4x_2 + x_3$$

$$\text{s.t.} \begin{cases} x_1 + 2x_2 + x_3 + x_4 = 10 \\ 2x_1 + 2x_2 + x_3 + x_5 = 16 \\ x_1, x_2, x_3, x_4, x_5 \geqslant 0 \end{cases}$$

其对应的单纯形表计算过程见表 3-5。

表 3 - 5 例 3 - 5 的单纯形表计算过程

	c_j		3	4	1	0	0	
C_B	X_B	b	x_1	x_2	x_3	x_4	x_5	θ_i
0	x_4	10	1	[2]	1	1	0	5
0	x_5	16	2	2	1	0	1	8
	λ_j		3	4	1	0	0	
4	x_2	5	$\frac{1}{2}$	1	$\frac{1}{2}$	$\frac{1}{2}$	0	10
0	x_5	6	[1]	0	0	-1	1	6
	λ_j		1	0	-1	-2	0	
4	x_2	2	0	1	$\frac{1}{2}$	1	$-\frac{1}{2}$	
3	x_1	6	1	0	0	-1	1	
	λ_j		0	0	-1	-1	-1	

因此,最优解为 $(x_1^*, x_2^*, x_3^*, x_4^*, x_5^*) = (6,2,0,0,0)$,对应的最优目标函数值 $z^* = 26$。我们考虑其对偶问题:

$$\min \omega = 10y_1 + 16y_2$$
$$\text{s.t.} \begin{cases} y_1 + 2y_2 \geqslant 3 \\ 2y_1 + 2y_2 \geqslant 4 \\ y_1 + y_2 \geqslant 1 \\ y_1, y_2 \geqslant 0 \end{cases}$$

为了利用单纯形法求解,增加松弛变量 y_3, y_4, y_5 和人工变量 y_6, y_7, y_8,对偶问题改写为:

$$\min w = 48y_1 + 120y_2 + My_6 + My_7 + My_8$$
$$\text{s.t.} \begin{cases} y_1 + 2y_2 - y_3 + y_6 = 3 \\ 2y_1 + 2y_2 - y_4 + y_7 = 4 \\ y_1 + y_2 - y_5 + y_8 = 1 \\ y_1, y_2, \cdots, y_8 \geqslant 0 \end{cases}$$

其对应的单纯形表计算过程见表 3 - 6。

表 3 - 6　例 3 - 5 对偶问题的单纯形表计算过程

	c_j		3	7	5	0	0	M	M	M	θ_i
C_B	Y_B	b	y_1	y_2	y_3	y_4	y_5	y_6	y_7	y_8	
M	y_6	3	1	2	-1	0	0	1	0	0	$\frac{3}{2}$
M	y_7	4	2	2	0	-1	0	0	1	0	2
M	y_8	1	1	[1]	0	0	-1	0	0	1	1
	λ_j		$10-4M$	$16-5M$	M	M	M	0	0	0	
M	y_6	1	-1	0	-1	0	[2]	1	0	-2	$\frac{1}{2}$
M	y_7	2	0	0	0	-1	2	0	1	-2	1
16	y_2	1	1	1	0	0	-1	0	0	1	—
	λ_j		$M-6$	0	M	M	$16-4M$	0	0	$5M-16$	
0	y_5	$\frac{1}{2}$	$-\frac{1}{2}$	0	$-\frac{1}{2}$	0	1	$\frac{1}{2}$	0	-1	—
M	y_7	1	[1]	0	1	-1	0	-1	1	0	1
16	y_2	$\frac{3}{2}$	$\frac{1}{2}$	1	$-\frac{1}{2}$	0	0	$\frac{1}{2}$	0	0	3
	λ_j		$2-M$	0	$8-M$	M	0	$2M-8$	0	M	
0	y_5	1	0	0	0	$-\frac{1}{2}$	1	0	$\frac{1}{2}$	-1	
10	y_1	1	1	0	1	-1	0	-1	1	0	
16	y_2	1	0	1	-1	$\frac{1}{2}$	0	1	$-\frac{1}{2}$	0	
	λ_j		0	0	6	2	0	$M-6$	$M-2$	M	

因此,对偶问题的最优解为 $(y_1^*, y_2^*, y_3^*, y_4^*, y_5^*) = (1,1,0,0,0)$,对应的最优目标函数值 $\omega^* = 26$。对比原问题和其对偶问题的最终单纯形表,不难发现一些对应关系,比如:

- 原问题的最优目标函数值恰好等于对偶问题的最优目标函数值($z^* = \omega^* = 26$);
- 原问题的最优解刚好对应于对偶问题最终单纯形表的检验数;
- 原问题最终单纯形表的检验数乘以负 1 刚好对应于对偶问题的最优解。

也就是说,在原问题(或对偶问题)的最终单纯形表中,实际上给出了两个线性规划问题的最优解。下面我们探讨上述发现是否适用于一般的对偶问题。

考虑如下互为对偶的问题:

$$原问题 P \quad\quad \max z = CX \quad\quad\quad 对偶问题 D \quad\quad \min \omega = Yb$$

$$\text{s.t.} \begin{cases} AX \leqslant b \\ X \geqslant 0 \end{cases} \quad\quad\quad\quad\quad \text{s.t.} \begin{cases} YA \geqslant C \\ Y \geqslant 0 \end{cases}$$

【性质 1】 对称性:对偶问题的对偶问题即为原问题。

证明: 将对偶问题等价变换为:

$$\max(-\omega) = -Yb$$

$$\text{s.t.} \begin{cases} -YA \leqslant -C \\ Y \geqslant 0 \end{cases}$$

则上述问题的对偶问题为:

$$\min z' = -CX$$

$$\text{s.t.} \begin{cases} -AX \geqslant -b \\ X \geqslant 0 \end{cases}$$

【性质 2】 弱对偶性:设 $\hat{X}$ 为问题 P 的一个可行解,$\hat{Y}$ 是问题 D 的一个可行解,则有 $C\hat{X} \leqslant \hat{Y}b$。

证明: 由 $A\hat{X} \leqslant b, \hat{Y} \geqslant 0$,可得 $\hat{Y}A\hat{X} \leqslant \hat{Y}b$,由 $\hat{Y}A \geqslant C, \hat{X} \geqslant 0$,可得 $\hat{Y}A\hat{X} \geqslant C$。因此,$C\hat{X} \leqslant \hat{Y}A\hat{X} \leqslant \hat{Y}b$。

弱对偶性表明,原问题中任一可行解所对应的目标函数值都构成对偶问题任一可行解对应函数值的下界;反之,对偶问题中任一可行解所对应的目标函数值都构成原问题任一可行解对应函数值的上界。因此,不难得到如下推论:

(1) 在互为对偶的两个问题中,若一个问题可行且具有无界解,则另一个问题无可行解;

(2) 若原问题可行且另一个问题不可行,则原问题具有无界解。

注意上述推论(1)和(2)问题可行的条件不能少。因为一个问题无可行解时,另一个问题可能有可行解(此时具有无界解),也可能无可行解。

【性质 3】 最优性:如果 $\hat{X}, \hat{Y}$ 分别是问题 P 和问题 D 的一个可行解,且满足 $C\hat{X} = \hat{Y}b$,则它们分别是问题 P 和问题 D 的最优解。

证明: 根据性质 2,对问题 P 的任一可行解 X,均有 $CX \leqslant \hat{Y}b = C\hat{X}$,$\hat{X}$ 即是问题 P 的最优解。同样,对问题 D 的任一可行解 Y,均有 $Yb \geqslant C\hat{X} = \hat{Y}b$,$\hat{Y}$ 即是问题 D 的最优解。

性质 3 表明,如果在原问题和对偶问题中分别找到了一个可行解,且它们对应的目标函数值相等,则这两个可行解即为最优解。下面的性质 4 进一步给出了对偶问题的最优解的具体形式。

【性质 4】(*最优对偶解*:若 B 为原问题 P) 最优基,则 $\hat{Y}=C_B B^{-1}$ 即是对偶问题 D 的最优解。

证明:对于原问题 P,通过引入松弛变量 X_s,其等价变形为:

$$\max z = CX$$

$$\text{s.t.} \begin{cases} AX + X_s = b \\ X, X_s \geq 0 \end{cases}$$

将 X_s 作为初始基变量,其初始和最终的单纯形表见表 3-7。

表 3-7　原问题 P 的初始和最终的单纯形表

	c_j		C	0	θ_i	
C_B	基	b	X	X_s		
0	X_s	b	N	I		初始单纯形表
	λ_j		C	0		
C_B	X_B	$B^{-1}b$	$B^{-1}N$	B^{-1}		最终单纯形表
	λ_j		$C-C_B B^{-1}N$	$-C_B B^{-1}$		

根据最终单纯形表的最优性判断准则,一定有:

$$\begin{cases} C - C_B B^{-1}A \leq 0 \\ -C_B B^{-1} \leq 0 \end{cases}$$

如果令 $\hat{Y}=C_B B^{-1}$,上述条件为:

$$\begin{cases} \hat{Y}A \geq C \\ \hat{Y} \geq 0 \end{cases}$$

因此,$\hat{Y}$ 即为对偶问题的一个可行解。值得注意的是:

$$C_B B^{-1}b = \hat{Y}b$$

即原问题 P 的最优目标函数值刚好等于对偶问题的可行解 $\hat{Y}$ 所对应的目标函数值。根据性质 3,$\hat{Y}$ 即为对偶问题的最优解。

性质 4 也说明若原问题 P 和对偶问题 D 均有可行解,则两者均有有界最优解,而且最优目标函数值相等。因此,从例 3-5 中观察到的现象其实具有很好的普适性,适合于一般的线性规划模型及其对偶问题。

【性质 5】 互补松弛性:如果 $\hat{X},\hat{Y}$ 分别是问题 P 和 D 的一个可行解,则它们分别为最优解的充分必要条件是:

(1)如果原问题某一约束条件对应的对偶变量值大于零,则该约束条件取严格等式(若 $\hat{y}_i > 0$, 则 $\sum\limits_{j=1}^{n} a_{ij} \hat{x}_j = b_i$)；如果原问题某一约束条件取严格不等式,则对应的对偶变量值为零(若 $\sum\limits_{j=1}^{n} a_{ij} \hat{x}_j < b_i$, 则 $\hat{y}_i = 0$)。

(2) 如果对偶问题某一约束条件对应的原问题决策变量值大于零,则该约束条件取严格等式(若 $\hat{x}_j > 0$, 则 $\sum\limits_{i=1}^{m} a_{ij} \hat{y}_j = c_j$)；如果对偶问题某一约束条件取严格不等式,则对应的原问题决策变量值为零(若 $\sum\limits_{i=1}^{m} a_{ij} \hat{y}_j > c_j$, 则 $\hat{x}_j = 0$)。

证明:在原问题 P 中引入松弛变量,变形为:

$$\max z = CX$$
$$\text{s.t.} \begin{cases} AX + X_s = b \\ X, X_s \geqslant 0 \end{cases}$$

式中, $X = (x_1, x_2, \cdots, x_n)'$, $X_s = (x_{n+1}, x_{n+2}, \cdots, x_{n+m})'$。

同样,在其对偶问题 D 中引入剩余变量,变形为:

$$\min \omega = Yb$$
$$\text{s.t.} \begin{cases} YA - Y_s = C \\ Y, Y_s \geqslant 0 \end{cases}$$

式中, $Y = (y_1, y_2, \cdots, y_m)$, $Y_s = (y_{m+1}, y_{m+2}, \cdots, y_{m+n})$。

我们先证明必要性。已知 $\hat{X}$ 和 $\hat{Y}$ 分别为原问题和对偶问题的最优解,则有 $C\hat{X} = \hat{Y}b$。

由 $\hat{Y}A \geqslant C$ 且 $\hat{X} \geqslant 0$, 可得 $\hat{Y}A\hat{X} \geqslant C\hat{X}$; 由 $A\hat{X} \leqslant b$ 且 $\hat{Y} \geqslant 0$, 可得 $\hat{Y}A\hat{X} \leqslant \hat{Y}b$。因此,必有 $C\hat{X} = \hat{Y}A\hat{X} = \hat{Y}b$。

考虑 $\hat{Y}A\hat{X} = \hat{Y}b$, 即 $\hat{Y}(b - A\hat{X}) = 0$, 展开即有:

$$\sum_{i=1}^{m} \hat{y}_i (b_i - a_{i1} \hat{x}_1 - a_{i2} \hat{x}_2 - \cdots - a_{in} \hat{x}_n) = 0$$

在上述求和式中,每一项都为非负,因此每一项取值必须都为零,即:

$$\hat{y}_i (b_i - a_{i1} \hat{x}_1 - a_{i2} \hat{x}_2 - \cdots - a_{in} \hat{x}_n) = 0, \quad i = 1, 2, \cdots, m$$

这意味着对任何 i, $\hat{y}_i$ 和 $\sum\limits_{j=1}^{n} a_{ij} \hat{x}_j - b_i$ 中至少有一项为零,即条件(1)得证。类似地,根据 $C\hat{X} = \hat{Y}A\hat{X}$ 可以证明条件(2)。

我们再证明充分性。由已知条件(1),我们知对任意 $i = 1, 2, \cdots, m$,

$$\hat{y}_i \left(\sum_{j=1}^{n} a_{ij} \hat{x}_j - b_i \right) = 0$$

从而，$\hat{Y}(b - A\hat{X}) = 0$。由已知条件(2)，可得 $C\hat{X} = \hat{Y}A\hat{X}$。因此，有：

$$C\hat{X} = \hat{Y}A\hat{X} = \hat{Y}b$$

根据性质 3 知，可行解 $\hat{X}$ 和 $\hat{Y}$ 即分别是问题 P 和 D 的最优解。

互补松弛定理即意味着：

$$\hat{x}_{n+i} \times \hat{y}_i = 0, \quad 对任意 \ i = 1, 2, \cdots, m$$
$$\hat{x}_j \times \hat{y}_{m+j} = 0, \quad 对任意 \ j = 1, 2, \cdots, n$$

考虑问题 D 是资源配置问题的情形，互补松弛性表明：当资源 i 存在剩余时（即 $\hat{x}_{n+i} > 0$ 时），我们可知其对应的对偶解一定为零；反之，如果某个资源对应的对偶解取值为正，那么该资源一定对应于系统的瓶颈资源（即 $\hat{x}_{n+i} = 0$）。

互补松弛定理揭示的对应关系可以帮助我们从一个问题的最优解直接判断出另一个问题的最优解。

【性质 6】　原问题单纯形表的检验数行对应其对偶问题的一组基本解。

设原问题 P 是：

$$\max z = CX; AX + X_s = b; X, X_s \geqslant 0$$

它的对偶问题 D 是：

$$\min \omega = Yb; YA - Y_s = C; Y, Y_s \geqslant 0$$

其在单纯形表中的对应关系如表 3-8 所示。

表 3-8　原问题和对偶问题在单纯形表中的对应关系

原问题	X_B	X_N	X_s
检验数	0	$C_N - C_B B^{-1} N$	$-C_B B^{-1}$
对偶问题	Y_{S1}	$-Y_{S2}$	$-Y$

【例 3-6】（互补松弛性的应用）　考虑以下互为对偶的线性规划问题：

原问题 P　$\min \omega = 6y_1 + 7y_2$

$$\text{s.t.} \begin{cases} 2y_1 + y_2 \geqslant 5 \\ y_1 + 2y_2 \geqslant 3 \\ 3y_1 + y_2 \geqslant 1 \\ y_1, y_2 \geqslant 0 \end{cases}$$

对偶问题 D　$\max z = 5x_1 + 3x_2 + x_3$

$$\text{s.t.} \begin{cases} 2x_1 + x_2 + 3x_3 \leqslant 6 \\ x_1 + 2x_2 + x_3 \leqslant 7 \\ x_1, x_2, x_3 \geqslant 0 \end{cases}$$

已知对偶问题采用单纯形表优化求解后的最终单纯形表见表 3-9。

表 3-9　对偶问题 D 单纯形表

	$c_j \rightarrow$		5	3	1	0	0	θ_i
C_B	X_B	b	x_1	x_2	x_3	x_4	x_5	
5	x_1	$\frac{5}{3}$	1	0	$\frac{5}{3}$	$\frac{2}{3}$	$-\frac{1}{3}$	
3	x_2	$\frac{8}{3}$	0	1	$-\frac{1}{3}$	$-\frac{1}{3}$	$\frac{2}{3}$	
	σ_j		0	0	$-\frac{19}{3}$	$-\frac{7}{3}$	$-\frac{1}{3}$	

请问:能否直接给出原问题的最优解?

解:原问题的最优解直接对应于上述单纯形表中的检验数,关键是找到变量和变量之间的对应关系。原问题的决策变量 y_1 对应于对偶问题的约束条件是:$2x_1 + x_2 + 3x_3 \leqslant 6$;在利用单纯形法计算时,该约束引入了松弛变量 x_4。 因此,原问题的最优解中,y_1 即对应于变量 x_4 的检验数,即 $y_1 = \frac{7}{3}$。 类似地,y_2 对应变量 x_5 的检验数,即 $y_2 = \frac{1}{3}$。

【例 3-7】(互补松弛性的应用)　考虑以下互为对偶的线性规划问题

$$原问题 P \quad \min \omega = 2x_1 + 3x_2 + 5x_3 + 2x_4 + 3x_5$$
$$\text{s.t.} \begin{cases} x_1 + x_2 + 2x_3 + x_4 + 3x_5 \geqslant 4 \\ 2x_1 - x_2 + 2x_3 + x_4 + x_5 \geqslant 3 \\ x_1, x_2, \cdots, x_5 \geqslant 0 \end{cases}$$

$$对偶问题 D \quad \max z = 4y_1 + 3y_2$$
$$\text{s.t.} \begin{cases} y_1 + 2y_2 \leqslant 2 & ① \\ y_1 - y_2 \leqslant 3 & ② \\ 2y_1 + 3y_2 \leqslant 5 & ③ \\ y_1 + y_2 \leqslant 2 & ④ \\ 3y_1 + y_2 \leqslant 3 & ⑤ \\ y_1, y_2 \geqslant 0 & ⑥ \end{cases}$$

已知对偶问题的最优解为 $(y_1, y_2) = \left(\frac{4}{5}, \frac{3}{5}\right)$ 求原问题 P 的最优解。

解:将对偶解代入对偶问题的 5 个约束条件分别检验,可知条件②,③和④为严格的不等式约束。因此,它们对应的原问题的决策变量取值为零(互补松弛性),即 $x_2 = x_3 = x_4 = 0$。

注意: y_1 对应原问题的第一个约束,因为 $y_1 > 0$,根据互补松弛性知,原问题第一个约束一定取等号。类似地,原问题第二个约束一定取等号。因此,我们知原问题的最优解一定满足:

$$\begin{cases} x_1 + x_2 + 2x_3 + x_4 + 3x_5 = 4 \\ 2x_1 - x_2 + 2x_3 + x_4 + x_5 = 3 \\ x_2 = x_3 = x_4 = 0 \end{cases}$$

联立上述方程组即可求得 $(x_1, x_2, x_3, x_4, x_5) = (1, 0, 0, 0, 1)$。

3.3 对偶解的经济意义——影子价格

回顾例 2-6 的资源分配问题。为进一步提升绩效,工厂正考虑获取更多的资源来提升绩效。因为劳动力和设备对应于瓶颈资源,所以应该优先考虑获取更多的劳动力或设备资源。思考一下:如果劳动力工时增加一个单位(即 200→201),其他资源量保持不变,那么利润能提升多少?让我们来重新求解一下更新后的线性规划问题:

$$\max z = 20x_1 + 30x_2$$

$$\text{s.t.} \begin{cases} 2x_1 + 6x_2 \leqslant 201 & \textbf{劳动力} \\ 2x_1 + 2x_2 \leqslant 100 & \textbf{设备} \\ 4x_1 + 2x_2 \leqslant 180 & \textbf{原材料} \\ x_1 \geqslant 0, x_2 \geqslant 0 & \textbf{非负性} \end{cases}$$

该问题的最优解为 $(x_1, x_2) = (24.5, 25.5)$,相应的最优利润为 1 252.5 元。相对于劳动力工时为 200 的情形而言,最优利润提升了 $1\,252.5 - 1\,250 = 2.5$(元)。上述劳动力工时参数变化所导致的最优解的变化可以从图解法(见图 3-1)直观地看出。当可用劳动力工时增加 1 单位时,其对应的约束线朝右上方平移 1 个单位,导致可行域扩大。相应地,最优解从图中的 A 点变为 B 点。相对 A 点而言,x_1 的产量减少而 x_2 的产量增加,导致目标函数提升 2.5 元。如果将可用劳动力工时减少 1 单位,通过计算我们可以发现其最优利润也将减少 2.5 元。在上面的分析中,增加或减少的 2.5 元是劳动力资源的单位变化(增加或减少 1 单位)所引起的。所以,我们将 2.5 称为劳动力工时的"影子价格",其单位为"元/小时"。

按照类似的分析方法,如果将可用劳动力工时提高 2 单位,可以得到其增加的最优目标函数值将为 5 元。如果进一步提高可用劳动力工时,比如提高至 320 单位(即增量为 120 小时),是否可以提高利润 300 元呢?从图 3-1 不难看出,当劳动力资源所对应的直线向右上方平移到一定程度(如可用劳动力工时达到 300 小时),继续增加可用劳动力工时将不再进一步扩大可行域,因为劳动力工时将从一个瓶颈资源变为一个过剩资源。此时,劳动力工时的影子价格就不再是 2.5 元/小时了。类似地,

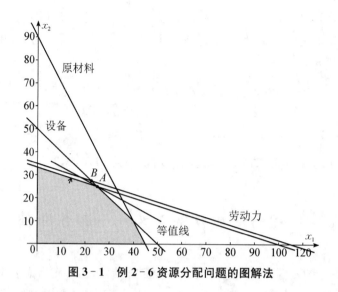

图 3-1 例 2-6 资源分配问题的图解法

当可用劳动力工时下降到一定程度时,其影子价格也会发生变化。

所谓"影子价格",也称"阴影价格",在线性规划中某个约束的右边项增加一个单位所带来的最优目标函数值的增量;当这个右边项代表某种资源时,最优目标函数值则代表最优收益,那么影子价格是指增加一单位资源对最优收益产生的影响;它是经济学和管理学中的一个重要概念,有时也被称为资源的边际产出或机会成本。

关于影子价格,有如下特点:

(1) 不同约束的影子价格量纲可以是不同的。在线性规划中,每个约束都对应一个影子价格,其单位是目标函数的单位除以约束的单位。因此,影子价格将资源转换成经济效益的效率。

(2) 影子价格与市场价格的概念不同,影子价格是一种隐含的潜在价值,是生产系统内部形成的一种价格,反映的是资源在生产过程中边际使用价值,同一种资源在不同的企业、生产不同的产品或在不同时期影子价格都不一样。

(3) 在资源配置中,影子价格反映了资源的稀缺程度。如果资源供给有剩余(对应非紧约束),则进一步增加该资源的供应量不会改变最优决策和最优目标函数值,因此该资源的影子价格为零。对于紧约束资源,增加该资源的供应量有可能会改变最优决策,也可能不会改变最优决策,因此该资源的影子价格可能为正,也可能为零。这和互补松弛定理是完全一致的。

基于上述特点,可利用影子价格做下列经济活动分析:

(1) 制定资源计划。当某种资源的影子价格大于零时,表示该种资源在生产中是稀缺的,决策者应购进该资源扩大生产;当影子价格等于零,表示该种资源在生产中过剩,决策者应停止采购该种资源,或将该资源卖掉或出让,缩小生产。

(2) 分解生产要素的产出贡献。通过影子价格分析每种资源获得多少产出。例如,企业获得 100 万元的利润,生产过程中直接消耗的资源有原材料、设备和工时,这些要素各产生多少利润,由影子价格可以大致估计出来。

在一个资源配置问题中,假设原问题和对偶问题的最优解分别为 X^* 和 Y^*。对偶理论告诉我们,两个问题的最优值满足关系:

$$z^* = \sum_{j=1}^n c_j x_j^* = \sum_{i=1}^m b_i y_i^* = \omega^*$$

在上面的等式中,等号左侧是从产品的视角度量系统的绩效,等号右侧则从资源的视角度量系统的绩效。对偶变量 y_i^* 表示资源在最优利用条件下对第 i 种资源的估价。

根据上一章提到的线性规划理论,在该资源配置问题中:

$$z = C_B B^{-1} b + (C_N - C_B B^{-1} N) X_N$$

如果把最优目标函数看作可用资源的函数,即:

$$z^* = z(b) = C_B B^{-1} b$$

按照定义,资源的影子价格刚好对应于 z^* 对资源量 b 的导数,有:

$$\frac{\partial z(b)}{\partial b} = C_B B^{-1} = Y^*$$

上式表明,资源的影子价格刚好等于最优对偶解。这正好说明影子价格等同于对偶价格。同时,对偶解描述了企业放弃资源所对应的机会成本。因此,影子价格也是一种机会成本。

影子价格也可以帮助我们更好地理解单纯形法中的检验数。还是以标准的资源配置问题为例,其初始和最终的单纯形表见表 3 - 10。

表 3 - 10　标准资源配置问题的单纯形表

c_j			c_1	$\cdots$	c_n	0	θ_i	
C_B	基	b	x_1	$\cdots$	x_n	X_s		
0	X_s	b	P_1	$\cdots$	P_n	I		初始单纯形表
	λ_j		c_1	$\cdots$	c_n	0		
C_B	X_B	$B^{-1}b$	$B^{-1}P_1$	$\cdots$	$B^{-1}P_n$	B^{-1}		最终单纯形表
	λ_j		$c_1 - C_B B^{-1} P_1$	$\cdots$	$c_n - C_B B^{-1} P_n$	$-C_B B^{-1}$		

在最终的单纯形表中,变量 $x_j(j=1,2,\cdots,n)$ 的检验数为:

$$\lambda_j = c_j - C_B B^{-1} P_j = c_j - Y^* P_j = c_j - \sum_{i=1}^m y_i^* a_{ij}$$

上述公式表明,产品 j 的产量决策对应的检验数刚好等于其单位贡献 c_j(每生产一单位的边际收益)减去其所消耗的各种资源对应的机会成本(即每生产一单位的机会成本)。只有当所有产品的边际利润(等于边际收益减去边际机会成本)都为非正时,该生产方案才达到最优;否则,通过调整生产计划可以进一步提升系统绩效。

最后,互补松弛性告诉我们,在最优生产安排下:

$$\hat{x}_{n+i} \times \hat{y}_i = 0, \forall i = 1, 2, \cdots, m$$

这说明,如果资源 i 有剩余(即知 $\hat{x}_{n+i} > 0$),则其影子价格一定等于 0;如果资源的影子价格为正,那么它一定对应一个紧约束(即 $\hat{x}_{n+i} = 0$)。这和前面影子价格的定义是完全一致的。

3.4 对偶单纯形法

再次回顾单纯形法。在换基迭代的过程中,我们在可行域的顶点(基可行解)上进行搜索,直到所有非基变量的检验数满足最优性条件。以最大化问题为例,在单纯形表中,我们保持 $B^{-1}b \geqslant 0$,不断更换基阵 B,直到检验数 $C - C_B B^{-1}A \leqslant 0$。学习了对偶问题,我们也可以换一种思路进行换基迭代,即找一个初始基 B,满足检验数 $C - C_B B^{-1}A \leqslant 0$,但是 $B^{-1}b$ 的部分分量可以为负,在换基迭代的过程中,保持检验数小于等于零,直到 $B^{-1}b \geqslant 0$,我们就找到了该问题的最优解。该计算方法被称为"对偶单纯形法"。

对偶单纯形法的基本步骤如下(以 max 型线性规划为例):

(1) 对线性规划问题进行变换,列出初始单纯形表,要求全部检验数 $\lambda_j \leqslant 0$,即对偶问题为基可行解。

(2) 检查 b 列的数字,若都为非负,即 $B^{-1}b \geqslant 0$,则已得到最优解,停止计算。若至少存在一个负分量,则进入下一步。

(3) 确定换出变量:以 $\min_i [(B^{-1}b)_i \mid (B^{-1}b)_i < 0] = (B^{-1}b)_l$ 对应的基变量 x_l 为换出变量。

(4) 确定换入变量:若单纯形表中第 l 行的系数 a_{ij} 均为非负,则原问题无可行解,停止计算。若存在 $a_{lj} < 0$,则计算 $\theta = \min_j \left(\dfrac{c_j - z_j}{a_{lj}} \mid a_{lj} < 0 \right) = \dfrac{c_k - z_k}{a_{lk}}$,以 θ 规则所对应的非基变量 x_k 为换入变量,这样才能保持得到的对偶问题解仍为可行解。

(5) 以 a_{lk} 为中心,在单纯形表中进行换基迭代,得到新的单纯形表,重复步骤 (2)～(5)。

下面举例来说明具体的算法步骤。

【例 3 - 8】(min 型对偶单纯形法) 求解下面线性规划问题。

$$\min z = 4x_1 + x_2 + 3x_3$$
$$\text{s.t.} \begin{cases} x_1 + x_2 + x_3 \geqslant 5 \\ x_1 - x_2 - 4x_3 \geqslant 3 \\ x_1, x_2, x_3 \geqslant 0 \end{cases}$$

解：首先引入剩余变量 x_4 和 x_5，令 $z'=-z$，将原问题等价变换为：

$$\min z' = -4x_1 - x_2 - 3x_3$$

$$\text{s.t.} \begin{cases} -x_1 - x_2 - x_3 + x_4 = -5 \\ -x_1 + x_2 + 4x_3 + x_5 = -3 \\ x_1, x_2, \cdots, x_5 \geqslant 0 \end{cases}$$

将 x_4 和 x_5 作为初始基变量，构造初始单纯形表，进行换基迭代，迭代过程如表 3-11 所示。

表 3-11　例 3-8 min 型对偶单纯形法单纯形表计算过程

C_B	X_B	b	x_1	x_2	x_3	x_4	x_5
	c_j		-4	-1	-3	0	0
0	x_4	-5	-1	$[-1]$	-1	1	0
0	x_5	-3	-1	1	4	0	1
	λ_j		-4	-1	-3	0	0
-1	x_2	5	1	1	1	-1	0
0	x_5	-8	$[-2]$	0	3	1	1
	λ_j		-3	0	-2	-1	0
-1	x_2	1	0	1	$\dfrac{5}{2}$	$-\dfrac{1}{2}$	$\dfrac{1}{2}$
-4	x_1	4	1	0	$-\dfrac{3}{2}$	$-\dfrac{1}{2}$	$-\dfrac{1}{2}$
	λ_j		0	0	$-\dfrac{13}{2}$	$-\dfrac{5}{2}$	$-\dfrac{3}{2}$

根据最终表，该问题的最优解为 $X^* = (1,4,0,0,0)$，最优值为 $z^* = -z' = 17$。

【例 3-9】（max 型对偶单纯形法）　求解下面线性规划问题。

$$\max z = -7x_1 - 3x_2$$

$$\text{s.t.} \begin{cases} -2x_1 + x_2 \geqslant 2 \\ x_1 - 2x_2 \geqslant 2 \\ x_1, x_2 \geqslant 0 \end{cases}$$

解：首先引入剩余变量 x_3 和 x_4，将原问题等价变换为：

$$\max z = -7x_1 - 3x_2$$

$$\text{s.t.} \begin{cases} 2x_1 - x_2 + x_3 = -2 \\ -x_1 + 2x_2 + x_4 = -2 \\ x_1, x_2, x_3, x_4 \geqslant 0 \end{cases}$$

将 x_3 和 x_4 作为初始基变量,构造初始单纯形表,进行换基迭代,迭代过程如表 3-12 所示。

表 3-12　例 3-9 max 型对偶单纯形法单纯形表计算过程

c_j			-7	-3	0	0
C_B	X_B	b	x_1	x_2	x_3	x_4
0	x_3	-2	2	$[-1]$	1	0
0	x_4	-2	-1	2	0	1
	λ_j		-7	-3	0	0
-3	x_2	2	-2	1	-1	0
0	x_4	-6	3	0	2	1
	λ_j		-13	0	-3	0

此时,我们发现 $x_4=-6$,且其所在的行所有系数均为非负,说明该问题无可行解。

从以上求解过程可以看到对偶单纯形法有以下优点:

(1) 初始解可以是非可行解,当检验数都为负数时,就可以进行换基迭代,不需要加入人工变量,因此可以简化计算。

(2) 对于变量数多于约束条件数的线性规划问题,采用对偶单纯形法计算可以减少计算工作量。因此,对变量较少,而约束条件很多的线性规划问题,可先将它变换成对偶问题,然后用对偶单纯形法求解。

(3) 在下节即将学习的敏感性分析中,有时需要用到对偶单纯形法,这样可以简化问题的分析与处理。

总结一下,对偶单纯形法与正常单纯形法的本质区别在于:单纯形法是在可行域的顶点(基可行解)上进行搜索,而对偶单纯形法是在可行域的外部(非基可行解)进行搜索;或者说,对偶单纯形法是在对偶问题可行域的顶点(基可行解)上搜索。有时对偶单纯形法比单纯形法更有利于求解原始线性规划问题。当然,对偶单纯形法也存在一些局限性:对大多数线性规划问题,很难找到一个对偶问题的初始可行基,因而这种方法在求解线性规划问题时很少单独应用。

3.5　敏感性分析

通过正常单纯形法或者对偶单纯形法计算得到线性规划问题最优解之后,还需要对结果进行必要的分析才能付诸实践。这是因为,在建模的过程中,部分数据可能并不是准确的(如有些数据很难客观度量,往往需要决策者根据自身经验进行估计);基于不准确的数据得到的优化结果有可能带来非常糟糕的结果。同时,企业经营的环境总是在发生变化,线性规划中涉及的参数(如产品的市场价格、产品的生产工艺、可用的资源等)都有可能发生变化。那么,在参数不准或者参数变化的情形下,线性规划问题的最优解是否也会发生变化? 我们需要通过敏感性分析来回答这类问题。

敏感性分析往往要回答以下问题:

(1) 参数 A,b 和 C 中的一个或多个同时发生变动时,最优方案会发生怎样的变化?

(2) 参数 A,b 和 C 在什么范围内变动时,对当前的最优方案无影响?

(3) 如果最优方案发生改变,如何快速得到新问题的最优方案?

下面我们结合例 3 - 10 来进行敏感性分析。

【例 3 - 10】(生产安排)　某糖果加工厂计划生产三种糖果,每种糖果都需要添加糖和巧克力两种成分,但由于每种糖果的成分含量和单位利润都不同,且糖和巧克力的可用量也存在限制,具体如表 3 - 13 所示。试问:如何安排生产能使糖厂的收益最大?

表 3 - 13　每种糖果的成分含量和单位利润

	糖果 A	糖果 B	糖果 C	可用量
糖	1	1	1	50
巧克力	2	3	1	100
利润	3	7	5	

令 x_1,x_2,x_3 分别为糖果 A,B 和 C 的产量,生产安排的线性规划模型为:

$$\max z = 3x_1 + 7x_2 + 5x_3$$

$$\text{s.t.} \begin{cases} x_1 + x_2 + x_3 \leqslant 50 \\ 2x_1 + 3x_2 + x_3 \leqslant 100 \\ x_1, x_2, x_3 \geqslant 0 \end{cases}$$

引入松弛变量 x_4 和 x_5,原问题等价于:

$$\max z = 3x_1 + 7x_2 + 5x_3$$

$$\text{s.t.} \begin{cases} x_1 + x_2 + x_3 + x_4 = 50 \\ 2x_1 + 3x_2 + x_3 + x_5 = 100 \\ x_1, x_2, \cdots, x_5 \geqslant 0 \end{cases}$$

单纯形表计算的初始和最终结果如表 3 - 14 所示。

表 3-14　例 3-10 问题的单纯形表计算的初始和最终结果

c_j			3	7	5	0	0	θ_i
C_B	X_B	b	x_1	x_2	x_3	x_4	x_5	
0	x_4	50	1	1	1	1	0	50
0	x_5	100	2	[3]	1	0	1	$\dfrac{100}{3}$
λ_j			3	7	5	0	0	
0	x_4	$\dfrac{50}{3}$	$\dfrac{1}{3}$	0	$\left[\dfrac{2}{3}\right]$	1	$-\dfrac{1}{3}$	25
7	x_2	$\dfrac{100}{3}$	$\dfrac{2}{3}$	1	$\dfrac{1}{3}$	0	$\dfrac{1}{3}$	100
λ_j			$-\dfrac{5}{3}$	0	$\dfrac{8}{3}$	0	$-\dfrac{7}{3}$	
5	x_3	25	$\dfrac{1}{2}$	0	1	$\dfrac{3}{2}$	$-\dfrac{1}{2}$	
7	x_2	25	$\dfrac{1}{2}$	1	0	$-\dfrac{1}{2}$	$\dfrac{1}{2}$	
λ_j			-3	0	0	-4	-1	

因此,该问题的最优解为 $(x_1^*, x_2^*, x_3^*) = (0, 25, 25)$,最优利润为 300。

3.5.1　价值系数的敏感性分析

进行价值系数 c_j 的敏感性分析一般考虑如下问题:

(1) 如果糖果 A 的单位利润变为 7 或糖果 B 的单位利润变为 13,请问最优解是否发生变化?

(2) 保持其他参数不变,糖果 B 的单位利润在什么范围内变化时,最优解保持不变?

(3) 保持其他参数不变,糖果 B 和 C 的单位利润同时在什么范围变化时,最优解保持不变?

我们在已得到原始问题最终单纯形表的基础上逐一回答上述问题。

(1) c_j 的变化可分为非基变量和基变量的价值系数变化两种情形。

考虑 c_j 是非基变量 x_j 价值系数的情形。糖果 A 的单位利润变为 7,(即 $c_1 = 3 \rightarrow c'_1 = 7$),要判断最优解是否发生变化,可以在最终单纯形表中直接更新 x_1 的价值系数(将 c_1 更新为 7),如表 3-15 所示。

表3-15 最终单纯形表中更新价值系数 c_1

	c_j		7	7	5	0	0	θ_i
C_B	X_B	b	x_1	x_2	x_3	x_4	x_5	
5	x_3	25	$\left[\dfrac{1}{2}\right]$	0	1	$\dfrac{3}{2}$	$-\dfrac{1}{2}$	50
7	x_2	25	$\dfrac{1}{2}$	1	0	$-\dfrac{1}{2}$	$\dfrac{1}{2}$	50
	λ_j		1	0	0	-4	-1	
7	x_1	50	1	0	2	3	-1	
7	x_2	0		1	-1	-2	1	
	λ_j		0	0	-2	-7	0	

在上表中,价值系数 c_j 的变化会导致检验数 σ_j 发生变化。基变量的检验数恒为 0,只需要重新计算非基变量的检验数即可。由于 c_1 为非基变量 x_1 的价值系数,所以 c_1 改变只会影响非基变量 x_1 的检验数。上表中我们发现,此时变量 x_1 的检验数为 $\sigma_1 = 1 > 0$。因此,当前基可行解并非最优。于是我们可以断定,最优解将发生变化。利用单纯形法换基迭代,最优解变为 $(x_1^*, x_2^*, x_3^*) = (50, 0, 0)$,最优利润变为 350。

考虑 c_j 是基变量 x_j 价值系数的情形。糖果 B 的单位利润变为 13(即 $c_2 = 7 \rightarrow c_1' = 13$),同样在最终单纯形表中,直接更新 x_2 的价值系数(将 c_2 更新为 13)判断最优解是否发生变化,如表3-16所示。

表3-16 最终单纯形表中更新价值系数 c_2

	c_j		7	13	5	0	0	θ_i
C_B	X_B	b	x_1	x_2	x_3	x_4	x_5	
5	x_3	25	$\dfrac{1}{2}$	0	1	$\dfrac{3}{2}$	$-\dfrac{1}{2}$	
13	x_2	25	$\dfrac{1}{2}$	1	0	$-\dfrac{1}{2}$	$\dfrac{1}{2}$	
	λ_j		-6	0	0	-1	-4	

在上表中我们发现,基变量价值系数的改变会影响所有非基变量的检验数。计算得到非基变量检验数均为非正。因此,当前基可行解仍是最优的,最优解不变,此时最优利润变为 450。

(2)判断保持最优解不变的糖果 B 的单位利润的变化范围。假设 B 的单位利润为 $7 + \Delta c_2$ 其中 Δc_2 可正可负,表示 B 的单位利润的变动量。在最终单纯形表中将 x_2 的价值系数更新为 $7 + \Delta c_2$,并重新计算各非基变量的检验数,如表3-17所示。

表 3-17 重新计算各非基变量的检验数

c_j			7	$7+\Delta c_2$	5	0	0	θ_i
C_B	X_B	b	x_1	x_2	x_3	x_4	x_5	
5	x_3	25	$\frac{1}{2}$	0	1	$\frac{3}{2}$	$-\frac{1}{2}$	
$7+\Delta c_2$	x_2	25	$\frac{1}{2}$	1	0	$-\frac{1}{2}$	$\frac{1}{2}$	
	λ_j		$-3-\frac{1}{2}\Delta c_2$	0	0	$-4+\frac{1}{2}\Delta c_2$	$-1-\frac{1}{2}\Delta c_2$	

要保持最优解不发生变化,需要满足各非基变量检验数均非正,即:

$$\begin{cases} -3-\frac{1}{2}\Delta c_2 \leqslant 0 \\ -4+\frac{1}{2}\Delta c_2 \leqslant 0 \Rightarrow -2 \leqslant \Delta c_2 \leqslant 8 \\ -1-\frac{1}{2}\Delta c_2 \leqslant 0 \end{cases}$$

因此,糖果 B 的单位利润在 [5,15] 变化时,最优解保持不变。但是,最优目标函数值为 $(7+\Delta c_2)\times 25+5\times 25=300+25\Delta c_2$,它与 Δc_2 有关。

(3) 考虑糖果 B 和 C 的单位利润可以同时发生变化的情形。假设糖果 B 的单位利润为 $7+\Delta c_2$,C 的单位利润为 $5+\Delta c_3$,其中 Δc_2 和 Δc_3 分别表示糖果 B 和 C 的单位利润的变动量。价值系数更新之后的单纯形表,如表 3-18 所示。

表 3-18 价值系数更新之后的单纯形表

c_j			7	$7+\Delta c_2$	$5+\Delta c_3$	0	0	θ_i
C_B	X_B	b	x_1	x_2	x_3	x_4	x_5	
$5+\Delta c_3$	x_3	25	$\frac{1}{2}$	0	1	$\frac{3}{2}$	$-\frac{1}{2}$	
$7+\Delta c_2$	x_2	25	$\frac{1}{2}$	1	0	$-\frac{1}{2}$	$\frac{1}{2}$	
	λ_j		$-3-\frac{1}{2}\Delta c_2-\frac{1}{2}\Delta c_3$	0	0	$-4+\frac{1}{2}\Delta c_2-\frac{3}{2}\Delta c_3$	$-1-\frac{1}{2}\Delta c_2+\frac{1}{2}\Delta c_3$	

此时,非基变量的检验数是 Δc_2 和 Δc_3 的线性函数。要保持最优解不发生变化,需要满足非基变量检验数均为非正,即:

$$\begin{cases} -3 - \dfrac{1}{2}\Delta c_2 - \dfrac{1}{2}\Delta c_3 \leqslant 0 \\[2mm] -4 + \dfrac{1}{2}\Delta c_2 - \dfrac{3}{2}\Delta c_3 \leqslant 0 \\[2mm] -1 - \dfrac{1}{2}\Delta c_2 + \dfrac{1}{2}\Delta c_3 \leqslant 0 \end{cases}$$

上述变动区域对应于图 3-2 中二维空间里的阴影部分。也就是说,只要(Δc_2, Δc_3)的取值位于图中阴影区域内,那么原问题的最优解保持为 $(x_1^*, x_2^*, x_3^*) = (0,25,25)$ 不变。但是最优利润取决于利润的变动值,为 $300 + 25\Delta c_2 + 25\Delta c_3$。从图3-2中可以分别确定 Δc_2 和 Δc_3 的取值范围, Δc_2 的取值范围对应于 $\Delta c_3 = 0$ 时阴影区域的左端到右端,即 $\Delta c_2 = [-2, 8]$;同样地, Δc_3 的取值范围对应于 $\Delta c_2 = 0$ 时阴影区域的下界到上界,即 $\Delta c_3 = \left[-\dfrac{8}{3}, 2\right]$。

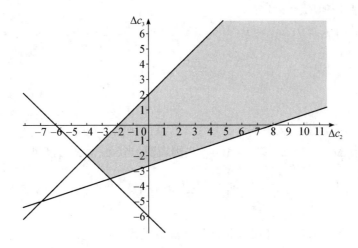

图 3-2　保持最优解不变的 B 和 C 的单位利润变动区域

进行多个价值系数变化的敏感性分析时,有一个非常实用的法则(称为 100% 法则)。为了便于表述,记价值系数 c_j 允许的增量为 U_j,允许的减量为 L_j。如果价值系数 c_j 变化的量为 Δc_j,可以计算出每个价值系数变化的相对百分比:

$$\gamma_j = \begin{cases} \dfrac{\Delta c_j}{U_j}, & \Delta c_j \geqslant 0 \\[3mm] \dfrac{\Delta c_j}{L_j}, & \Delta c_j < 0 \end{cases}$$

多个价值系数同时变化的 100% 法则：如果价值系数变化的相对百分比之和不超过 100%（即 $\sum_j \gamma_j \leqslant 100\%$），那么线性规划的最优解保持不变；如果相对百分比之和超过 100%（即 $\sum_j \gamma_j > 100\%$），那么最优解可能会发生变化。

该法则自行证明。需要注意的是，100% 法则只是一个充分条件，而不是一个必要条件。也就是说，如果相对百分比之和不满足 100% 法则，最优解也可能保持不变。继续用上面的例子加以说明，还是考虑糖果 B 和 C 的单位利润同时发生变化的情形。Δc_2 和 Δc_3 均可能增加或者减少，因此总共有四种可能。

（1）如果 $\Delta c_2 \geqslant 0, \Delta c_3 \geqslant 0$，即变化量（$\Delta c_2, \Delta c_3$）位于图 3-3 中的第一象限，那么 100% 法则表明，当（$\Delta c_2, \Delta c_3$）满足：

$$\frac{\Delta c_2}{8} + \frac{\Delta c_3}{2} \leqslant 100\%$$

即（$\Delta c_2, \Delta c_3$）落在图 3-3 中的子区域①时，最优解保持不变。显然，子区域① 是图 3-3 中阴影区域的一个子集。

（2）如果 $\Delta c_2 \geqslant 0, \Delta c_3 \leqslant 0$，100% 法则表明，当（$\Delta c_2, \Delta c_3$）满足：

$$\frac{\Delta c_2}{8} + \frac{\Delta c_3}{-\dfrac{8}{3}} \leqslant 100\%$$

即（$\Delta c_2, \Delta c_3$）落在图 3-3 中的子区域② 时，最优解保持不变。

（3）如果 $\Delta c_2 \leqslant 0, \Delta c_3 \geqslant 0$，100% 法则表明，当（$\Delta c_2, \Delta c_3$）满足：

$$\frac{\Delta c_2}{-2} + \frac{\Delta c_3}{2} \leqslant 100\%$$

即（$\Delta c_2, \Delta c_3$）落在图 3-3 中的子区域③ 时，最优解保持不变。

（4）如果 $\Delta c_2 \leqslant 0, \Delta c_3 \leqslant 0$，100% 法则表明，当（$\Delta c_2, \Delta c_3$）满足：

$$\frac{\Delta c_2}{-2} + \frac{\Delta c_3}{-\dfrac{8}{3}} \leqslant 100\%$$

即（$\Delta c_2, \Delta c_3$）落在图 3-3 中的子区域④ 时，最优解保持不变。

综合上述四种情形，100% 法则表明，当（$\Delta c_2, \Delta c_3$）落在四边形 $abcd$ 内（含边界）时，最优解保持为（x_1^*, x_2^*, x_3^*）=（0,25,25）不变。很显然，四边形 $abcd$ 只是图 3-3 中阴影部分的一个子集。因此，100% 法则是判断最优解保持不变的一个充分条件，而不是必要条件。

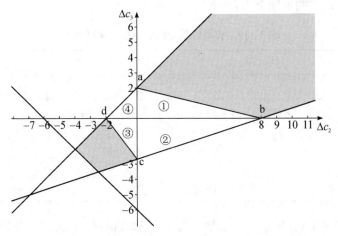

图 3 - 3　100％法则下 B 和 C 的单位利润变动区域

3.5.2　资源限量的敏感性分析

进行资源限量 b_i 的敏感性分析一般考虑如下问题：

（1）如果糖的可用量变为 30，请问最优基和最优解是否发生变化？最优目标函数值又会发生怎样的变化？

（2）保持其他参数不变，糖的可用量在什么范围内变化时，最优基保持不变？在该范围内，最优解和最优目标函数值如何变化？

（3）保持其他参数不变，糖和巧克力的可用量同时在什么范围内变化时，最优基保持不变？在该范围内，最优解和最优目标函数值如何变化？

我们在原始问题的最终单纯形表的基础上逐一回答上述问题。

（1）糖的可用量变为 30〔即 $\Delta b_1=(-20,0)^T$〕，我们要知道 b_i 变化是不会影响检验数计算的，但会影响基变量的取值，这要在最终单纯形表的基础上进行判断。注意：最终单纯形表中对应的约束方程式是在最初方程式的基础上左乘 B^{-1} 得到的，B^{-1} 可以从最终单纯形表中直接读出：

$$B^{-1}=\begin{pmatrix} \dfrac{3}{2} & -\dfrac{1}{2} \\ -\dfrac{1}{2} & \dfrac{1}{2} \end{pmatrix}$$

资源变动 Δb_1 之后，体现在单纯形表中基变量的取值部分，其相应的变动量为：

$$B^{-1}\Delta b_1=\begin{pmatrix} \dfrac{3}{2} & -\dfrac{1}{2} \\ -\dfrac{1}{2} & \dfrac{1}{2} \end{pmatrix}\begin{pmatrix} -20 \\ 0 \end{pmatrix}=\begin{pmatrix} -30 \\ 10 \end{pmatrix}$$

因此，如果基变量依然是（x_3,x_2），其对应的基解为：

$$\begin{pmatrix} x_3 \\ x_2 \end{pmatrix}=\begin{pmatrix} 25 \\ 25 \end{pmatrix}+B^{-1}\Delta b_1=\begin{pmatrix} -5 \\ 35 \end{pmatrix}$$

将其代入最终的单纯形表,如表 3-19 所示。

表 3-19　资源限量变化后的最终单纯形表

c_j			3	7	5	0	0
C_B	X_B	b	x_1	x_2	x_3	x_4	x_5
5	x_3	-5	$\frac{1}{2}$	0	1	$\frac{3}{2}$	$\left[-\frac{1}{2}\right]$
7	x_2	35	$\frac{1}{2}$	1	0	$-\frac{1}{2}$	$\frac{1}{2}$
λ_j			-3	0	0	-4	-1

很显然,此时的基解并非一个基可行解,需要进行换基迭代。考虑到检验数 λ_j 均为非正,且存在取值为负的基变量,则利用对偶单纯形法继续求解,得到的最终结果见表 3-20。

表 3-20　对偶单纯形法得到的最终结果

c_j			3	7	5	0	0
C_B	X_B	b	x_1	x_2	x_3	x_4	x_5
0	x_5	10	-1	0	-2	-3	1
7	x_2	30	1	1	1	1	0
λ_j			-4	0	-2	-7	0

因此,最优解 $X^* = (0, 30, 0, 0, 10)^T$,最优利润 $z^* = 210$。

(2) 假设糖的可用量为 $50 + \Delta b_1$,按照(1)的过程,可知在保持基变量为(x_3,x_2)时,基变量的取值为:

$$\binom{x_3}{x_2} = \binom{25}{25} + B^{-1}\Delta b_1 = \binom{25}{25} + \begin{pmatrix} \frac{3}{2} & -\frac{1}{2} \\ -\frac{1}{2} & \frac{1}{2} \end{pmatrix} \binom{\Delta b_1}{0} = \begin{pmatrix} 25 + \frac{3}{2}\Delta b_1 \\ 25 - \frac{1}{2}\Delta b_1 \end{pmatrix}$$

要保持最优基不变,必须满足所有基变量的取值为非负,即:

$$\begin{cases} 25 + \frac{3}{2}\Delta b_1 \geqslant 0 \\ 25 - \frac{1}{2}\Delta b_1 \geqslant 0 \end{cases} \Rightarrow -\frac{50}{3} \leqslant \Delta b_1 \leqslant 50$$

因此,糖的可用量在 $\left[\frac{25}{3}, 75\right]$ 之间变化时,线性规划问题的最优基都是(x_3, x_2),但是其具体取值会随着 Δb_1 变化而变化。且当糖的可用量在该范围内变动时,最优解对应的最优目标函数值为:

$$z(\Delta b_1) = 300 + 4\Delta b_1$$

即随着资源 b_1 的增加,最优利润也会增加。特别是,每增加 1 单位的资源 b_1,目标函数提升 4 个单位,这里的系数 4 刚好对应资源 b_1 的影子价格。

(3) 假设糖的可用量为 $50 + \Delta b_1$,巧克力的可用量为 $100 + \Delta b_2$,按照(1)的过程,可知在保持基变量为 (x_3, x_2) 时,基变量的取值为:

$$\begin{pmatrix} x_3 \\ x_2 \end{pmatrix} = \begin{pmatrix} 25 \\ 25 \end{pmatrix} + B^{-1}\Delta b = \begin{pmatrix} 25 \\ 25 \end{pmatrix} + \begin{pmatrix} \dfrac{3}{2} & -\dfrac{1}{2} \\ -\dfrac{1}{2} & \dfrac{1}{2} \end{pmatrix} \begin{pmatrix} \Delta b_1 \\ \Delta b_2 \end{pmatrix} = \begin{pmatrix} 25 + \dfrac{3}{2}\Delta b_1 - \dfrac{1}{2}\Delta b_2 \\ 25 - \dfrac{1}{2}\Delta b_1 + \dfrac{1}{2}\Delta b_2 \end{pmatrix}$$

要保持最优基不变,必须满足所有基变量的取值为非负,即:

$$\begin{cases} 25 + \dfrac{3}{2}\Delta b_1 - \dfrac{1}{2}\Delta b_2 \geqslant 0 \\ 25 - \dfrac{1}{2}\Delta b_1 + \dfrac{1}{2}\Delta b_2 \geqslant 0 \end{cases}$$

因此,当两种资源的变化量同时满足上述条件时,线性规划问题的最优基保持为 (x_3, x_2) 不变。在允许变化的范围内,最优解对应的最优目标函数值为:

$$z(\Delta b_1, \Delta b_2) = 300 + 4\Delta b_1 + \Delta b_2$$

即每增加 1 单位的 b_1,目标函数提升 4 个单位;每增加 1 单位的 b_2,目标函数提升 1 个单位,这里系数 4 和 1 分别对应资源糖和巧克力的影子价格。当资源的可用量发生改变时,如果最优基保持不变,那么其影子价格也将保持不变。

与多个价值系数变化的敏感性分析类似,当多个资源限量变化时,也可以采用 100% 法则。为了便于表述,记第 i 个约束允许的增量为 U_i,允许的减量为 L_i。如果参数 b_i 变化的量为 Δb_i,我们可以计算出每个资源系数变化的相对百分比:

$$\gamma_i = \begin{cases} \dfrac{\Delta b_i}{U_i}, & \Delta b_i \geqslant 0 \\ \dfrac{\Delta b_i}{L_i}, & \Delta b_i < 0 \end{cases}$$

多个资源限量同时变化的 100% 法则:如果资源限量的参数变化的相对百分比之和不超过 100%(即 $\sum_i \gamma_i \leqslant 100\%$),那么线性规划的最优基保持不变;如果相对百分比之和超过 100%(即 $\sum_i \gamma_i > 100\%$),那么最优基可能会发生变化。

同样,上述 100% 法则只是给出了最优基不变的一个充分条件,而不是必要条件。

3.5.3　技术系数的敏感性分析

现实中企业往往会持续进行产品研发,提升产品生产工艺。现在考虑糖果 B 的工艺结构发生改变的情形。假设糖果 B 对糖和巧克力的需求变为 0.5 和 1,请问最优解和最优目标函数值如何变化?

我们用 $\hat{x}_2$ 表示新的生产工艺下糖果 B 的产量,此时有关它的技术系数向量 $\hat{P}_2 = \left(\frac{1}{2}, 1\right)^T$,那么在最终单纯形表中 $\hat{x}_2$ 对应的列向量和检验数可通过以下计算得到,即:

$$B^{-1}\hat{P}_2 = \begin{pmatrix} \dfrac{3}{2} & -\dfrac{1}{2} \\ -\dfrac{1}{2} & \dfrac{1}{2} \end{pmatrix} \begin{pmatrix} \dfrac{1}{2} \\ 1 \end{pmatrix} = \begin{pmatrix} \dfrac{1}{4} \\ \dfrac{1}{4} \end{pmatrix}$$

$$\lambda_2' = c_2 - C_B B^{-1}\hat{P}_2 = 7 - (5,7)\left(\frac{1}{4}, \frac{1}{4}\right)^T = 4$$

用以上计算结果替换最终单纯形表中 x_2 对应的列数据,得到表 3-21。

表 3-21 替换最终单纯形表中 x_2 对应的列数据结果

C_B	X_B	b	c_j 3 x_1	7 $\hat{x}_2$	5 x_3	0 x_4	0 x_5	θ_i
5	x_3	25	$\dfrac{1}{2}$	$\dfrac{1}{4}$	1	$\dfrac{3}{2}$	$-\dfrac{1}{2}$	
7	x_2	25	$\dfrac{1}{2}$	$\left[\dfrac{1}{4}\right]$	0	$-\dfrac{1}{2}$	$\dfrac{1}{2}$	
	λ_j		-3	3	0	-4	-1	

在上表中,以 $\hat{x}_2$ 为换入变量,将 x_2 换出,经过换基迭代得到表 3-22。

表 3-22 上表换出 x_2 换基迭代后结果

C_B	X_B	b	c_j 3 x_1	7 $\hat{x}_2$	5 x_3	0 x_4	0 x_5	θ_i
5	x_3	0	0	0	1	[2]	-1	0
7	$\hat{x}_2$	100	2	1	0	-2	2	—
	λ_j		-3	3	0	-4	-1	
0	x_4	0	0	0	$\dfrac{1}{2}$	1	$-\dfrac{1}{2}$	
7	$\hat{x}_2$	100	2	1	1	0	1	
	λ_j		-14	0	-2	0	-7	

上述结果表明,该问题下的最优解和最优目标函数值为 $X^* = (0,100,0,0,0)^T$,$z^* = 700$。

3.5.4 添加新变量的敏感性分析

假设在原始生产线的基础上,糖厂考虑引入一种新的糖果 D。生产这种糖果同样需要消耗糖和巧克力两种资源。已知每生产 1 单位糖果 D 要消耗 3 单位糖和 4 单位巧克力,可获利润 17。请问:糖厂应不应该生产,又或生产多少?

当引入一种新产品时,理论上决策者需要重新建立模型进行优化求解,因为规划问题的约束条件和目标函数都需要相应调整。我们也可以在原问题最终单纯形表的基础上来思考上述问题。

假设糖果 D 的产量为 x_6,价值系数 $c_6 = 17$,对应的技术系数向量 $P_6 = (3,4)^T$。

首先,判断糖厂是否应该生产糖果 D,即计算每生产 1 单位糖果 D 所创造的净收益(净收益=边际收益-边际成本)。我们知道生产 1 单位 D 的边际收益为 17,消耗 3 单位糖和 4 单位巧克力所支出的边际成本为 $3 \times 4 + 4 \times 1 = 16$,那么净收益为 $17 - 16 = 1 > 0$,这说明生产糖果 D 是可以增加糖厂的总利润的。

用本书的符号表示,可以看到生产 1 单位 D 的净收益刚好对应决策变量 x_6 的检验数:

$$\lambda_6 = c_6 - C_B B^{-1} P_6 = 17 - (5,7) \begin{pmatrix} \frac{3}{2} & -\frac{1}{2} \\ -\frac{1}{2} & \frac{1}{2} \end{pmatrix} \begin{pmatrix} 3 \\ 4 \end{pmatrix} = 1$$

然后,为求得新问题的最优解,还需计算 x_6 对应的列向量,即:

$$B^{-1} P_6 = \begin{pmatrix} \frac{3}{2} & -\frac{1}{2} \\ -\frac{1}{2} & \frac{1}{2} \end{pmatrix} \begin{pmatrix} 3 \\ 4 \end{pmatrix} = \begin{pmatrix} \frac{5}{2} \\ \frac{1}{2} \end{pmatrix}$$

最后,在原问题的最终单纯形表中增加 x_6 列,同时填入其对应的以上计算结果,经过换基迭代得到表 3-23。

表 3-23　添加新变量后最终单纯形表计算结果

c_j			3	7	5	0	0	17	θ_i
C_B	X_B	b	x_1	x_2	x_3	x_4	x_5	x_6	
5	x_3	25	$\frac{1}{2}$	0	1	$\frac{3}{2}$	$-\frac{1}{2}$	$\left[\frac{5}{2}\right]$	10
7	x_2	25	$\frac{1}{2}$	1	0	$-\frac{1}{2}$	$\frac{1}{2}$	$\frac{1}{2}$	50
	λ_j		-3	0	0	-4	-1	1	
17	x_6	10	$\frac{1}{5}$	0	$\frac{2}{5}$	$\frac{3}{5}$	$-\frac{1}{5}$	1	
7	x_2	20	$\frac{2}{5}$	1	$-\frac{1}{5}$	$-\frac{4}{5}$	$\frac{3}{5}$	0	
	λ_j		$-\frac{16}{5}$	0	$-\frac{2}{5}$	$-\frac{23}{5}$	$-\frac{4}{5}$	0	

上述结果表明,该问题下的最优解和最优目标函数值为 $X^* = (0, 20, 0, 0, 0, 10)^T$,$z^* = 310$。

3.5.5 添加新约束的敏感性分析

糖厂为了升级糖果的口感,打算在下一批糖果中加入坚果碎,因此糖厂采购了600 单位的坚果原料,通过几轮样品检验,得到三种糖果最适合的坚果添加量,即糖果 A 消耗 1 单位坚果,糖果 B 消耗 2 单位坚果,糖果 C 消耗 1 单位坚果,采购的坚果总量为 60。那么,坚果原料约束是否会改变糖厂的最优生产安排?

引入坚果原料限制,相当于在原线性规划问题的基础上新增一个约束,即:

$$x_1 + 2x_2 + x_3 \leqslant 60$$

添加松弛变量 x_6,转化为等式约束,即:

$$x_1 + 2x_2 + x_3 + x_6 = 60$$

要判断该新增的约束是否会改变糖厂的最优生产安排,只需要判断原始的最优决策所消耗的坚果总量是否超额即可。在最优生产安排下消耗的坚果总量为 $0 + 2 \times 25 + 1 \times 25 = 70 > 60$,因此坚果总量超额,需要调整生产计划。

在最终单纯形表中分别一行和一列来引入新约束,并增加一个基变量 x_6,通过行变换来保证基变量构成的系数矩阵为单位矩阵,如表 3-24 所示。

表 3-24　添加新约束后计算的最终单纯形表

c_j			3	7	5	0	0	0
C_B	X_B	b	x_1	x_2	x_3	x_4	x_5	x_6
5	x_3	25	$\frac{1}{2}$	0	1	$\frac{3}{2}$	$-\frac{1}{2}$	0
7	x_2	25	$\frac{1}{2}$	1	0	$-\frac{1}{2}$	$\frac{1}{2}$	0
0	x_6	60	1	2	1	0	0	1
C_B	X_B	b	x_1	x_2	x_3	x_4	x_5	x_6
5	x_3	25	$\frac{1}{2}$	0	1	$\frac{3}{2}$	$-\frac{1}{2}$	0
7	x_2	25	$\frac{1}{2}$	1	0	$-\frac{1}{2}$	$\frac{1}{2}$	0
0	x_6	-15	$-\frac{1}{2}$	0	0	$-\frac{1}{2}$	$\left[-\frac{1}{2}\right]$	1
	λ_j		-3	0	0	-4	-1	0

接下来利用对偶单纯形法换基迭代,即可进一步找到问题的最优解,如表 3-25 所示。

表 3 – 25 最终结果表

c_j			3	7	5	0	0	0
C_B	X_B	b	x_1	x_2	x_3	x_4	x_5	x_6
5	x_3	40	1	0	1	2	0	−1
7	x_2	10	0	1	0	−1	0	1
0	x_5	30	1	0	0	1	1	−2
	λ_j		−2	0	0	−3	0	−2

上表结果表明,糖厂调整后的最优生产方案为: $X^* = (0,10,40,0,30,0)^T$, $z^* = 270$。

3.6 Python 编程实现对偶单纯形法

学习了对偶单纯形法后,我们知道,如果初始解不可行,使用对偶单纯形法求解时无须添加人工变量,简化了求解过程。因此本书编写了对偶单纯形法的 Python 程序 dual_simplex_method,该程序可以呈现出每次迭代生成的单纯形表,帮助我们更为直观地获取求解问题的最优解和最优值。下面 Python 代码实现了以对偶单纯形法求解例 3 – 8。

```python
# 导入分数运算模块
from fractions import Fraction
# 定义线性规划问题的初始参数值
Cj =[- 4, - 1, - 3, 0, 0]   # 价值系数
list1 =[[- 5, - 1, - 1, - 1, 1, 0],[- 3, - 1, 1, 4, 0, 1]]   # 系数矩阵,各子列表第一位为 b
z =[0, - 4, - 1, - 3, 0, 0]  # 初始单纯形表的检验数行
Xb =[4, 5]  # 基变量下标
Cb =[0, 0]  # 基变量价值系数
# 打印单纯形表
def show():
  print("- "* (11 * (3 + len(Cj))))   # 根据列数打印分割线
  print("|   Cj   ", end ='|')
  for i in Cj:
    print(str(i).center(10), end ='|')
  print("")
  print("|  Cb  |  Xb  |  b  ", end ='|')
  for i in range(len(Cj)):
    print(("X"+ str(i + 1)).center(10), end ='|')
```

```python
    print("")
    for i in range(len(list1)):
        print("|", end="")
        print(str(Cb[i]).center(10), end='|')
        print(("X"+ str(Xb[i])).center(10), end='|')
        print(str(list1[i][0]).center(10), end="|")
        for j in range(1, len(list1[1])):
            print(str(list1[i][j]).center(10), end="|")
        print("")
    print("|   Z   ", end='|')
    for i in range(len(z)):
        if i == 0:
            print(str(z[i]).center(10), end='|')
        else:
            print(str(z[i]).center(10), end='|')
    print("")
    print("- "* (11 * (3 + len(Cj))))
    print("*"* (11 * (3 + len(Cj))))
#   对偶单纯形法迭代
def func():
    min_ = 0
    for i in range(len(list1)):
    if list1[i][0] < list1[min_][0]:
        min_ = i # 确定出基变量
    min_2 = 1
    for i in range(1, len(list1[1])):
        if list1[min_][i] < 0:
            min_2 = i
            break
    for i in range(min_2 + 1, len(list1[1])):
        if list1[min_][i] < 0:
            if Fraction(z[i], list1[min_][i]) < Fraction(z[min_2], list1[min_][min_2]):
                min_2 = i # 确定入基变量
    temp = list1[min_][min_2] # 储存入基变量所在列的主元素的值
    for i in range(len(list1[1])):
        list1[min_][i] = Fraction(list1[min_][i], temp)
    Xb[min_] = min_2
```

```
  Cb[min_] = Cj[min_2 - 1] # 更新基变量及其对应的价值系数
  for i in range(len(list1)):
    temp1 = 0 - list1[i][min_2]
    for j in range(len(list1[1])):
      if i ! = min_:
        list1[i][j] = Fraction(list1[i][j], 1) + list1[min_][j] * temp1 # 更新技
术系数矩阵
  for i in range(1, len(z)):
    z[i] = Cj[i - 1]
    for j in range(len(list1)):
      z[i] = z[i] - Cb[j] * list1[j][i] # 更新检验数行
  z[0] = 0
  for i in range(len(list1)):
    z[0] = z[0] + list1[i][0] * Cb[i] # 计算目标函数值
# 主循环:判断是否执行迭代操作并输出结果
show()
while True:
  flag = 1
  for i in range(len(list1)):
    if (list1[i][0] < 0):
      flag = 0
      break
  for i in range(1, len(z)):
    if z[i] > 0:
      flag = 0
      break
  if flag == 0:
    func()
    show()
  else:
    break
# 例 3 - 8 的运行结果如下:
```

	Cj		- 4	- 1	- 3	0	0
Cb	Xb	b	X1	X2	X3	X4	X5
0	X4	- 5	- 1	- 1	- 1	1	0
0	X5	- 3	- 1	1	4	0	1
	Z	0	- 4	- 1	- 3	0	0

```
* * * * * * * * * * * * * * * * * * * * * * * * * * * * * * *
```

	Cj		-4	-1	-3	0	0
Cb	Xb	b	X1	X2	X3	X4	X5
-1	X2	5	1	1	1	-1	0
0	X5	-8	-2	0	3	1	1
	Z	-5	-3	0	-2	-1	0

```
* * * * * * * * * * * * * * * * * * * * * * * * * * * * * * *
```

	Cj		-4	-1	-3	0	0
Cb	Xb	b	X1	X2	X3	X4	X5
-1	X2	1	0	1	5/2	-1/2	1/2
-4	X1	4	1	0	-3/2	-1/2	-1/2
	Z	-17	0	0	-13/2	-5/2	-3/2

```
* * * * * * * * * * * * * * * * * * * * * * * * * * * * * * *
```

需要注意的是,该模型适用于求解标准型的线性规划问题,因此在调用该程序时须将求解的问题转化为标准型,然后将各参数值按指定格式输入。

课后习题

1. 判断下列说法是否正确。

（a）任何线性规划问题存在并具有唯一的对偶问题。 （　）

（b）对偶问题的对偶问题一定是原问题。 （　）

（c）根据对偶问题的性质,当原问题为无界解时,其对偶问题无可行解;反之,当对偶问题无可行解时,其原问题具有无界解。 （　）

（d）若某种资源的影子价格等于 k,在其它条件不变的情况下,当该种资源增加 5 个单位时,相应的目标函数值将增大 $5k$。 （　）

（e）应用对偶单纯形法计算时,若单纯形表中某一基变量 $x_i < 0$,又 x_i 所在行的元素全部大于或等于零,则可以判断其对偶问题具有无界解。 （　）

（f）若线性规划问题中的 b_i,c_j 值同时发生变化,反映到最终单纯形表中,不会出现原问题与对偶问题均为非可行解的情况。 （　）

（g）在线性规划问题的最优解中,如某一变量 x_j 为非基变量,则在原来问题中,无论改变它在目标函数中的系数 c_j 或在各约束中的相应系数 a_{ij},反映到最终单纯形表中,除该列数字有变化外,将不会引起其它列数字的变化。 （　）

2. 写出下列线性规划问题的对偶问题。

(1) $\max z = 10x_1 + x_2 + 2x_3$

$$\begin{cases} x_1 + x_2 + 2x_3 \leqslant 10 \\ 4x_1 + x_2 + x_3 \leqslant 20 \\ x_j \geqslant 0, j = 1,2,3 \end{cases}$$

(2) $\min z = 3x_1 + 2x_2 - 3x_3 + 4x_4$

$$\begin{cases} x_1 - 2x_2 + 3x_3 + 4x_4 \leqslant 3 \\ x_2 + 3x_3 + 4x_4 \geqslant -5 \\ 2x_1 - 3x_2 - 7x_3 - 4x_4 = 2 \\ x_1 \geqslant 0, x_4 \leqslant 0, x_2, x_3 \text{ 无约束} \end{cases}$$

(3) $\max z = \displaystyle\sum_{j}^{n} c_j x_j$

$$\begin{cases} \displaystyle\sum_{j=1}^{n} a_{ij} x_j \leqslant b_i, & i = 1, \cdots, m_1 < m \\ \displaystyle\sum_{j=1}^{n} a_{ij} x_j = b_i, & i = m_1 + 1, m_1 + 2, \cdots, m \\ x_j \geqslant 0 (j = 1, \cdots, n_1 < n), x_j \text{ 无约束}(j = n_1 + 1, \cdots, n) \end{cases}$$

3. 已知线性规划问题。

$$\min z = 8x_1 + 6x_2 + 3x_3 + 6x_4$$

$$\begin{cases} x_1 + 2x_2 + x_4 \geqslant 3 \\ 3x_1 + x_2 + x_3 + x_4 \geqslant 6 \\ x_3 + x_4 = 2 \\ x_1 + x_3 \geqslant 2 \\ x_j \geqslant 0, \quad j = 1,2,3,4 \end{cases}$$

(1) 写出其对偶问题；

(2) 已知原问题最优解为 $X^* = (1,1,2,0)$，试根据对偶理论，直接求出对偶问题的最优解。

4. 已知线性规划问题。

$$\min z = 2x_1 + x_2 + 5x_3 + 6x_4 \quad \text{对偶变量}$$

$$\begin{cases} 2x_1 + x_3 + x_4 \leqslant 8 & y_1 \\ 2x_1 + 2x_2 + x_3 + 2x_4 \leqslant 12 & y_2 \\ x_j \geqslant 0, \quad j = 1,2,3,4 \end{cases}$$

其对偶问题的最优解 $y_1^* = 4, y_2^* = 1$，试根据对偶问题的性质，求出原问题的最优解。

5. 用对偶单纯形法以及 Python 编程求解下列线性规划问题，对比两个方法的迭代过程和求解结果是否相同。

(1) $\min z = 4x_1 + 12x_2 + 18x_3$

$$\begin{cases} x_1 + 3x_3 \geqslant 3 \\ 2x_2 + 2x_3 \geqslant 5 \\ x_j \geqslant 0, \quad j = 1,2,3 \end{cases}$$

(2) $\min z = 5x_1 + 2x_2 + 4x_3$

$$\begin{cases} 3x_1 + x_2 + 2x_3 \geqslant 4 \\ 6x_1 + 3x_2 + 5x_3 \geqslant 10 \\ x_j \geqslant 0, \quad j = 1,2,3 \end{cases}$$

6. 已知线性规划问题。

$$\max z = 10x_1 + 5x_2$$

$$\begin{cases} 3x_1 + 4x_2 \leqslant 9 \\ 5x_1 + 2x_2 \leqslant 8 \\ x_1, x_2 \geqslant 0 \end{cases}$$

用单纯形法求得最终表如下表所示：

基	b	x_1	x_2	x_3	x_4
x_2	$\dfrac{3}{2}$	0	1	$\dfrac{5}{14}$	$-\dfrac{3}{14}$
x_1	1	1	0	$-\dfrac{1}{7}$	$\dfrac{2}{7}$
$c_j - z_j$		0	0	$-\dfrac{5}{14}$	$-\dfrac{25}{14}$

试用灵敏度分析的方法分别判断：

（1）目标函数系数 c_1 或 c_2 分别在什么范围内变动，上述最优解不变；

（2）约束条件右端项 b_1, b_2，当一个保持不变时，另一个在什么范围内变化，上述最优基保持不变；

（3）问题的目标函数变为 $\max z = 12x_1 + 4x_2$ 时上述最优解的变化；

（4）约束条件右端项由 $\binom{9}{8}$ 变为 $\binom{11}{9}$ 时上述最优解的变化。

7. 已知下列线性规划问题

$$\min z = 2x_1 + 5x_2 + \frac{1}{2}x_3$$

$$\begin{cases} x_1 + 2x_2 + \dfrac{1}{2}x_3 \geqslant 3 \\ x_2 + 3x_3 \geqslant 9 \\ x_1, x_2, x_3 \geqslant 0 \end{cases}$$

（1）求该问题的最优解；

（2）写出该线性规划问题的对偶问题，并求对偶问题的最优解；

（3）分别确定目标函数系数 c_2, c_3 在什么范围内变化时最优解不变；

（4）求约束条件右端值由 $\binom{3}{9}$ 变为 $\binom{2}{15}$ 时的最优解；

（5）求增加新的约束条件 $x_1 + 2x_2 + x_3 \leqslant 5$ 时的最优解。

8. 用单纯形法求解某线性规划问题得到最终单纯形表如下：

C_B	X_B	b	50	40	10	60
			x_1	x_2	x_3	x_4
a	c	6	0	1	$\frac{1}{2}$	1
e	d	4	1	0	$\frac{1}{4}$	2
σ_j			0	0	f	g

(1) 给出 a,c,d,e,f,g 的值或表达式；

(2) 指出原问题是求目标函数的最大值还是最小值；

(3) 用 $a+\Delta a$，$e+\Delta e$ 分别代替 a 和 e，仍然保持上表是最优单纯形表，求 Δa，Δe 满足的范围。

9. 某厂生产甲、乙两种产品，需要 A、B 两种原料，生产消耗等参数如下表（表中的消耗系数为千克/件）。

产品原料	甲	乙	可用量（千克）	原料成本（元/千克）
A	2	4	160	1.0
B	3	2	180	2.0
销售价（元/件）	13	16		

(1) 请构造数学模型使该厂利润最大，试用 Python 编程求解。

(2) 原料 A、B 的影子价格各为多少。

(3) 现有新产品丙，每件消耗 3 千克原料 A 和 4 千克原料 B，问该产品的销售价格至少为多少时才值得投产。

(4) 工厂可在市场上买到原料 A。工厂是否应该购买该原料以扩大生产？在保持原问题最优基的不变的情况下，最多应购入多少？可增加多少利润？

10. 某厂生产 A、B 两种产品需要同种原料,所需原料、工时和利润等参数如下表:

单位产品	A	B	可用量(千克)
原料(千克)	1	2	200
工时(小时)	2	1	300
利润(万元)	4	3	

(1) 请构造数学模型使该厂总利润最大,试用 Python 编程。

(2) 如果原料和工时的限制分别为 300 千克和 900 小时,又如何安排生产?

(3) 如果生产中除原料和工时外,考虑水的用量,设两 A,B 产品的单位产品分别需要水 4 吨和 2 吨,水的总用量限制在 400 吨以内,又应如何安排生产?

第4章 运输问题

人们在从事生产活动中,不可避免地要进行物资调运工作。例如,某时期内将生产基地的煤、钢铁、粮食等各类物资,分别运到需要这些物资的地区,根据各地的生产量和需要量及各地之间的运输费用,如何制定一个运输方案,使总的运输费用最小。这样的问题称为运输问题。为了解决运输问题,运筹学提供了多种求解方法帮助决策者在实际操作中做出最优的决策,从而提高运输效率和降低成本。

4.1 运输问题的数学模型

我们首先通过表述下列情况的线性规划模型来讨论运输问题。

【例4-1】(运输问题) 某公司有三个生产工厂生产甲产品,每日的产量分别是:工厂1为35吨,工厂2为50吨,工厂3为40吨。该公司需要把这些产品分别运往四个销售点。各销售点每日销量为:销售地1为45吨,销售地2为20吨,销售地3为30吨,销售地4为30吨。从各工厂到各销售点的单位产品的运价见表4-1。问:在满足各销点的需要量的前提下,该公司应如何调运产品,使总运费为最少?

表4-1 单位运价表　运价单位:万元

	销售地1	销售地2	销售地3	销售地4	产量/吨
工厂1	8	6	10	9	35
工厂2	9	12	13	7	50
工厂3	14	9	16	5	40
需求量	45	20	30	30	

解:为了把该问题表述成一个线性规划问题,我们首先要针对该公司必须做出的每个决策定义变量。由于该公司必须确定从每个生产工厂运输到每个销售点的产品数量,所以我们定义:

x_{ij} 表示从生产工厂 i 运输到每个销售点 j 的产品数量($i=1,2,3; j=1,2,3,4$)。

利用这些变量,可以把运输的总费用写作:

$8x_{11}+6x_{12}+10x_{13}+9x_{14}$(从生产工厂1运输产品的费用)+

$9x_{21}+12x_{22}+13x_{23}+7x_{24}$(从生产工厂2运输产品的费用)+

$14x_{31}+9x_{32}+16x_{33}+5x_{34}$（从生产工厂 3 运输产品的费用）

考虑两种约束：

(1) 每个生产工厂供应的产品数量不能超过这个厂的生产数量，如从工厂 1 输送到这 4 个销售点的量不能超过 35 吨。因此，我们可以把这个限制条件用 LP 约束条件表示：

$x_{11}+x_{12}+x_{13}+x_{14}\leqslant 35$

按照类似的方法，我们可以求出工厂 2 和工厂 3 生产能力的约束条件。因此，该问题的表述包含下列 3 个供应约束条件：

$x_{11}+x_{12}+x_{13}+x_{14}\leqslant 35$（工厂 1 的生产约束条件）

$x_{21}+x_{22}+x_{23}+x_{24}\leqslant 50$（工厂 2 的生产约束条件）

$x_{31}+x_{32}+x_{33}+x_{34}\leqslant 40$（工厂 3 的生产约束条件）

(2) 我们需要能够确保每个销售地得到足以满足其需求的约束条件。例如，销售地 1 必须得到 45 吨产品数量。所以我们得到下列约束条件：

$x_{11}+x_{21}+x_{31}\geqslant 45$

按照类似的方法，我们可以求出反映销售地 2,3,4 需求的约束条件。因此，该问题的表述包含下列 4 个需求约束条件：

$x_{11}+x_{21}+x_{31}\geqslant 45$（销售地 1 的需求约束条件）

$x_{12}+x_{22}+x_{32}\geqslant 20$（销售地 2 的需求约束条件）

$x_{13}+x_{23}+x_{33}\geqslant 30$（销售地 3 的需求约束条件）

$x_{14}+x_{24}+x_{33}\geqslant 30$（销售地 4 的需求约束条件）

由于所有 x_{ij} 的值都必须是非负数，所以我们要添加符号限制条件：

$$x_{ij}\geqslant 0,\quad i=1,2,3,j=1,2,3,4$$

将目标函数、供应约束条件、需求约束条件和符号限制条件组合起来，我们将得到该问题的下列线性规划的表述：

$\min z=8x_{11}+6x_{12}+10x_{13}+9x_{14}+9x_{21}+12x_{22}+13x_{23}+7x_{24}+14x_{31}+9x_{32}+16x_{33}+5x_{34}$

$$\text{s.t.}\begin{cases}x_{11}+x_{12}+x_{13}+x_{14}\leqslant 35\\x_{21}+x_{22}+x_{23}+x_{24}\leqslant 50\\x_{31}+x_{32}+x_{33}+x_{34}\leqslant 40\\x_{11}+x_{21}+x_{31}\geqslant 45\\x_{12}+x_{22}+x_{32}\geqslant 20\\x_{13}+x_{23}+x_{33}\geqslant 30\\x_{14}+x_{24}+x_{34}\geqslant 30\\x_{ij}\geqslant 0,\quad i=1,2,3;j=1,2,3,4\end{cases}$$

利用线性规划方法，可以求解出该问题的最优解是 $z=1\,020,x_{12}=10,x_{13}=25,$

$x_{21}=45, x_{23}=5, x_{32}=10, x_{34}=30$。虽然它可以利用单纯形算法求解,但是针对这类运输问题,采取专用算法更为有效。

考虑一个一般的运输问题,设:

(1) 共有 m 个产地,产地 $A_i(i=1,2,\cdots,m)$ 的供给量或产量为 a_i;

(2) 共有 n 个销地,销地 $B_j(j=1,2,\cdots,n)$ 的需求量或销量为 b_j;

(3) 从产地 i 到销地 j 的单位产品运价为 c_{ij}。

在运输问题中,假设从任何产地到任何销地的总运输成本与运输数量成正比,即不考虑运输的规模经济性。令:

$$x_{ij}=由产地\,i\,运往销地\,j\,的产品数量$$

决策者追求的目标是实现总运费的最小化,即:

$$\min z=\sum_{i=1}^{m}\sum_{j=1}^{n}c_{ij}x_{ij}$$

(1) 当运输问题的总产量刚好等于总销量(即 $\sum_{i=1}^{m}a_i=\sum_{j=1}^{n}b_j$)时,该问题对应一个产销平衡的运输问题。决策者要把所有产地的产品运输出去,并满足所有销地的需求。对应的完整运输规划模型如下:

$$\min z=\sum_{i=1}^{m}\sum_{j=1}^{n}c_{ij}x_{ij}$$

$$\text{s.t.}\begin{cases}\sum_{j=1}^{n}x_{ij}=a_i, & i=1,2,\cdots,m \\ \sum_{i=1}^{m}x_{ij}=b_j, & j=1,2,\cdots,n \\ x_{ij}\geqslant 0, & i=1,2,\cdots,m;j=1,2,\cdots,n\end{cases}$$

(2) 当运输问题的总产量大于总销量(即 $\sum_{i=1}^{m}a_i>\sum_{j=1}^{n}b_j$)时,该问题对应一个产大于销的运输问题。决策者要通过运输来满足所有销地的需求。对应的完整运输规划模型如下:

$$\min z=\sum_{i=1}^{m}\sum_{j=1}^{n}c_{ij}x_{ij}$$

$$\text{s.t.}\begin{cases}\sum_{j=1}^{n}x_{ij}\geqslant a_i, & i=1,2,\cdots,m \\ \sum_{i=1}^{m}x_{ij}=b_j, & j=1,2,\cdots,n \\ x_{ij}\geqslant 0, & i=1,2,\cdots,m;j=1,2,\cdots,n\end{cases}$$

(3) 当运输问题的总产量小于总销量(即 $\sum_{i=1}^{m}a_i<\sum_{i=1}^{m}b_j$)时,该问题对应一个销

大于产的运输问题。决策者要把所有产地的所有产品运输出去,尽可能地满足销地的需求。对应的完整运输规划模型如下:

$$\min z = \sum_{i=1}^{m}\sum_{j=1}^{n} c_{ij}x_{ij}$$

$$\text{s.t.}\begin{cases} \sum_{j=1}^{n} x_{ij}=a_i, & i=1,2,\cdots,m \\ \sum_{i=1}^{m} x_{ij}\leqslant b_j, & j=1,2,\cdots,n \\ x_{ij}\geqslant 0, & i=1,2,\cdots,m;j=1,2,\cdots,n \end{cases}$$

上述三种情形的运输问题,都呈现以下特点:
(1) 约束条件至少存在一组等式约束;
(2) 在约束条件中,决策变量的系数取值只有 0 或者 1;
(3) 在 $(m+n)$ 个约束条件中,每个决策变量都只出现 2 次。
上述特点为开发有针对性的运输问题求解方法奠定了基础。

4.2　产销平衡运输问题的表上作业法

我们先看产销平衡的运输问题的求解方法,对于产销不平衡的运输问题,可以进一步等价变换为产销平衡的运输问题。

关于产销平衡的运输问题,已知总产量和总销量的关系为:

$$\sum_{j=1}^{n} b_j = \sum_{j=1}^{n}\left(\sum_{i=1}^{m} x_{ij}\right) = \sum_{i=1}^{m}\left(\sum_{j=1}^{n} x_{ij}\right) = \sum_{i=1}^{m} a_i$$

根据上述产销平衡数学模型,我们可以进一步总结出 3 个定理。

【定理 4 - 1】　设有 m 个产地 n 个销地且产销平衡的运输问题,则基变量数为 $m+n-1$。

证明:因为产销平衡,即:

$$\sum_{j=1}^{n} b_j = \sum_{i=1}^{m} a_i$$

将前 m 个约束方程两边相加得:

$$\sum_{i=1}^{m}\left(\sum_{j=1}^{n} x_{ij}\right) = \sum_{i=1}^{m} a_i$$

再将后 n 个约束相加得:

$$\sum_{j=1}^{n} b_j = \sum_{j=1}^{n}\left(\sum_{i=1}^{m} x_{ij}\right)$$

前 m 个约束方程之和等于后 n 个约束方程之和，$(m+n)$ 个约束方程是相关的，系数矩阵 A 中任意 $(m+n)$ 阶子式等于零，取第 1 行到 $(m+n-1)$ 行与 x_{1n}，$x_{2n}, \cdots, x_{mn}, x_{11}, x_{12}, \cdots, x_{1,n-1}$ 对应的列(共 $m+n-1$ 列)组成的 $(m+n-1)$ 阶子式。故 $r(A)=m+n-1$，所以运输问题有 $(m+n-1)$ 个基变量。为了在 $(m \times n)$ 个变量中找出 $(m+n-1)$ 个变量作为一组基变量，就是要在 A 中找出 $(m+n-1)$ 个线性无关的列向量，下面介绍闭回路的概念，寻找这些基变量。

定义集合 $\{x_{i_1j_1}, x_{i_1j_2}, x_{i_2j_2}, x_{i_2j_3}, \cdots, x_{i_sj_s}, x_{i_sj_1}\}$ ($i_1, i_2, \cdots, i_s; j_1, j_2, \cdots, j_s$ 互不相同)为一个闭回路，集合中的变量称为回路的顶点，相邻两个变量的连线为闭回路的边。表 4-2 所示为变量组构成的闭回路。

表 4-2　闭回路表

	B_1	B_2	B_3	B_4	B_5
A_1	x_{11} → x_{12}				
A_2			x_{23} →		x_{25}
A_3	x_{31}				x_{35}
A_4		x_{42}	x_{43}		

表 4-2 中闭回路的变量集合是 $\{x_{11}, x_{12}, x_{42}, x_{43}, x_{23}, x_{25}, x_{35}, x_{31}\}$ 共有 8 个顶点，这 8 个顶点间用水平或垂直线段连接起来，组成一条封闭的回路。

注：一条回路中的顶点数一定是偶数，回路遇到顶点必须转 $90°$ 与另一顶点连接，表 4-2 中的变量 x_{32} 及 x_{33} 不是回闭路的顶点，只是连线的交点。

【定理 4-2】 若存在变量组 B 包含有闭回路 $C=\{x_{i_1j_1}, x_{i_1j_2}, \cdots, x_{i_sj_1}\}$，则 B 中的变量对应的列向量线性相关。

证明：由线性代数知，向量组中部分向量组线性相关则该向量组线性相关，显然，将 C 中列向量分别乘以正负号，线性组合后等于零，即：

$$P_{i_1j_1} - P_{i_1j_2} + P_{i_2j_2} - \cdots - P_{i_sj_1} = 0$$

因而 C 中的列向量线性相关，所以 B 中列向量线性相关。

进一步由定理 4-2 可知，当一个变量组中不包含有闭回路，则这些变量对应的系数向量线性无关。求运输问题的一组基变量，就是要找到 $(m+n-1)$ 个变量，使得它们对应的系数列向量线性无关，由定理 4-2，找这样的一组变量是很容易的，只要 $(m+n-1)$ 个变量中不包含闭回路，就可得到一组基变量。因而推导出定理 4-3。

【定理 4-3】 $(m+n-1)$ 个变量组构成基变量的充要条件是它不包含任何闭回路。

定理 4-3 告诉了我们一个求基变量的简单方法，同时也可以判断一组变量是否可以作为某个运输问题的基变量。这种方法是直接在运价表中进行的，不需要在系数矩阵 A 中去寻找，从而给我们对运输问题求初始基可行解带来极大的方便。根据以上,我们进一步探讨产销平衡问题的求解。

设计一种运输单纯形法,也被称为表上作业法,是直接在运价表上求最优解的一种方法,它的步骤是:

第 1 步,求初始基可行解(初始调运方案)。常用的方法有最小元素法、元素差额法(Vogel 近似法)、左上角法。

第 2 步,求检验数并判断是否得到最优解。常用求检验的方法有闭回路法和位势法,当非基变量的检验数 λ_{ij} 全都非负时得到最优解。若存在检验数 $\lambda_{ij} < 0$,说明还没有达到最优,转第 3 步。

第 3 步,调整运量,即换基。选一个变量出基,对原运量进行调整得到新的基可行解,转入第 2 步。

下面通过例 4-1 平衡运输问题来演示表上作业法。写出例 4-1 的产销平衡运输问题的数学模型,并根据问题模型画出对应的运输表,如表 4-3 所示。

$$\min z = 8x_{11} + 6x_{12} + 10x_{13} + 9x_{14} + 9x_{21} + 12x_{22} + 13x_{23} + 7x_{24} + 14x_{31} + 9x_{32} + 16x_{33} + 5x_{34}$$

$$\text{s.t.} \begin{cases} x_{11} + x_{12} + x_{13} + x_{14} = 35 \\ x_{21} + x_{22} + x_{23} + x_{24} = 50 \\ x_{31} + x_{32} + x_{33} + x_{34} = 40 \\ x_{11} + x_{21} + x_{31} = 45 \\ x_{12} + x_{22} + x_{32} = 20 \\ x_{13} + x_{23} + x_{33} = 30 \\ x_{14} + x_{24} + x_{34} = 30 \\ x_{ij} \geq 0, \quad i = 1,2,3; j = 1,2,3,4 \end{cases}$$

表 4-3　运输表

产地	销地				供应量
	B_1	B_2	B_3	B_4	
A_1	8　x_{11}	6　x_{12}	10　x_{13}	9　x_{14}	35
A_2	9　x_{21}	12　x_{22}	13　x_{23}	7　x_{24}	50
A_3	14　x_{31}	9　x_{32}	16　x_{33}	5　x_{34}	40
需求量	45	20	30	30	

4.2.1 确定初始基可行解

寻找运输问题的初始基可行解,需要在 $(x_{ij})_{m\times n}$ 中最多找出 $(m+n-1)$ 个分量作为基变量。通常,可以采用两种启发式方法来快速找到初始基可行解。

1. 最小元素法

最小元素法的思想是就近优先运送,即最小运价 C_{ij} 对应的变量 x_{ij} 优先赋值:

$$x_{ij}=\min\{a_j,b_j\}$$

然后,在剩下的运价中取最小运价对应的变量赋值并满足约束,依次下去,直到最后得到一个初始基可行解,即所有的销量需求都得到了满足,如表 4-4 所示。

表 4-4 最小元素法表

产 地	销 地				供应量
	B_1	B_2	B_3	B_4	
A_1	8 15	6 20	10 ×	9 ×	35
A_2	9 30	12 ×	13 20	7 ×	50
A_3	14 ×	9 ×	16 10	5 30	40
需求量	45	20	30	30	

在例 4-1 中,运价最低的产—销对是 $A_3 \to B_4$(单位运价为 5)。因为产地 A_3 的产量为 40,销地 B_4 的需求为 30,因此从 A_3 到 B_4 最多运输 $x_{34}=\min(a_3,b_4)=30$ 单位,我们在运输表 x_{34} 单元格中填入"30"。此时 B_4 的需求量全部满足,不需要其他产地进行供应,因此,我们在 x_{14} 和 x_{24} 对应的决策单元格中画"×",表示 $x_{14}=x_{24}=0$(即 x_{14} 和 x_{24} 为非基变量)。此时销地 B_4 所对应的运输方案安排完毕。

除了 B_4 所在的行,剩下单元格中单位运价最低的产—销对是 $A_1 \to B_2$(单位运价为 6)。因为产地 B_2 的需求量为 20,A_1 的产量为 35,故产地 A_1 可以满足需求,因此我们在运输表 x_{12} 单元格中填入"20",此时 B_2 的需求完全得到满足,无须从其他产地运输。因此,我们在 x_{22} 和 x_{32} 对应的决策单元格中画"×",表示 $x_{22}=x_{32}=0$(即 x_{22} 和 x_{32} 为非基变量)。此时销地 B_2 所对应的运输方案安排完毕。

剩下的尚未安排的单元格中,单位运价最低的产—销对是 $A_1 \to B_1$(单位运价为8)。因为产地 A_1 剩余的产量为 $35-20=15$,销地 B_1 的需求为 45,因此从 A_1 到 B_1 最多运 $x_{11}=\min(a_1-20,b_1)=15$ 单位,我们在运输表 x_{11} 单元格中填入 15。此

时 A_1 的供应已经完全得到安排,我们在 x_{13} 对应的决策单元格中画"×",表示 $x_{13}=0$(即 x_{13} 为非基变量)。

剩下的四个尚未安排的单元格中,单位运价最低的产-销对是 $A_2 \rightarrow B_1$(单位运价为 9),因为销地 B_1 剩余的需求量为 $45-15=30$,而产地 A_2 的剩余产量为 $50-20=30$,因此刚好从 A_2 到 B_1 运输 $x_{21}=30$ 单位,我们在运输表 x_{21} 单元格中填入 30,此时 B_1 的需求量已经完全得到安排,我们在 x_{31} 对应的决策单元格中画"×",表示 $x_{31}=0$(即 x_{31} 为非基变量)。

剩下的两个尚未安排的单元格中,从产地 A_2 和 A_3 尚有剩余的供应量可以直观得到 $x_{23}=20, x_{33}=10$,填入这两个运输量值之后,所有的单元格都得以安排。

通过上述安排,我们给六个单元格安排了取值为正数的运输量,其余单元格取值为 0。该安排方案即对应运输规划的一个基可行解,其中取值为正数的五个决策变量为基变量。该方案对应的总运输成本为 1 080。

2. 伏格尔法

最小元素法只考虑了局部运输费用最小。有时为了节省某一处的运费,而在其他处可能运费很大。元素差额法对最小元素法进行了改进,考虑到产地到销地的最小运价和次小运价之间的差额,如果差额很大,就选最小运价先调运,否则会增加总运费。基于这些,利用例 4-1 的例子使用伏格尔法的具体步骤为:

第 1 步,在表 4-1 中分别计算出各行和各列的最小运费和次最小运费的差额,并填入该表的最右列和最下行,具体见表 4-5。

表 4-5　伏格尔法步骤一计算结果

产　　地	销　　地				行差额
	B_1	B_2	B_3	B_4	
A_1	8	6	10	9	2
A_2	9	12	13	7	2
A_3	14	9	16	5	4
列差额	1	3	3	2	

第 2 步,从行或列的差额中选出最大者,选择它所在的行或列中的最小元素。在表 4-5 中 A_3 行是行差额所在的行。A_3 行中的最小元素是 5,可确定 A_3 的产品先供应 B_4 的需要。得到表 4-6,同时将运价表中 A_1 列数字划去。

表 4 - 6　伏格尔法步骤二计算结果

产　地	销　地				产　量
	B_1	B_2	B_3	B_4	
A_1					35
A_2					50
A_3				30	45
销量	45	20	30	30	

第 3 步,对表 4 - 7 中未划去的元素再分别计算出各行、各列的最小运费和次小运费的差额,并填入该表的最右列和最下行。重复第 1、第 2 步,直到给出初始解为止。用此法计算出例 4 - 1 的初始解,见表 4 - 8。

表 4 - 7　伏格尔法步骤三计算结果

产　地	销　地				行差额
	B_1	B_2	B_3	B_4	
A_1	5	6	10	9	1
A_2	9	12	13	7	3
A_3	14	9	16	5	5
列差额	4	3	3		

表 4 - 8　初始解

产　地	销　地				产　量
	B_1	B_2	B_3	B_4	
A_1		10	25		35
A_2	45		5		50
A_3		10		30	45
销量	45	20	30	30	

除了以上这些形式,我们也可以采取以下这种形式更加快捷简洁地找到初始可行解,如表 4 - 9 所示。

表 4-9 伏格尔法表

产 地	销 地				供应量	行差额			
	B_1	B_2	B_3	B_4					
A_1	8 ×	6 10	10 25	9 ×	35	2	2	2	2
A_2	9 45	12 ×	13 5	7 ×	50	2	3	3	[4]
A_3	14 ×	9 10	16 ×	5 30	40	[4]	[5]		
需求量	45	20	30	30					
列差额	1	3	3	2					
	1	3	3						
	1	[6]	3						
	1		3						

至此,我们得到了一个初始可行解,其中标注数字的六个单元格对应于基变量,其他画"×"的为非基变量。该运输方案对应的总运输成本为 1 020,低于最小元素法得到的方案。运输成本小于采用最小元素法求解得到的方案成本。

正如例 4-1 所显示的,一般情况下,伏格尔法往往能得到一个质量较好(即更接近最优运输方案)的初始运输方案。在上述两种方法中,从产地的供应量和销地的需求量考虑,在确定好某个决策单元格对应的运输量以后,需要划掉所在行或者所在列的其他尚未安排的决策单元格。通过这种方法,将刚好标注出 $(m+n-1)$ 个决策单元格(其中部分决策单元格取值可以为 0),对应于基可行解的基变量。

4.2.2 最优解的检验

求出一组基可行解后,判断是否为最优解,仍然是用检验数来判断,记 x_{ij} 的检验数为 λ_{ij}。由第 2 章可知,求最小值的运输问题的最优判别准则是:所有非基变量的检验数都非负,则运输方案最优(即为最优解)。求检验数的方法有两种,闭回路法和位势法。

1. 闭回路法

求某一非基变量的检验数的方法是:在基本可行解矩阵中,以该非基变量为起点,以基变量为其顶点,找一条闭回路,由起点开始,用水平或者垂直线向前画,当碰到一个数字格时可以转 $90°$,分别在顶点上交替标上代数符号 +、−、+、−、…,直到回到起始空格为止,以这些符号分别乘以相应的运价,其代数和就是这个非基变量的检验数。

结合之前介绍的闭回路的相关概念,以例 4-1 进行说明。

在利用伏格尔法解出的初始可行解中,我们首先从非基变量 x_{11}(利用最小元素法,伏格得到的初始运输方案中,任何画"×"的决策单元格为非基变量),经过 x_{13},x_{23},x_{21} 三个标有数值的决策单元格,再回到起始点 x_{11},构成如表 4-10 中虚线所示的唯一闭回路。

$$\lambda_{11}=(+1)\times 8+(-1)\times 10+(+1)\times 13+(-1)\times 9=2$$

由于 $\lambda_{11}>0$,说明无论如何调整都不能让他的运费减少。

表 4-10 闭回路表

产　地	销　地				供应量
	B_1	B_2	B_3	B_4	
A_1	＋ 8　初	10　6	10　25	9　×	35
A_2	－ 9　45	12　×	13　5　＋	7　×	50
A_3	14　×	9　10	16　×	5　30	40
需求量	45	20	30	30	

按以上所述,我们可以找到所有非基变量的检验数,见表 4-11。

表 4-11 检验数表

非基变量	闭回路	检验数
x_{11}	$x_{11}-x_{13}-x_{23}-x_{21}-x_{11}$	2
x_{14}	$x_{14}-x_{34}-x_{32}-x_{12}-x_{14}$	7
x_{22}	$x_{22}-x_{12}-x_{13}-x_{23}-x_{22}$	3
x_{24}	$x_{24}-x_{23}-x_{13}-x_{12}-x_{32}-x_{34}-x_{24}$	2
x_{31}	$x_{31}-x_{21}-x_{23}-x_{13}-x_{12}-x_{32}-x_{11}$	5
x_{33}	$x_{33}-x_{13}-x_{12}-x_{32}-x_{33}$	3

如果检验数存在负数,说明该方案并不是最优解,可以继续改进,改进方法见 4.2.3。

2. 位势法

用闭回路求检验数时,需要给每一个空格找一条闭回路,当产销点很多时,这种计算会十分烦琐,因为找一条闭回路都不容易。下面介绍一种更为简便的方法——位势法。

位势法求检验数是根据对偶理论推导出来的一种方法。考虑产销平衡运输规划问题。

$$\min z = \sum_{i=1}^{m} \sum_{j=1}^{n} c_{ij} x_{ij}$$

$$\text{s.t.} \begin{cases} \sum_{j=1}^{n} x_{ij} = a_i, & i = 1, 2, \cdots, m \\ \sum_{i=1}^{m} x_{ij} = b_j, & j = 1, 2, \cdots, n \\ x_{ij} \geqslant 0, & i = 1, 2, \cdots, m; j = 1, 2, \cdots, n \end{cases}$$

设前 m 个约束对应的对偶变量为 u_i（$i = 1, 2, \cdots, m$），后 n 个约束对应的对偶变量为 v_j（$j = 1, 2, \cdots, n$），则运输问题的对偶问题是：

$$(D) \min w = \sum_{i=1}^{m} a_i u_i + \sum_{j=1}^{n} b_j v_j$$

$$\text{s.t.} \begin{cases} u_i + v_j \leqslant c_{ij}, & i = 1, 2, \cdots, m; j = 1, \cdots, n \\ u_i, v_j \text{ 无约束} \end{cases}$$

记原问题基变量的 x_B 下标集合为 I，由第二章对偶性质知，原问题 x_{ij} 的检验数是对偶问题的松弛变量 λ_{ij}，当 $i, j \in I$ 时 $\lambda_{ij} = 0$，因而有：

$$\begin{cases} u_i + v_j \leqslant c_{ij}, & i, j \in I \\ \lambda_{ij} = c_{ij} - (u_i + v_j), & i, j \notin I \end{cases}$$

解上面第一个方程，将 u_i, v_j 代入第二个方程求出 λ_{ij}。

用伏格尔法解得例 4-1 的初始可行解来说明使用位势法的基本流程。

$$X = \begin{pmatrix} & 10 & 25 & \\ 45 & & 5 & \\ & 10 & & 30 \end{pmatrix}$$

解：求位势 u_1, u_2, u_3 及 v_1, v_2, v_3, v_4。

$$\begin{cases} u_1 + v_2 = c_{12} \\ u_1 + v_3 = c_{13} \\ u_2 + v_1 = c_{21} \\ u_2 + v_3 = c_{23} \\ u_3 + v_2 = c_{32} \\ u_3 + v_4 = c_{34} \end{cases} \Rightarrow \begin{cases} u_1 + v_2 = 6 \\ u_1 + v_3 = 10 \\ u_2 + v_1 = 9 \\ u_2 + v_3 = 13 \\ u_3 + v_2 = 9 \\ u_3 + v_4 = 5 \end{cases}$$

令 $u_1 = 0$ 得到位势解为：

$$\begin{cases} u_1 = 0 \\ u_2 = 3 \\ u_3 = 3 \end{cases} \begin{cases} v_1 = 6 \\ v_2 = 6 \\ v_3 = 10 \\ v_4 = 2 \end{cases}$$

再由公式 $\lambda_{ij}=c_{ij}-(u_i+v_j)$ 求出检验数,其中 c_{ij} 是非基变量对应的运价。

$\lambda_{11}=c_{11}-(u_1+v_1)=8-(0+6)=2$

$\lambda_{14}=c_{14}-(u_1+v_4)=9-(0+2)=7$

$\lambda_{22}=c_{22}-(u_2+v_2)=12-(3+6)=3$

$\lambda_{24}=c_{24}-(u_2+v_4)=7-(3+2)=2$

$\lambda_{31}=c_{31}-(u_3+v_1)=14-(3+6)=5$

$\lambda_{33}=c_{33}-(u_3+v_3)=16-(3+10)=3$

计算结果与表 4－11 中的结果相同。为了方便计算,我们设计了计算表,如表 4－12 所示。具体步骤如下:

我们先将已求得初始解中的基变量(带有数值的决策格)的决策格填入 0,即基变量的检验数为 0,其他非基变量的检验数待定,然后令 $u_1=0$,按照 $u_i+v_i=c_{ij}(i,j\in I)$。例如,例当 $u_1=0$,已知 $\lambda_{12}=0$,通过公式 $u_i+v_j=c_{ij}$,可知 $v_2=\lambda_{12}-u_1=6-0=6$,故我们按照以上的公式可以相继确定 u_i,v_i 填入对应的决策格中。具体如表 4－12 所示。

表 4－12　检验数计算表

产　地	销　地							u_i
	B_1		B_2		B_3		B_4	
A_1		8	0	6		10	9	0
	2				0		7	
A_2		9		12		13	7	3
	0		3		0　＋		2	
A_3		14		9		16	5	3
	5		0		3		0	
v_i	6		6		10		2	

4.2.3　解的改进——闭回路调整法

在求解检验数时,可能会出现负检验数,表明未得最优解。若有两个和两个以上得负检验数时,一般选择其中最小的负检验数,以其对应的非基变量为换入变量。改进运输方案的具体步骤是:

第 1 步,确定进基变量。

$$\lambda_{ij}=\min_{i,j}\{\lambda_{ij}\mid\lambda_{ij}<0\},\lambda_{ij}\text{ 进基}$$

第 2 步,确定出基变量。在进基变量 x_{ij} 的闭回路中,标有负号的最小运量作为调整量 θ,θ 对应的基变量为出基变量,并打上"×"以示作为非基变量。

第 3 步,调整运量。在进基变量的闭回路中,对标有正号的变量加上调整量 θ,

对标有负号的变量减去调整量 θ，其余变量不变，得到一组新的基可行解，然后求所有非基变量的检验数，重新检验。

继续用例 4-1 来进行说明具体的步骤。已知使用最小元素法取得初始解（见表4-4），采取位势法求得它的检验数（见表 4-13）。

表 4-13　检验数表

产　地	销　地				u_i
	B_1	B_2	B_3	B_4	
A_1	8 0	6 0	10 −2	9 8	0
A_2	9 0	12 5	13 0　+	7 5	1
A_3	14 2	9 −1	16 0	5 0	4
v_i	8	6	12	1	

因为有 2 个检验数小于零，所以这组基本可行解不是最优解。找到最小的检验数，对应的非基变量 x_{13} 进基。

找到 x_{13} 的闭回路为 $\{x_{13}, x_{23}, x_{21}, x_{11}\}$，

$\theta = \min\{x_{23}, x_{11}\} = 15$

x_{11} 最小，x_{11} 是出基变量，调整量 $\theta = 15$。

在 x_{13} 的闭回路上，对 x_{13}，x_{11} 分别加上 15，对 x_{11}，x_{23} 分别减去 15，并且在 x_{11} 处打上记号"×"作为非基变量，其余变量不变，调整后得到一组新的基可行解，如表4-14 所示。

表 4-14　基可行解表

产　地	销　地				供应量
	B_1	B_2	B_3	B_4	
A_1	8 ×	6 20	10 15	9 ×	35
A_2	9 45	12 ×	13 5	7 ×	50
A_3	14 ×	9 ×	16 10	5 30	40
需求量	45	20	30	30	

对表 4 - 14 给出的解,再使用闭回路法或位势法求各空格的检验数,若表中所有的检验数都非负,则说明已达到最优解;若检验数还存在负数,则继续使用闭回路调整法调整,直到所有的检验数非负。

4.2.4 表上作业法计算中的问题

1. 无穷多最优解

在 4.2.1 中我们介绍到产销平衡的运输问题必定存在最优解。那么,是有唯一最优解还是无穷多最优解?判别依据与第 2 章 2.5.3 中讲述的相同。即存在某个非基变量的检验数为 0 时,该问题有无穷多最优解。

2. 退化解

用表上作业法求解运输问题,当出现退化时,在相应的格中一定要填入一个 0,以表示此格为数字格。具体分为下列两种情况:

(1) 当确定供需关系时,若在 (i,j) 格填入某数字后,出现 A_i 处的余量等于 B_j 处的需量。这时在产销平衡表上填上一个数,而在单位运价表上相应地要划去一行和一列。为了使在产销平衡表上有 $(m+n+1)$ 个数字格,这时需要添加一个"0"。它的位置可在同时划去的那行或那一列的任一空格处。

(2) 采用闭回路调整法时,在闭回路上出现两个和两个以上的具有标记(-1)的相等的最小值。这时经过调整后,得到退化解。处理方法为标记最小值处,除有一个变为空格外,在其他最小值的数字格中填入 0,表明它是基变量。当出现退化解,做改进调整时,可能出现在某闭回路上有标记为(-1)的取值为 0 的数字格,这时应该取调整量 $\theta = 0$。

4.3 产销不平衡的运输问题

前面介绍的各种方法都是以产销平衡为基础,当总产量与总销量不相等时,称为不平衡运输问题。这类运输问题在实际中常常碰到,它的求解方法是将不平衡问题转化为平衡问题再按平衡问题求解。

4.3.1 产大于销的情形

对于产大于销的情形,在约束条件中引入 m 个松弛变量,记为 $x_{1(n+1)}$, $x_{2(n+1)}, \cdots, x_{m(n+1)}$,模型等价变形为:

$$\min z = \sum_{i=1}^{m} \sum_{j=1}^{n} c_{ij} x_{ij}$$

$$\text{s.t.}\begin{cases} \sum_{j=1}^{n} x_{ij} + x_{i(n+1)} = a_i, \quad i = 1, 2, \cdots, m \\ \sum_{i=1}^{m} x_{ij} = b_j, \quad j = 1, 2, \cdots, n \\ \sum_{i=1}^{m} x_{i(n+1)} = \sum_{i=1}^{m} a_i - \sum_{j=1}^{n} b_j \\ x_{ij} \geqslant 0, \quad i = 1, 2, \cdots, m; j = 1, 2, \cdots, n+1 \end{cases}$$

在上面的模型中,加入约束:

$$\sum_{i=1}^{m} x_{i(n+1)} = \sum_{i=1}^{m} a_i - \sum_{j=1}^{n} b_j$$

其实是一个冗余的约束。不难看出,上述模型可变形为一个产销平衡的运输规划模型,其中引入的松弛变量可以看作从各产地运往一个"虚拟"的销地 B_{n+1} 的数量,该销地对应的需求刚好等于产地过剩的总产能 $\sum_{i=1}^{m} x_{i(n+1)} = \sum_{i=1}^{m} a_i - \sum_{j=1}^{n} b_j$。此外,从任一产地运往该虚拟销地的单位运费为 0,因为松弛变量对应的目标函数系数为 0。

将例 4-1 中的销售地 1(B_1)的需求量减少到 40 吨,此时总产量大于总需求量,可以在单位运价表中添加一个虚拟的销售地 5,其对应的单位运输成本均为 0,其需求量为 $45 - 40 = 5$ 吨,运输平衡表如表 4-15 所示,数学模型如下:

$$\min z = 8x_{11} + 6x_{12} + 10x_{13} + 9x_{14} + 9x_{21} + 12x_{22} + 13x_{23} + 7x_{24} + 14x_{31} + 9x_{32} + 16x_{33} + 5x_{34}$$

$$\text{s.t.}\begin{cases} x_{11} + x_{12} + x_{13} + x_{14} = 35 \\ x_{21} + x_{22} + x_{23} + x_{24} = 50 \\ x_{31} + x_{32} + x_{33} + x_{34} = 40 \\ x_{11} + x_{21} + x_{31} = 40 \\ x_{12} + x_{22} + x_{32} = 20 \\ x_{13} + x_{23} + x_{33} = 30 \\ x_{14} + x_{24} + x_{34} = 30 \\ x_{15} + x_{25} + x_{35} = 5 \\ x_{ij} \geqslant 0, \quad i = 1, 2, 3; j = 1, 2, 3, 4 \end{cases}$$

表 4 - 15 运输平衡表

产 地	销 地					产 量
	B_1	B_2	B_3	B_4	B_5	
A_1	8	6	10	9	0	35
A_2	9	12	13	7	0	50
A_3	14	9	16	5	0	40
销量	40	20	30	30	5	

利用表上作业法求解上述产销平衡的运输问题,即可得到原问题的最优物流配送方案,解得 $z=975$,$x_{12}=15$,$x_{13}=20$,$x_{21}=40$,$x_{23}=10$,$x_{32}=5$,$x_{34}=30$,$x_{35}=5$,在最优运输方案中,对应于销售地 $5(B_5)$ 的运输量 x_{15},x_{25} 和 x_{35} 分别表示工厂 1、工厂 2 和工厂 3 闲置的产量。

4.3.2 销大于产的情形

对销大于产的情形,在约束条件中引入 n 个松弛变量,记为 $x_{(m+1)1}$,$z_{(m+1)2}$,⋯,$x_{(m+1)n}$。 模型等价变形为:

$$\min z = \sum_{i=1}^{m} \sum_{j=1}^{n} c_{ij} x_{ij}$$

$$\text{s.t.} \begin{cases} \sum_{j=1}^{n} x_{ij} = a_i, & i=1,2,\cdots,m \\ \sum_{i=1}^{m} x_{ij} + x_{(m+1)} = b_j, & j=1,2,\cdots,n \\ \sum_{j=1}^{n} x_{(m+1)j} = \sum_{j=1}^{n} b_j - \sum_{i=1}^{m} a_i \\ x_{ij} \geqslant 0, & i=1,2,\cdots,m+1; j=1,2,\cdots,n \end{cases}$$

在上述模型中,加入约束:

$$\sum_{j=1}^{n} x_{(m+1)j} = \sum_{j=1}^{n} b_j - \sum_{i=1}^{m} a_i$$

也是一个冗余的约束。上述模型也是一个产销平衡的运输规划模型,其中引入的松弛变量可以看作从一个"虚拟"的产地 A_{m+1} 运往各销地的数量,该产地对应的产量刚好等于未能满足的总需求 $\sum_{j=1}^{n} x_{(m+1)j} = \sum_{j=1}^{n} b_j - \sum_{i=1}^{m} a_i$。 此外,从该虚拟产地运往各销地的单位运费为 0,因为松弛变量对应的目标函数系数为 0。

同样将例 4 - 1 中的产地 $1(A_1)$ 的产量减少到 30 吨,此时总需求量大于总产量,可以在单位运价表中添加一个虚拟的工厂 4,其对应的单位运输成本均为 0,其产量为 $35 - 30 = 5$(吨),如表 4 - 16 所示,建立的数学模型如下:

$$\min z = 8x_{11} + 6x_{12} + 10x_{13} + 9x_{14} + 9x_{21} + 12x_{22} + 13x_{23} + 7x_{24} + 14x_{31} +$$
$$9x_{32} + 16x_{33} + 5x_{34}$$

$$\text{s.t.} \begin{cases} x_{11} + x_{12} + x_{13} + x_{14} = 30 \\ x_{21} + x_{22} + x_{23} + x_{24} = 50 \\ x_{31} + x_{32} + x_{33} + x_{34} = 40 \\ x_{41} + x_{42} + x_{43} + x_{44} = 5 \\ x_{11} + x_{21} + x_{31} = 45 \\ x_{12} + x_{22} + x_{32} = 20 \\ x_{13} + x_{23} + x_{33} = 30 \\ x_{14} + x_{24} + x_{34} = 30 \\ x_{ij} \geqslant 0, \quad i = 1,2,3; j = 1,2,3,4 \end{cases}$$

表 4-16　运输平衡表

产　地	销　地				产　量
	B_1	B_2	B_3	B_4	
A_1	8	6	10	9	30
A_2	9	12	13	7	50
A_3	14	9	16	5	40
A_4	0	0	0	0	5
销量	45	20	30	30	

　　用表上作业法求解上述产销平衡的运输问题,即可得到原问题的最优物流配送方案,解得 $z = 970, x_{12} = 10, x_{13} = 20, x_{21} = 45, x_{23} = 5, x_{32} = 10, x_{34} = 30,$ $x_{43} = 5$,在最优运输方案中,对应于工厂 $4(A_4)$ 的运输量 x_{41}, x_{42}, x_{43} 和 x_{44} 分别表示最优安排下销售地 1、销售地 2、销售地 3 和销售地 4 尚未满足的需求。

4.4　Python 编程求解运输问题

4.4.1　生成初始解

1. 最小元素法

采用 Python 编程语言实现以最小元素法生成例 4-1 的初始解。

```python
# 定义供应量和需求量
supply = [35, 50, 40]
demand = [45, 20, 30, 30]
# 定义成本矩阵
cost_matrix = [[8, 6, 10, 9],
        [9, 12, 13, 7],
        [14, 9, 16, 5]]
# 初始化初始解矩阵,全部设置为 0
initial_solution = [[0] * len(demand) for _ in range(len(supply))]
# 当仍有未满足的供应或需求时进行迭代计算
while sum(supply) > 0 and sum(demand) > 0:
    # 初始化最小成本和位置
    min_cost = float('inf')
    min_cost_pos = None
    # 遍历所有的供应和需求,找到成本最小的位置
    for i in range(len(supply)):
        for j in range(len(demand)):
            if cost_matrix[i][j] < min_cost:
                min_cost = cost_matrix[i][j]
                min_cost_pos = (i, j)
    # 获取最小成本的位置,以及该位置对应的供应量和需求量
    i, j = min_cost_pos
    min_supply = min(supply[i], demand[j])
    # 将最小供应量分配到对应位置
    initial_solution[i][j] = min_supply
    # 更新供应量和需求量
    supply[i] -= min_supply
    demand[j] -= min_supply
    # 如果供应量为 0,将对应行的成本设置为无穷大
    if supply[i] == 0:
        cost_matrix[i] = [float('inf')] * len(demand)
    # 如果需求量为 0,将对应列的成本设置为无穷大
    if demand[j] == 0:
        for k in range(len(supply)):
            cost_matrix[k][j] = float('inf')
print("初始解:")
for i in range(len(initial_solution)):
    for j in range(len(initial_solution[i])):
```

```
    print(initial_solution[i][j], end = "\t")
    print()
# 运行上面程序结果如下：
初始解：
15  20  0   0
30  0   20  0
0   0   10  30
```

2. 伏格尔法

采用 Python 编程语言实现以伏格尔法生成例 4 - 1 的初始解。

```python
import numpy as np
import copy
def TP_split_matrix(mat):
    # 将运输表拆分为需求矩阵和供应矩阵
    c = mat[:-1, :-1]  # 需求矩阵
    a = mat[:-1, -1]  # 供应矩阵
    b = mat[-1, :-1]  # 供应矩阵
    return c, a, b
# 运输表
transportation_matrix = np.array([[8, 6, 10, 9, 35],
                [9, 12, 13, 7, 50],
                [14, 9, 16, 5, 45],
                [45, 20, 30, 30, 0]])
def TP_vogel(var):
    if isinstance(var, np.ndarray):
        c, a, b = TP_split_matrix(var)
    else:
        c, a, b = var
    cost = copy.deepcopy(c)  # 深拷贝需求矩阵
    x = np.zeros(c.shape)  # 初始化初始解矩阵
    M = pow(10, 9)  # 一个大的数,用于标记已满足的需求或供应
    while np.any(c < M):
        # 计算行的差值
        row_penalty = np.min(c, axis = 1)
        row_penalty_diff = np.diff(np.sort(c, axis = 1)[:, :2], axis = 1)
        row_penalty_diff = np.hstack((row_penalty_diff, np.zeros((row_penalty_
diff.shape[0], 1))))
        row_penalty_diff_max = np.max(row_penalty_diff, axis = 1)
```

```
    # 计算列的差值
    col_penalty = np.min(c, axis = 0)
    col_penalty_diff = np.diff(np.sort(c, axis = 0)[:2, :], axis = 0)
    col_penalty_diff = np.vstack((col_penalty_diff, np.zeros((1, col_penalty_
diff.shape[1]))))
    col_penalty_diff_max = np.max(col_penalty_diff, axis = 0)
    # 找到行和列中的最大差值索引
    max_row_penalty_index = np.argmax(row_penalty_diff_max)
    max_col_penalty_index = np.argmax(col_penalty_diff_max)
    if row_penalty_diff_max[max_row_penalty_index] >= col_penalty_diff_max
[max_col_penalty_index]:
        # 如果行的最大差值大于等于列的最大差值，则选择该行
        row_index = max_row_penalty_index
        col_index = np.argmin(c[row_index])
    else:
        # 否则选择该列
        col_index = max_col_penalty_index
        row_index = np.argmin(c[:, col_index])
    amount = min(a[row_index], b[col_index])   # 取行和列的供应/需求中的较小值作
为运输量
    x[row_index, col_index] = amount   # 更新初始解矩阵
    a[row_index] -= amount   # 更新剩余供应
    b[col_index] -= amount   # 更新剩余需求
    if a[row_index] == 0:
        c[row_index, :] = M   # 标记该行为已满足的需求
    if b[col_index] == 0:
        c[:, col_index] = M   # 标记该列为已满足的供应
  return x
initial_solution = TP_vogel(transportation_matrix)
print('初始解:\n', initial_solution)
# 运行上面程序结果如下:
初始解:
[[ 0.  5. 30.  0.]
 [45.  0.  0.  0.]
 [0. 15.  0. 30.]]
```

4.4.2　最优解检验

初始解得到后,进行最优解的检验。采用 Python 编程语言实现以位势法对初始解进行检验,判断是否为最优解。

```python
import numpy as np
# 各工厂的产量
supply = np.array([35, 50, 40])
# 各销售点的销售量
demand = np.array([45, 20, 30, 30])
# 单位运价矩阵
costs = np.array([[8, 6, 10, 9],
        [9, 12, 13, 7],
        [14, 9, 16, 5]])
# 初始解
initial_solution = np.array([[15, 20, 0, 0],
            [30, 0, 20, 0],
            [0, 0, 10, 30]])
# 计算初始解的总运费
total_cost = np.sum(initial_solution * costs)
print("初始解的总运费:", total_cost)
# 计算各销售点的供应量和需求量
supply_available = np.sum(initial_solution, axis = 1)
demand_required = np.sum(initial_solution, axis = 0)
# 计算位势数表
potentials = np.zeros_like(costs)
for i in range(len(supply)):
  for j in range(len(demand)):
    if initial_solution[i][j] == 0:   # 判断是否为基本变量
      potentials[i][j] = costs[i][j] - (supply_available[i] - demand_required
[j])
# 输出位势数表
print("位势数表:")
print(potentials)
# 判断是否为最优解
if np.all(potentials >= 0):
  print("初始解为最优解")
else:
```

```
    print("初始解不是最优解")
#  运行上面程序结果如下:
初始解的总运费:1080
位势数表:
[[  0   0 5   4]
 [  0 -18   0 -13]
 [ 19 -11   0   0]]
初始解不是最优解
```

课后习题

1. 判断下列说法是否正确。

（a）运输问题是一种特殊的线性规划模型,因而求解结果也可能出现下列四种情况之一:有唯一最优解,有无穷多最优解,无界解,无可行解。 （　　）

（b）表上作业法实质上就是求解运输问题的单纯形法。 （　　）

（c）按最小元素法(或伏格尔法)给出的初始基可行解,从每一空格出发可以找出且仅能找出唯一的闭回路。 （　　）

（d）如果运输问题单位运价表的某一行(或某一列)元素分别加上一个常数 k ,调运方案将不会发生变化。 （　　）

（e）如果运输问题单位运价表的某一行(或某一列)元素分别乘上一个常数 k ,调运方案将不会发生变化。 （　　）

（h）当所有产地产量和销地的销量均为整数值时,运输问题的最优解也为整数。 （　　）

2. 求解下表所示的运输问题,用最小元素法和伏格尔法给出初始基可行解。

	B_1	B_2	B_3	B_4	供应量
A_1	10	6	7	12	4
A_2	16	10	5	9	9
A_3	5	4	10	10	5
需要量	5	3	4	6	18

3. 求解第 2 题中的运输问题,用伏格尔法给出初始基可行解。

4. 由产地 A_1, A_2 发向销地 B_1, B_2 的单位费用如下表,产地允许存储,销地允许缺货,存储和缺货的单位运费也列入表中。求最优调运方案,使总费用最省。

	B_1	B_2	供应量	存储费(元/件)
A_1	8	5	400	3
A_2	6	9	300	4
需求量	200	350		
缺货费(元/件)	2	5		

5. 对下表的运输问题:

表 1

	A	B	供应量
X	6	4	100
Y	5	8	80
Z	2	7	60
需求量	130	110	240

表 2

	A	B	供应量
X	100		100
Y	30	50	80
Z		60	60
需求量	130	110	240

（1）如果要总运费最少，上表的初始方案是否为最优方案？

（2）若产地 Z 的供应量改为 100，求最优方案。

6. 某利润最大的运输问题，其单位利润如下表所示：

	B_1	B_2	B_3	B_4	供应量
A_1	6	7	5	8	8
A_2	4	5	10	8	9
A_3	2	9	7	3	7
需求量	8	6	5	5	24

求最优运输方案使获得的利润最大。

7. 某玩具公司分别生产三种新型玩具，每月可供量分别为 1 000、2 000、2 000 件，它们分别被送到甲、乙、丙三个百货商店销售。已知每月百货商店各类玩具预期销售量均为 1 500 件，由于商店位置和玩具类型方面原因，运输到各商店玩具的运输单价不同（见下表）。又知丙百货商店拒绝进 A 玩具。求满足上述条件下使总运输成本最小的供销分配方案并用 Python 编程求解。

	甲	乙	丙	供应量
A	5	4	—	1 000
B	16	8	9	2 000
C	12	10	1	2 000

8. 目前，城市大学能存储 200 个文件在硬盘上，100 个文件在计算机存储器上，300 个文件在磁带上。用户想存储 300 个字处理文件，100 个源程序文件，100 个数据文件。每月，一个典型的字处理文件被访问 8 次，一个典型的源程序文件被访问 4 次，一个典型的数据文件被访问 2 次。当某文件被访问时，重新找到该文件所需的时间取决于文件类型和存贮介质，如下表。

时间(分钟)	处理文件	源程序文件	数据文件
硬盘	5	4	4
存储器	2	1	1
磁带	10	8	6

如果目标是极小化每月用户访问所需文件所花的时间，请构造一个运输问题的模型来决定文件应该怎么存放并求解并用 Python 编程求解。

9. 某一实际的运输问题可以叙述如下：有 n 个地区需要某种物资，需要量分别为 b_j（$j=1,\cdots,n$）。这些物资均由某公司分设在 m 个地区的工厂供应，各工厂的产量分别为 a_i（$i=1,\cdots,m$），已知从 i 地区的工厂至第 j 个需求地区的单位物资的运价为 c_{ij}，又 $\sum_{i=1}^{m} a_i = \sum_{j=1}^{n} b_j$，试阐述其对偶问题并解释对偶变量的经济意义。

10. 为确保飞行安全,飞机上的发动机每半年必须强迫更换进行大修。某维修厂估计某种型号战斗机从下一个半年算起的今后三年内每半年发动机的更换需要量分别为 $100,70,80,120,150,140$。更换发动机时可以换上新的,也可以用经过大修的旧的发动机。已知每台新发动机的购置费为 10 万元,而旧发动机的维修有两种方式:快修,每台 2 万元,半年交货(即本期拆下来送修的下批即可用上);慢修,每台 1 万元,但需一年交货(即本期拆下来送修的需下下批才能用上)。设该厂新接受该项发动机更换维修任务,又知这种型号战斗机三年后将退役,退役后这种发动机将报废。问在今后三年的每半年内,该厂为满足维修需要各新购、送去快修和慢修的发动机数各是多少,使总的维修费用为最省?(将此问题归结为运输问题,只列出产销平衡表与单位运价表,不求数值解。)

第 5 章 目标规划

线性规划模型的特征是在满足一组约束条件下,寻求一个目标的最优解(最大值或最小值)。而在现实生活中最优只是相对的,或者说没有绝对意义下的最优,只有相对意义下的满意,存在自身的局限性。比如,线性规划只能优化单一目标函数,但是在企业经营管理中往往会面临多个目标(如利润最大化,同时成本尽可能小,市场占有率尽可能高,环境污染尽可能少等)。如果一定要使用线性规划帮助优化,可能需要把部分"目标"以约束的形式来表述。然而这些"目标"之间往往是彼此冲突的,如果都以约束条件来表述,很可能出现可行域为空的情形。

为解决这一难题,本章介绍一种新的规划方法——目标规划,它很好地克服了线性规划单一目标的局限性,可以被用来解决存在多个彼此冲突的目标的问题,能够帮助决策者找到满意的解决方案。

5.1 目标规划问题及其数学模型

为了具体地说明目标规划问题,我们通过例子来了解。

【例 5-1】(生产问题) 某企业在计划期内计划生产甲、乙、丙三种产品。这些产品分别需要在设备 A 和 B 上加工,需要消耗材料 C 和 D,按工艺资料规定,单件产品在不同设备上加工及所需要的资源如表 5-1 所示。已知在计划期内设备的加工能力各为 200 台时,可供材料分别为 360 千克、300 千克;每生产一件甲、乙、丙三种产品,企业可获得利润分别为 40 元、30 元、50 元,假定市场需求无限制。企业决策者应如何安排生产计划,使企业在计划期内总利润最大?

表 5-1 资源利润表

资源	产品			现有资源
	甲	乙	丙	
设备 A	3	1	2	200 台
设备 B	2	2	4	200 台
材料 C	4	5	1	360 千克

资　源	产　品			现有资源
	甲	乙	丙	
材料 D	2	3	5	300 千克
利润/(元/件)	40	30	50	

解：这是求解获利最大的单目标规划问题，用 x_1，x_2，x_3 分别为甲、乙、丙的产量。

$$\max z = 40x_1 + 30x_2 + 50x_3$$

$$\text{s.t.} \begin{cases} 3x_1 + x_2 + 2x_3 \leqslant 200 \\ 2x_1 + 2x_2 + 4x_3 \leqslant 200 \\ 4x_1 + 5x_2 + x_3 \leqslant 360 \\ 2x_1 + 3x_2 + 5x_3 \leqslant 300 \\ x_1 \geqslant 0, x_2 \geqslant 0, x_3 \geqslant 0 \end{cases}$$

实际上，决策者需要根据企业的实际情况和市场需求重新制定经营目标，其目标的优先顺序是：

(1) 利润不少于 3 200 元；

(2) 产品甲与产品乙的产量比例尽量不超过 1.5；

(3) 提高产品丙的产量使之达到 30 件；

(4) 设备加工能力不足可以加班解决，能不加班最好不加班；

(5) 受到资金的限制，只能使用现有材料不能再购进。

解：设甲、乙、丙产品的产量分别为 x_1，x_2，x_3。如果按线性规划建模思路，最优解实质是求下列一组不等式的解。

$$\text{s.t.} \begin{cases} 40x_1 + 30x_2 + 50x_3 \geqslant 3\,200 \\ x_1 - 1.5x_2 \leqslant 0 \\ x_3 \geqslant 30 \\ 3x_1 + x_2 + 2x_3 \leqslant 200 \\ 2x_1 + 2x_2 + 4x_3 \leqslant 200 \\ 4x_1 + 5x_2 + x_3 \leqslant 360 \\ 2x_1 + 3x_2 + 5x_3 \leqslant 300 \\ x_1 \geqslant 0, x_2 \geqslant 0, x_3 \geqslant 0 \end{cases}$$

通过计算，不等式无解，即使设备加班 10 小时仍然无解。在实际生产过程中生产方案总是存在的，无解只能说明在现有资源条件下，不可能完全满足所有经营目标。这种情形是按事先制定的目标顺序逐项检查，尽可能使结果达到预定目标，即使不能达到目标也使得离目标的差距最小，这就是目标规划的求解思路，对应的解称为满意解。下面引入与建立目标规划数学模型有关的概念。

5.1.1　正、负偏差变量 d^+, d^-

设 x_1, x_2, x_3 为决策变量,此外,引进正偏差变量 d^+ 表示决策值超过目标值的部分;引进正偏差变量 d^- 表示决策值未达到目标值的部分;因为决策值不可能既超过目标值又未达到目标值,即恒有 $d^+ \cdot d^- = 0$。

5.1.2　绝对约束和目标约束

绝对约束是指必须严格满足的等式约束和不等式约束,如线性规划问题的所有约束条件,不能满足这些约束条件的解称为非可行解,所以它们是硬约束。目标约束是目标规划特有的,可把约束右端项看作要追求的目标值。在达到此目标值时允许发生正或负偏差,因此在这些约束中加入正、负偏差变量,它们是软约束。线性规划问题的目标函数,在给定目标值和加入正、负偏差变量后可变换为目标约束。也可根据问题的需要将绝对约束变换为目标约束。例如,例 5 - 1 约束条件 $2x_1 + 2x_2 + 4x_3 \leqslant 200$ 可变换为目标约束 $2x_1 + 2x_2 + 4x_3 + d^- - d^+ = 200$。

5.1.3　优先因子(优先等级)与权系数

一个规划问题常常有若干目标。但决策者在要求达到这些目标时,是有主次或轻重缓急的不同。要求第一位达到的目标赋予优先因子 P_1,次位的目标赋予优先因子 P_2,以此类推,并规定 $P_k > P_{k+1}(k = 1, 2, \cdots, K)$,表示 P_k 比 P_{k+1} 有更大的优先权。即首先保证 P_1 级目标的实现,这时可不考虑次级目标;而 P_2 级目标是在实现 P_1 级目标的基础上考虑的;以此类推。若要区别具有相同优先因子的两个目标的差别,这时可分别赋予它们不同的权系数 ω_j,这些都由决策者按具体情况而定。

5.1.4　目标规划的目标函数

目标规划的目标函数(准则函数)是按各目标约束的正、负偏差变量和赋予相应的优先因子及权系数而构造的。当每一目标值确定后,决策者的要求是尽可能缩小偏离目标值。因此目标规划的目标函数只能是:

$$\min z = f(d^+ + d^-)$$

其基本形式有三种:

(1) 要求恰好达到目标值,即正、负偏差变量都要尽可能地小,这时:

$$\min z = f(d^+ + d^-)$$

(2) 要求不超过目标值,即允许达不到目标值,就是正偏差变量要尽可能地小。这时:

$$\min z = f(d^+)$$

（3）要求超过目标值，即超过量不限，但必须是负偏差变量要尽可能地小。这时：

$$\min z = f(d^-)$$

有了以上相关的目标规划知识，继续对例 5-1 使用目标规划来求解问题。

解：（1）设 d_1^- 为未达到利润目标的差值，d_1^+ 为超过目标的差值。

当利润小于 3 200 元时，$d_1^- > 0$ 且 $d_1^+ = 0$，等式成立：

$$40x_1 + 30x_2 + 50x_3 + d_1^- = 3\,200$$

当利润大于 3 200 元时，$d_1^+ > 0$ 且 $d_1^- = 0$，等式成立：

$$40x_1 + 30x_2 + 50x_3 - d_1^+ = 3\,200$$

当利润恰好等于 3 200 元时，$d_1^- = 0$ 且 $d_1^+ = 0$，等式成立：

$$40x_1 + 30x_2 + 50x_3 = 3\,200$$

实际利润只有上述三种情形之一发生，因而可以将三个等式写成一个等式：

$$40x_1 + 30x_2 + 50x_3 + d_1^- - d_1^+ = 3\,200$$

利润不少于 3 200 元理解为达到或超过 3 200 元，即使不能达到也要尽可能接近 3 200 元，可以表达成目标函数 $\{d_1^-\}$ 取最小值，则有：

$$\text{s.t.} \begin{cases} \min d_1^- \\ 40x_1 + 30x_2 + 50x_3 + d_1^- - d_1^+ = 3\,200 \end{cases}$$

（2）设 d_2^-, d_2^+ 分别为未达到和超过产品比例要求的偏差变量，则产量比例尽量不超过 1.5 的数学表达式为：

$$\text{s.t.} \begin{cases} \min d_2^+ \\ x_1 - 1.5x_2 + d_2^- - d_2^+ = 0 \end{cases}$$

（3）设 d_3^-, d_3^+ 分别为产品丙的产量未达到和超过 30 件的偏差变量，则产量丙的产量尽可能达到 30 件的数学表达式为：

$$\text{s.t.} \begin{cases} \min d_2^+ \\ x_3 + d_3^- - d_3^+ = 30 \end{cases}$$

（4）设 d_4^-, d_4^+ 为设备 A 的使用时间偏差变量，d_5^-, d_5^+ 为设备 B 的使用时间偏差变量，最好不加班的含义是 d_4^+ 和 d_5^+ 同时取最小值，等价于 $d_4^+ + d_5^+$ 取最小值，则设备的目标函数和约束为：

$$\text{s.t.} \begin{cases} \min d_4^+ + d_5^+ \\ 3x_1 + x_2 + 2x_3 + d_4^- - d_4^+ = 200 \\ 2x_1 + 2x_2 + 4x_3 + d_5^- - d_5^+ = 200 \end{cases}$$

（5）材料不能购进表示不允许有正偏差，约束条件为小于等于约束。由于目标是有序的并且四个目标函数非负，因此目标函数可以表达成一个函数：

$$\min z = P_1 d_1^- + P_2 d_2^+ + P_3 d_3^- + P_4(d_4^+ + d_5^+)$$

$$\text{s.t.} \begin{cases} 40x_1 + 30x_2 + 50x_3 + d_1^- - d_1^+ = 3\,200 \\ x_1 - 1.5x_2 + d_2^- - d_2^+ = 0 \\ x_3 + d_3^- - d_3^+ = 30 \\ 3x_1 + x_2 + 2x_3 + d_4^- - d_4^+ = 200 \\ 2x_1 + 2x_2 + 4x_3 + d_5^- - d_5^+ = 200 \\ 4x_1 + 5x_2 + x_3 \leqslant 360 \\ 2x_1 + 3x_2 + 5x_3 \leqslant 300 \\ x_1 \geqslant 0, x_2 \geqslant 0, x_3 \geqslant 0 \text{ 且为整数}, d_j^-, d_j^+ \geqslant 0, \quad j=1,\cdots,5 \end{cases}$$

根据以上，可以归纳出目标规划的一般数学模型：

$$\min z = \sum_{l=1}^{L} P_l \left(\sum_{i=1}^{K} (w_{li}^- d_i^+ + w_{li}^+ d_i^-) \right)$$

$$\text{s.t.} \begin{cases} \sum_{j=1}^{L} a_{ij}x_j \leqslant (=, \geqslant) b_i, \quad i=1,2,\cdots,m & (A) \\ \sum_{j=1}^{L} c_{ij}x_j + d_i^- - d_i^+ = b_i, \quad i=m+1, m+2, \cdots, m+K & (B) \\ x_j, d_i^-, d_i^+ \geqslant 0, \quad j=1,\cdots,n; i=m+1, m+2, \cdots, m+K & (C) \\ d_i^- , d_i^+ = 0, \quad i=m+1, m+2, \cdots, m+K & (D) \end{cases}$$

式中，P_l 为第 l 级优先因子，$l=1,2,\cdots,K$；w_{li}^- 和 w_{li}^+ 为分别赋予第 i 个目标约束的正负偏差变量的权系数；b_i 为目标的预期目标值，$i=m+1, m+2, \cdots, m+K$；(A) 为系统约束，(B) 为目标约束。$(C)(D)$ 为决策变量与偏差变量的取值范围。

建立目标规划的数学模型时，需要确定目标值、优先等级、权系数等，它都具有一定的主观性和模糊性，可以用专家评定法给以量化。

5.2　目标规划的图解法

当目标规划模型中只有两个决策变量（除偏差变量）时，可以用图解法求解。在求解过程中，首先要保证满足所有的绝对约束，画出绝对约束的可行域，然后根据各目标优先级顺序，依次考虑各级目标。

目标规划的优化结果大体分为两种情形。其一是可以找到一个满足所有目标的满意域，该区域中的解都是目标规划的满意解。其二是找不到满足所有目标的解，这种情况下需要找到使得目标函数尽可能小的方案。

下面利用图解法来求解例 5-2。

【例 5-2】(产品生产问题)　企业计划生产甲、乙两种产品，这些产品需要使用两种材料，要在两种不同设备上加工，工艺资料如表 5-2 所示。

表 5-2 工艺资料表

资 源	产 品		现有资源
	产品甲	产品乙	
材料 I	3	0	12 千克
材料 II	0	4	14 千克
设备 A	2	2	12 小时
设备 B	5	3	15 小时
产品利润（元/件）	20	40	

企业怎样安排生产计划，尽可能满足下列目标：

(1) 力求使利润指标不低于 80 元；

(2) 考虑到市场需求，甲、乙两种产品的生产量需保持 1:1 的比例；

(3) 设备 A 既要求充分利用，又尽可能不加班；

(4) 设备 B 必要时可以加班，但加班时间尽可能少；

(5) 材料不能超用。

解：设 x_1, x_2 分别为产品甲和产品乙的产量，目标规划数学模型为：

$$\min P_1 d_1^- + P_2(d_2^- + d_2^+) + P_3(d_3^- + d_3^+) + P_4 d_4^+$$

$$\text{s.t.} \begin{cases} 3x_1 \leqslant 12 & (1) \\ 4x_2 \leqslant 16 & (2) \\ 20x_1 + 40x_2 + d_1^- - d_1^+ = 80 & (3) \\ x_1 - x_2 + d_2^- - d_2^+ = 0 & (4) \\ 2x_1 + 2x_2 + d_3^- - d_3^+ = 12 & (5) \\ 5x_1 + 3x_2 + d_4^- - d_4^+ = 15 & (6) \\ x_1, x_2, d_i^-, d_i^+ \geqslant 0, \quad i = 1, 2, 3, 4 \end{cases}$$

先在平面直角坐标系的第一象限内，画出各约束条件。绝对约束条件的作图与线性规划相同，做目标约束时，先令 $d_i^-, d_i^+ = 0$，做相应的直线，然后在这直线的旁边标上 d_i^-, d_i^+，如图 5-1 所示，这表明目标约束可以沿 d_i^-, d_i^+ 所示方向平移。下面根据目标函数中的优先因子来分析求解。首先，考虑具有 P_1 优先因子的目标的实现，在目标函数中要求实现 $\min d_1^-$，从图中可见可以满足 $d_1^- = 0$，这时 x_1, x_2 只能在梯形 BDFE 的边界和其中取值。其次，考虑具有 P_2 优先因子的目标的实现，在目标函数中要求实现 $\min(d_2^- + d_2^+)$，当 $d_2^-, d_2^+ = 0$ 时，x_1, x_2 在线段 AB 上取值。再次，考虑具有 P_3 优先因子的目标的实现，在目标函数中要求实现 $\min(d_3^- + d_3^+)$，当 $d_3^-, d_3^+ = 0$ 时，x_1, x_2 只能在点 C 取值，因此找到满意解 C(3,3)。

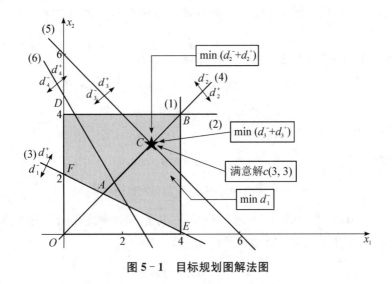

图 5-1　目标规划图解法图

注意:在对目标规划问题求解时,把绝对约束作为最高优先级考虑。

5.3　目标规划的单纯形法

目标规划的数学模型结构与线性规划的数学模型结构在形式上没有本质的区别,所以可用单纯形法求解。但要考虑目标规划数学模型的一些特点,做以下规定:

(1)因目标规划问题的目标函数都是求最小化,所以最优准则为 $c_j-z_j \geqslant 0(j=1,2,\cdots,n)$。

(2)因非基变量的检验数中含有不同等级的优先因子,即:

$$c_j-z_j=\sum a_{kj}P_k,\quad j=1,2,\cdots,n;k=1,2,\cdots,K$$

因 $P_1 \gg P_2 \gg \cdots \gg P_k$;从每个检验数的整体来看:检验数的正、负首先决定于 P_1 的系数 a_{1j} 的正、负。若 $a_{1j}=0$,这时此检验数的正、负就决定于 P_2 的系数 a_{2j} 的正负,下面可以此类推。

求解目标规划问题的单纯形法的计算步骤如下:

(1)建立初始单纯形表,在表中将检验数行按优先因子个数分别列成 K 行,置 $k=1$,即对应优先因子行中的第 1 行开始计数。

(2)检查该行中是否存在负数,且对应列的前 $(k-1)$ 行的系数是零。若有负数,取其中最小者对应的变量为换入变量,转到(3);若无负数,则转到(5)。

(3)按最小比值规则确定换出变量,当存在两个和两个以上相同的最小比值时,选取具有较高优先级别的变量为换出变量。

(4)按单纯形法进行基变换运算,建立新的计算表,返回到(2)。

（5）当 $k = K$ 时，计算结束。表中的解即为满意解。否则令 $k = k + 1$，返回到（2）。

【例 5-3】 用单纯形法求解下述目标规划问题。

$$\min z = P_1(d_1^- + d_2^+) + P_2 d_3^-$$

$$\text{s.t.} \begin{cases} x_1 + 2x_2 + d_1^- - d_+^- = 50 \\ 2x_1 + x_2 + d_2^- - d_2^- = 40 \\ 2x_1 + 2x_2 + d_3^- - d_3^+ = 80 \\ x_1, x_2, d_i^-, d_i^+ \geqslant 0, \quad i = 1, 2, 3 \end{cases}$$

解：以 d_1^-, d_2^-, d_3^- 为基变量，求出检验数，将检验数中优先因子分离出来，每一优先级做一行，列出初始单纯形表 5-3。

表 5-3 单纯形法表

C_j		0	0	P_1	0	0	P_1	P_2	0	b
C_B	基	x_1	x_2	d_1^-	d_1^+	d_2^-	d_2^+	d_3^-	d_3^+	
P_1	d_1^-	1	[2]	1	−1					50
0	d_2^-	2	1			1	−1			40
P_2	d_3^-	2	2					1	−1	80
$c_j - z_j$	P_1	−1	(−2)		1		1			
	P_2	−2	−2						1	

表 5-3 中，P_1 行中（−2）最小，则 x_2 进基，求最小比值易知 d_1^- 出基，将第二列主元素转化为 1，其余元素转化为零，得到表 5-4。

表 5-4 单纯形法表

C_j		0	0	P_1	0	0	P_1	P_2	0	b
C_B	基	x_1	x_2	d_1^-	d_1^+	d_2^-	d_2^+	d_3^-	d_3^+	
0	x_2	1/2	1	1/2	−1/2					25
0	d_2^-	[2/3]				1/2	1			15→
P_2	d_3^-	1				1		1	−1	30
$c_j - z_j$	P_1			1			1			
	P_2	(−1)		1					1	

表 5-4 中 P_1 行全部检验数非负，表明第一目标已经得到优化。P_2 行存在负数，x_1 的检验数为 $−P_2 < 0$，选 x_1 进基（也可以选 d_1^+ 进基），则 d_3^- 出基，迭代得到表 5-5。

表 5－5　单纯形法表

C_j		0	0	P_1	0	0	P_1	P_2	0	
C_B	基	x_1	x_2	d_1^-	d_1^+	d_2^-	d_2^+	d_3^-	d_3^+	b
0	x_2		1	2/3	−2/3		1/3			20
0	x_1	1			[1/3]	2/3				10→
P_2	d_3^-				2/3		2/3	1	−1	20
c_j-z_j	P_1				1		1			
	P_2			2/3	(−2/3)	2/3	−2/3	1		

在表 5－5 中，P_1 行的系数全部非负，P_2 行存在负数，d_1^+ 的检验数 $-2/3P_2<0$，选 d_1^+ 进基，则 x_1 出基，迭代得到表 5－6。

应当注意，表 5－5 中不能选 d_2^+ 进基，检验数 $P_1-2/3P_2$ 应理解为大于零，P_1，P_2 是优先级别的比较，而不是"数"的比较。例如，$P_1-3P_2+5P_3$ 理解为大于零，$2P_2-4P_4$ 理解为大于零等。

表 5－6　最终单纯形法表

C_j		0	0	P_1	0	0	P_1	P_2	0	
C_B	基	x_1	x_2	d_1^-	d_1^+	d_2^-	d_2^+	d_3^-	d_3^+	b
0	x_2	2	1			1	−1			40
0	d_1^+	3		−1	1	2	−2			30
P_2	d_3^-	−2				−2	2	1	−1	0
c_j-z_j	P_1			1			1			
	P_2	2				2	−2		1	

表 5－6 中 P_2 行的（−2）小于零，但（−2）列上面 P_1 行存在正数 1，检验数 $P_1-2P_2>0$，所有检验数非负，得到满意解 $X=(0,40)$。

目标规划的单纯形法与线性规划比较主要有两点不同：

（1）目标规划是按优先次序顺序求解，逐个满足最优（检验数大于等于零）；

（2）不一定所有检验数都能满足大于等于零，如果某个检验数小于零，所在列存在检验数大于零时，则认为得到满意解。

计算方法和基本原理与线性规划类似。

5.4　目标规划的应用

【例 5－4】（产品生产）　某工厂制造 A，B，C 三种产品，它们都在同一生产线上进行制造。三种产品在生产过程中所消耗的时间分别为 4 小时/台、6 小时/台、10 小时/台。生产线每月正常运转时间是 200 小时。三种产品的单位利润分别是 A:120 万元,B:150 万元,C:250 万元。工厂管理层确定的经营目标(优先级从高到低排列)依次为:

P1:充分利用工时;

P2:为满足主要客户的需求,A,B,C 的产量必须分别达到 6 台、7 台、9 台,并依产品单位工时的利润比例确定权数;

P3:生产线的加班时间每月不宜超过 15 小时;

P4:A,B,C 的月销售指标分别定为 12 台、16 台、10 台,并依其单位工时的利润比例确定权数;

P5:尽量减少生产线的加班时间。

解:设 A,B 和 C 三种产品的月度产量分别为 x_1, x_2, x_3。容易算出三种产品单位工时的利润比例为 $\dfrac{120}{4} : \dfrac{150}{6} : \dfrac{250}{10} = 30 : 25 : 25$,依次考虑各个目标,定义如下偏差变量:

$d_1^- =$ 工时使用少于 200 小时的部分

$d_1^+ =$ 工时使用多于 200 小时的部分

$d_2^- =$ 产品 A 产量少于 6 台的部分

$d_2^+ =$ 产品 A 产量多于 6 台的部分

$d_3^- =$ 产品 B 产量少于 7 台的部分

$d_3^+ =$ 产品 B 产量多于 7 台的部分

$d_4^- =$ 产品 C 产量少于 9 台的部分

$d_4^+ =$ 产品 C 产量多于 9 台的部分

$d_5^- =$ 工时使用少于 215 小时的部分

$d_5^+ =$ 工时使用多于 215 小时的部分

$d_6^- =$ 产品 A 销量少于 12 台的部分

$d_6^+ =$ 产品 A 销量多于 12 台的部分

$d_7^- =$ 产品 B 销量少于 16 台的部分

$d_7^+ =$ 产品 B 销量多于 16 台的部分

$d_8^- =$ 产品 C 销量少于 10 台的部分

$d_8^+ =$ 产品 C 销量多于 10 台的部分

建立如下目标规划模型:

$$\min w = P_1 d_1^- + P_2(30 d_2^- + 25 d_3^- + 25 d_4^-) + P_3 d_5^+ + P_4(30 d_6^- + 25 d_7^- + 25 d_8^-) + P_5 d_1^+$$

$$
\text{s.t.}\begin{cases}
4x_1 + 6x_2 + 10x_3 + d_1^- - d_1^+ = 200 \\
x_1 + d_2^- - d_2^+ = 6 \\
x_2 + d_3^- - d_3^+ = 7 \\
x_3 + d_4^- - d_4^+ = 9 \\
5x_1 + 8x_2 + 12x_3 + d_5^- - d_5^+ = 215 \\
x_1 + d_6^- - d_6^+ = 12 \\
x_2 + d_7^- - d_7^+ = 16 \\
x_3 + d_8^- - d_8^+ = 10 \\
x_1, x_2, x_3 \geqslant 0\ \text{且为整数} \\
d_i^-, d_i^+ \geqslant 0, d_i^- \cdot d_i^+ = 0, \quad i = 1, 2, \cdots, 8
\end{cases}
$$

值得注意的是,上述模型中各产品的产量必须是整数。含有整数约束的模型被称为整数规划模型,将在下一章中介绍整数规划的特点、求解和建模方法。

【例 5 - 5】(糖果生产问题)　糖果厂根据不同的原料比例来生产不同口味的糖果。设某糖果厂用三种不同的原料(Ⅰ,Ⅱ,Ⅲ)生产三种不同口味的糖果(A,B,C)。原料的供应量受到严格限制,它们的日供应量分别为 3 600 千克、1 800 千克和 800 千克,供应价格分别为 16 元/千克、14 元/千克和 11 元/千克。三种糖果的合成要求及售价如表 5 - 7 所示。

表 5 - 7　产品信息表

糖　果	合成要求	售价/(元/千克)
A	Ⅲ不多于 20%,Ⅰ不少于 40%	150
B	Ⅲ不多于 80%,Ⅰ不少于 10%	140
C	Ⅲ不多于 60%,Ⅰ不少于 10%	130

糖果厂厂长要安排糖果的生产计划。他确定了如下目标:

P_1:必须按规定比例生产糖果;

P_2:获利最大;

P_3:糖果 A 的产量至少为 1 800 千克。

解:设 A,B,C 三种不同口味糖果的产量分别为 x_A, x_B, x_C,采购的三种原料的用量分别为 z_1, z_2, z_3。为了便于建模,定义:

y_{ij} 表示用于糖果 $i(=A,B,C)$ 的原料 $j(=1,2,3)$ 的量

引入如下偏差变量:

d_{A3}^- = A 中 Ⅲ 少于 20% 的部分

d_{A3}^+ = A 中 Ⅲ 多于 20% 的部分

d_{A1}^- = A 中 Ⅰ 少于 40% 的部分

$d_{A1}^+ = $ A 中 I 多于 40% 的部分

$d_{B3}^- = $ B 中 III 少于 80% 的部分

$d_{B3}^+ = $ B 中 III 多于 80% 的部分

$d_{B1}^- = $ B 中 I 少于 10% 的部分

$d_{B1}^+ = $ B 中 I 多于 10% 的部分

$d_{C3}^- = $ C 中 III 少于 60% 的部分

$d_{C3}^+ = $ C 中 III 多于 60% 的部分

$d_{C1}^- = $ C 中 I 少于 10% 的部分

$d_{C1}^+ = $ C 中 I 多于 10% 的部分

$d_1^- = $ 利润少于目标利润 M 的部分

$d_1^+ = $ 利润多于目标利润 M 的部分

$d_2^- = $ A 产量少于 $1\,800$ 千克的部分

$d_2^+ = $ A 产量多于 $1\,800$ 千克的部分

该问题需要满足的硬约束如下(对应于产量决策平衡方程以及基酒限制):

$$\text{s.t.} \begin{cases} x_i = y_{i1} + y_{i2} + y_{i3}, \quad i = \text{A,B,C} \\ z_j = y_{Aj} + y_{Bj} + y_{Cj}, \quad j = 1,2,3 \\ y_{A1} + y_{B1} + y_{C1} \leqslant 3\,600 \\ y_{A2} + y_{B2} + y_{C2} \leqslant 1\,800 \\ y_{A3} + y_{B3} + y_{C3} \leqslant 800 \end{cases}$$

对目标 P_1,对应的目标函数及目标约束如下:

$$\min w_1 = d_{A1}^- + d_{A3}^+ + d_{B1}^- + d_{B3}^+ + d_{C1}^- + d_{C3}^+$$

$$\text{s.t.} \begin{cases} y_{A1} + d_{A1}^- - d_{A1}^+ = 0.4 x_A \\ y_{A3} + d_{A3}^- - d_{A3}^+ = 0.2 x_A \\ y_{B1} + d_{B1}^- - d_{B1}^+ = 0.1 x_B \\ y_{B3} + d_{B3}^- - d_{B3}^+ = 0.8 x_B \\ y_{C1} + d_{C1}^- - d_{C1}^+ = 0.1 x_C \\ y_{C3} + d_{C3}^- - d_{C3}^+ = 0.6 x_C \end{cases}$$

对目标 P_2,设 M 为一个足够大的利润水平,把它作为利润目标,则对应的目标函数及目标约束如下:

$$\min w_2 = d_1^-$$

$$\text{s.t.} 150 x_A + 140 x_B + 130 x_C - 16 z_1 - 14 z_2 - 11 z_3 + d_1^- - d_1^+ = M$$

对目标 P_3,对应的目标函数及目标约束如下:

$$\min w_3 = d_2^-$$

$$\text{s.t.} x_A + d_2^- - d_2^+ = 1\,800$$

综上,完整目标规划模型如下:

$$\min w = P_1(d_{A1}^- + d_{A3}^+ + d_{B1}^- + d_{B3}^+ + d_{C1}^- + d_{C3}^+) + P_2 d_1^- + P_3 d_2^-$$

$$\text{s.t.} \begin{cases} x_i = y_{i1} + y_{i2} + y_{i3}, & i = A,B,C \\ z_{j=} y_{Aj} + y_{Bj} + y_{Cj}, & j = 1,2,3 \\ y_{A1} + y_{B1} + y_{C1} \leqslant 3\,600 \\ y_{A2} + y_{B2} + y_{C2} \leqslant 1\,800 \\ y_{A3} + y_{B3} + y_{C3} \leqslant 800 \\ y_{A1} + d_{A1}^- - d_{A1}^+ = 0.4x_A \\ y_{A3} + d_{A3}^- - d_{A3}^+ = 0.2x_A \\ y_{B1} + d_{B1}^- - d_{B1}^+ = 0.1x_B \\ y_{B3} + d_{B3}^- - d_{B3}^+ = 0.8x_B \\ y_{C1} + d_{C1}^- - d_{C1}^+ = 0.1x_C \\ y_{C3} + d_{C3}^- - d_{C3}^+ = 0.6x_C \\ 150x_A + 140x_B + 130x_C - 16z_1 - 14z_2 - 11z_3 + d_1^- - d_1^+ = M \\ x_A + d_2^- - d_2^+ = 1\,800 \\ x_i, y_{ij}, z_j \geqslant 0, & i = A,B,C; j = 1,2,3 \\ d_{ij}^+, d_{ij}^- \geqslant 0, d_{ij}^+ \cdot d_{ij}^- = 0, & i = A,B,C; j = 1,3 \\ d_i^+, d_i^- \geqslant 0, d_i^+ \cdot d_i^- = 0, & i = 1,2 \end{cases}$$

5.5 Python 编程求解目标规划问题

5.5.1 Python 编程调用优化库求解

采用 Python 编程语言求解例 5-1。由于 P_1, P_2, P_3, P_4 的值是未知的,根据题目要求的优先满足定义可以将 P_1, P_2, P_3, P_4 分别赋值 4,3,2,1。编程代码如下:

```python
from pulp import *
solver = GUROBI()   # 使用 Gurobi 求解器
# 创建优化问题
prob = LpProblem("Minimization_Problem", LpMinimize)
# 变量定义
x1 = LpVariable("x1", lowBound = 0, cat ='Integer')
x2 = LpVariable("x2", lowBound = 0, cat ='Integer')
x3 = LpVariable("x3", lowBound = 0, cat ='Integer')
d1_minus = LpVariable("d1_minus", lowBound = 0)
```

```
d1_plus = LpVariable("d1_plus", lowBound = 0)
d2_minus = LpVariable("d2_minus", lowBound = 0)
d2_plus = LpVariable("d2_plus", lowBound = 0)
d3_minus = LpVariable("d3_minus", lowBound = 0)
d3_plus = LpVariable("d3_plus", lowBound = 0)
d4_minus = LpVariable("d4_minus", lowBound = 0)
d4_plus = LpVariable("d4_plus", lowBound = 0)
d5_minus = LpVariable("d5_minus", lowBound = 0)
d5_plus = LpVariable("d5_plus", lowBound = 0)
# 定义 P1、P2、P3、P4 的值
P1_value = 4
P2_value = 3
P3_value = 2
P4_value = 1
# 目标函数
prob += P1_value * d1_minus + P2_value * d2_plus + P3_value * d3_minus + P4_value * (d4_plus + d5_plus)
# 约束条件
prob += 40 * x1 + 30 * x2 + 50 * x3 + d1_minus - d1_plus == 3200
prob += x1 - 1.5 * x2 + d2_minus - d2_plus == 0
prob += x3 + d3_minus - d3_plus == 0
prob += 3 * x1 + x2 + 2 * x3 + d4_minus - d4_plus == 200
prob += 2 * x1 + 2 * x2 + 4 * x3 + d5_minus - d5_plus == 200
prob += 4 * x1 + 5 * x2 + x3 <= 360
prob += 2 * x1 + 3 * x2 + 5 * x3 <= 300
# 使用 Gurobi 求解器来求解问题
prob.solve()
# 输出结果
print("Status:", LpStatus[prob.status])
print("Objective Value:", value(prob.objective))
print("x1 =", value(x1))
print("x2 =", value(x2))
print("x3 =", value(x3))
print("d1 ^- =", value(d1_minus))
print("d1 ^+ =", value(d1_plus))
print("d2 ^- =", value(d2_minus))
print("d2 ^+ =", value(d2_plus))
print("d3 ^- =", value(d3_minus))
```

```
print("d3 ^+ =", value(d3_plus))
print("d4 ^- =", value(d4_minus))
print("d4 ^+ =", value(d4_plus))
print("d5 ^- =", value(d5_minus))
print("d5 ^+ =", value(d5_plus))
# 运行上面程序结果如下:
x1 = 38.0
x2 = 26.0
x3 = 18.0
d1 ^- = 0.0
d1 ^+ = 0.0
d2 ^- = 1.0
d2 ^+ = 0.0
d3 ^- = 0.0
d3 ^+ = 18.0
d4 ^- = 24.0
d4 ^+ = 0.0
d5 ^- = 0.0
d5 ^+ = 0.0
```

5.5.2 Python 编程实现单纯形法求解

采用 Python 编程语言实现以单纯形法求解例 $5-3$,设 $P_1 = 2, P_2 = 1$。

```
from pulp import *
# 定义常量
P1 = 2
P2 = 1
# 创建问题实例
prob = LpProblem("Problem", LpMinimize)
# 定义变量
x1 = LpVariable("x1", lowBound = 0)
x2 = LpVariable("x2", lowBound = 0)
d1_minus = LpVariable("d1_minus", lowBound = 0)
d1_plus = LpVariable("d1_plus", lowBound = 0)
d2_minus = LpVariable("d2_minus", lowBound = 0)
d2_plus = LpVariable("d2_plus", lowBound = 0)
d3_minus = LpVariable("d3_minus", lowBound = 0)
d3_plus = LpVariable("d3_plus", lowBound = 0)
# 定义目标函数
```

```
prob += P1 * (d1_minus + d2_plus) + P2 * d3_minus
#  添加约束条件
prob += x1 + 2 * x2 + d1_minus - d1_plus == 50
prob += 2 * x1 + x2 + d2_minus - d2_plus == 40
prob += 2 * x1 + 2 * x2 + d3_minus - d3_plus == 80
#  解决问题
prob.solve()
#  输出结果
print("Optimization status:", LpStatus[prob.status])
print("Objective value:", value(prob.objective))
print("x1 =", value(x1))
print("x2 =", value(x2))
print("d1_minus =", value(d1_minus))
print("d1_plus =", value(d1_plus))
print("d2_minus =", value(d2_minus))
print("d2_plus =", value(d2_plus))
print("d3_minus =", value(d3_minus))
print("d3_plus =", value(d3_plus))
#  运行上面程序结果如下:
x1 = 0.0
x2 = 40.0
d1_minus = 0.0
d1_plus = 30.0
d2_minus = 0.0
d2_plus = 0.0
d3_minus = 0.0
d3_plus = 0.0
```

课后习题

1. 试述目标规划的数学模型同一般线性规划数学模型的相同点和不同点。

2. 判断下列说法是否正确。

（a）线性规划问题是目标规划问题的一种特殊形式。　　　　　（　　）

（b）正偏差变量应取正值，负偏差变量应取负值。　　　　　　（　　）

（c）目标规划模型中，应同时包含系统约束（绝对约束）与目标约束。　　（　　）

3. 为什么求解目标规划时要提出满意解的概念，它同最优解有什么区别。

4. 用图解法求解下述目标规划问题。

（1）$\min z = P_1 d_1^+ + P_2(d_2^- + d_2^+) + P_3 d_3^-$

$$\text{s.t.}\begin{cases} 2x_1 + x_2 \leqslant 11 \\ x_1 - x_2 + d_1^- - d_1^+ = 0 \\ x_1 + 2x_2 + d_2^- - d_2^+ = 10 \\ 8x_1 + 10x_2 + d_3^- - d_3^+ = 56 \\ x_1, x_2, d_i^-, d_i^+ \geqslant 0, \quad i = 1,2,3 \end{cases}$$

（2）$\min z = P_1 d_1^+ + P_2 d_3^+ + P_3 d_2^+$

$$\text{s.t.}\begin{cases} -x_1 + 2x_2 + d_1^- - d_1^+ = 4 \\ x_1 - 2x_2 + d_2^- - d_2^+ = 4 \\ x_1 + 2x_2 + d_3^- - d_3^+ = 8 \\ x_1, x_2, d_i^-, d_i^+ \geqslant 0, \quad i = 1,2,3 \end{cases}$$

5. 用单纯形法求解下述目标规划问题。

(1) $\min z = P_1 d_2^+ + P_1 d_2^- + P_2 d_1^-$

$$\text{s.t.} \begin{cases} x_1 + 2x_2 + d_1^- - d_1^+ = 10 \\ 10x_1 + 12x_2 + d_2^- - d_2^+ = 62.4 \\ 2x_1 + x_2 \leqslant 8 \\ x_1, x_2, d_i^-, d_i^+ \geqslant 0, \quad i = 1, 2 \end{cases}$$

(2) $\min z = P_1 d_1^- + P_2 d_2^+ + P_3 d_3^-$

$$\text{s.t.} \begin{cases} 5x_1 + 10x_2 \leqslant 60 \\ x_1 - 2x_2 + d_1^- - d_1^+ = 0 \\ 4x_1 + 4x_2 + d_2^- - d_2^+ = 36 \\ 6x_1 + 8x_2 + d_3^- - d_3^+ = 48 \\ x_1, x_2, d_i^-, d_i^+ \geqslant 0, \quad i = 1, 2, 3 \end{cases}$$

6. 某音像商店有 5 名全职熟练售货员和 4 名兼职售货员,全职售货员每月工作 160 h,兼职售货员每月工作 80 h。根据过去的工作纪录,全职售货员每小时销售 CD25 张,平均每小时工资 15 元,加班工资每小时 22.5 元,兼职售货员每小时销售 CD10 张,平均工资每小时 10 元,加班工资每小时 10 元。现在预测下个月 CD 销售量为 27 500 张,商店每周开门营业 6 天,所以可能要加班,每出售一张 CD 盈利1.5元。

商店经理认为,保持稳定的就业水平加上必要的加班,比不加班但就业水平不稳定要好,但全职售货员如果加班过多,就会因为疲劳过度而造成效益下降,因此,不允许每月加班超过 100 h,建立相应的目标规划模型。

7. 一个小型的无线电广播台考虑如何最好地来安排音乐、新闻和商业节目时间。依据规定,该台每天允许广播 12 小时,其中商业节目用以赢利,每小时可收入 250 美元,新闻节目每小时需支出 40 美元,音乐节目每播一小时费用为 17.50 美元。正常情况下商业节目只能占广播时间的 20%,每小时至少安排 5 分钟新闻节目。问每天的广播节目该如何安排? 优先级如下:

P_1:满足法律规定要求;

P_2:每天的纯收入最大。

试建立该问题的目标规划模型。

8. 某农场有 3 万亩农田,欲种植玉米、大豆和小麦。各种作物每亩需施化肥分别为 0.12,0.20,0.15 吨。预计秋后玉米每亩可收获 500 公斤,售价为 0.24 元/公斤;大豆每亩可收获 200 公斤,售价为 1.20 元/公斤;小麦每亩可收获 300 公斤,售价为 0.70 元/公斤。农场年初规划时需考虑以下几个方面:

P_1:年终收益不低于 350 万元;

P_2:总产量不低于 1.25 万吨;

P_3:小麦产量以 0.5 万吨为宜;

P_4:大豆产量不少于 0.2 万吨;

P_5:玉米产量不超过 0.6 万吨;

P_6:农场现在能提供 5 000 吨化肥,若不够,可在市场高价购买,但希望高价采购量愈少愈好。

试就该农场生产计划建立数学模型。

9. 某厂生产 A、B 两种型号的微型计算机产品。每种型号的微型计算机均需要经过两道工序 Ⅰ、Ⅱ。已知每台微型计算机所需要的加工时间、销售利润及工厂每周最大加工能力的数据如下:

	A	B	每周最大加工能力
I	4	6	150
II	3	2	70
利润(元/台)	300	450	

工厂经营目标的期望值及优先级如下：

P_1：每周总利润不得低于 10 000 元。

P_2：因合同要求，A 型机每周至少生产 10 台；B 型机每周至少生产 15 台。

P_3：由于条件限制且希望充分利用工厂的生产能力，工序 I 的每周生产时间必须恰好为 150 小时，工序 II 的每周生产时间可适当超过其最大加工能力（允许加班）。

试建立此问题的目标规划模型并用 Python 编程求解。

10. 某公司从三个产地 A_1, A_2, A_3 将产品运往四个销地 B_1, B_2, B_3, B_4，各产地的产量，各销地的销量及各产地往各销地的运费单价如表所示。

	B_1	B_2	B_3	B_4	产量
A_1	3	11	3	10	7
A_2	1	9	2	8	4
A_3	7	4	10	5	9
销量	3	6	5	6	

若目标

P_1：B_1 每天的销量必须满足；

P_2：B_2 销量中至少有 50% 由 A_2 供应；

P_3：因 A_3—B_4 临时修路，故该段运量宜不超过 2 吨；

B_4：各产销地产销量尽量不变；

P_5：总调运费为最小。

试建立该问题的数学模型并用 Python 编程求解。

11. 某电子厂生产录音机和电视机两种产品,分别经由甲、乙两个车间生产。已知除外购件外,生产一台录音机需甲车间加工 2 小时,乙车间装配 1 小时;生产一台电视机需甲车间加工 1 小时,乙车间装配 3 小时。这两种产品生产出来后均需经检验、销售等环节。已知每台录音机检验销售费用需 50 元,每台电视机检验销售费用需 30 元。甲车间每月可用的生产工时为 120 小时,每小时费用为 80 元;乙车间每月可用的生产工时为 150 小时,每小时费用为 20 元。估计每台录音机利润为 100 元,每台电视机利润为 75 元,又估计下一年度内平均每月可销售录音机 50 台、电视机 80 台。

工厂确定制订月度计划的目标如下:

第一优先级:检验和销售费每月不超过 4 600 元;

第二优先级:每月售出录音机不少于 50 台;

第三优先级:甲、乙两车间的生产工时得到充分利用(重要性权系数按两个车间每小时费用的比例确定);

第四优先级:甲车间加班不超过 20 小时;

第五优先级:每月销售电视机不少于 80 台;

第六优先级:两个车间加班总时间要有控制(权系数分配与第三优先级相同)。

试确定该厂为达到以上目标的最优月度计划生产模型并用 Python 编程求解。

第6章 整数规划

在运筹学领域中,整数规划是一种重要的数学优化方法。它在决策问题中起着关键作用,特别是在涉及资源分配、作业调度、生产计划和供应链管理等方面。整数规划通过在决策变量中引入整数限制,将问题转化为在整数解空间中寻找最优解的数学模型。

整数规划问题的独特性质使得它与线性规划等其他优化方法有所不同。整数规划的决策变量只能取整数值,这使得问题的解空间变得离散化,从而增加了问题的复杂性。与此同时,整数规划问题也具有许多实际应用中的挑战,如计算复杂度高、搜索空间大、解的存在性和可行性检测等问题。

为了解决整数规划问题,研究者们提出了各种求解方法和算法。这些方法包括分支定界法、割平面法、启发式算法和元启发式算法等。这些方法在实践中取得了重要的成果,并且不断发展和改进。

6.1 整数规划问题及其数学模型

一个规划问题中要求部分或全部决策变量是整数,则这个规划称为整数规划。当要求全部变量取整数值的,称为纯整数规划;只要求一部分变量取整数值的,称为混合整数规划。如果模型是线性的,称为整数线性规划。

一般的整数规划数学模型如下:

$$(IP) \min c^T x$$
$$\text{s.t.} Ax \leqslant b, \quad x \in \mathbf{Z}_+^n$$

或者具体表述为:

$$\max \text{ 或 } \min z = c_1 x_1 + c_2 x_2 + \cdots + c_n x_n$$

$$\text{s.t.} \begin{cases} a_{11} x_1 + a_{12} x_2 + \cdots + a_{1n} x_n \leqslant (\text{或} =, \geqslant) b_1 \\ a_{21} x_1 + a_{22} x_2 + \cdots + a_{2n} x_n \leqslant (\text{或} =, \geqslant) b_2 \\ \qquad\qquad\cdots\cdots \\ a_{m1} x_1 + a_{m2} x_2 + \cdots + a_{mn} x_n \leqslant (\text{或} 8 =, \geqslant) b_m \\ x_1, x_2 \cdots, x_n \geqslant 0 \\ x_1, x_2 \cdots, x_n \text{ 中部分或者全部为整数} \end{cases}$$

现举几个例子来具体探讨整数线性规划。

【例 6 - 1】（排班问题） 某医院需要为每天六个班次进行排班值班，医院在不同的时间段所需的护士人数不同，具体数据见表 6 - 1，并且已知护士连续值班时间为 8 小时。如何进行安排使医院人力成本最小呢？

表 6 - 1 值班需求表

班 次	时 间	所需人数
1	0:00—4:00	20
2	4:00—8:00	30
3	8:00—12:00	40
4	12:00—16:00	40
5	16:00—20:00	30
6	20:00—24:00	20

解：为了解决这个问题，我们建立一个整数规划模型。

设 x_{ij} 表示第 $i(i=1,2,3)$ 个班次初安排的护士人数，要使医院的护士的总人数最少，即：

$$\min z = x_1 + x_2 + x_3 + x_4 + x_5 + x_6$$

因为护士连续值班时间为 8 小时且要满足各个时间段的人数需求，为了满足这个条件，有以下约束：

$$\text{s.t.} \begin{cases} x_6 + x_1 \geqslant 20 \\ x_1 + x_2 \geqslant 30 \\ x_2 + x_3 \geqslant 40 \\ x_3 + x_4 \geqslant 40 \\ x_4 + x_5 \geqslant 30 \\ x_5 + x_6 \geqslant 20 \end{cases}$$

由于人数非负且必为整数，添加非负性约束和整数性约束：

$$\min z = x_1 + x_2 + x_3 + x_4 + x_5 + x_6$$

$$\text{s.t.} \begin{cases} x_6 + x_1 \geqslant 20 \\ x_1 + x_2 \geqslant 30 \\ x_2 + x_3 \geqslant 40 \\ x_3 + x_4 \geqslant 40 \\ x_4 + x_5 \geqslant 30 \\ x_5 + x_6 \geqslant 20 \\ x_i \geqslant 0; x_i \text{为整数}, \quad i = 1,2,\cdots,6 \end{cases}$$

【例 6 - 2】(背包问题)　某人有一背包可以装 10 千克重、0.025 立方米的物品。他准备用来装甲、乙两种物品,每件物品的重量、体积和价值如表 6 - 1 所示。问两种物品各装多少件,所装物品的总价值最大?

表 6 - 2　物品信息表

物　品	单件重量/千克	单件体积/立方米	单件价值/元
甲	1.2	0.002	4
乙	0.8	0.002 5	3

解:设甲、乙两种物品各装 x_1, x_2 件,则数学模型为:

$$\max z = 4x_1 + 3x_2$$

$$\text{s.t.} \begin{cases} 1.2x_1 + 0.8x_2 \leqslant 10 \\ 0.002x_1 + 0.002\,5x_2 \leqslant 0.025 \\ x_1, x_2 \geqslant 0, \text{且均取整数} \end{cases} \quad (6\text{-}1)$$

如果不考虑 x_1, x_2 取整数的约束[称为式(6 - 1)的松弛问题],线性规划的可行域如图 6 - 1 中的阴影部分所示。

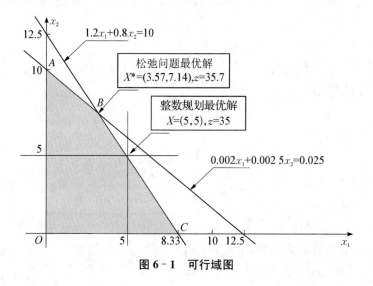

图 6 - 1　可行域图

用图解法求得点 B 为最优解: $X^* = (3.57, 7.14)$, $z^* = 35.7$。由于 x_1, x_2 必须取整数值,实际上整数规划问题的可行解集只是图中可行域内的那些整数点。用凑整法来解时需要比较四种组合,但(4,7),(4,8),(3,8)都不是可行解,(3,7)虽属可行解,但代入目标函数得 $z = 33$,并非最优。实际上问题的最优解是(5,5), $z = 35$。即两种物品各装 5 件,总价值 35 元。

由图 6 - 1 知,点(5,5)不是可行域的顶点,直接用图解法或单纯形法都无法求出整数规划问题的最优解,因此求解整数规划问题的最优解需要采用其他特殊方法。

在很多管理问题中，如果决策者只能在两种方案中进行选择，为了方便建模，可以引入一个取值只能为 0 或者 1 的变量来表示。这类决策问题有时也被称为"0 - 1 规划"。

一般的整数规划数学模型如下：

$$\max \text{ 或 } \min z = c_1 x_1 + c_2 x_2 + \cdots + c_n x_n$$

$$\text{s.t.} \begin{cases} a_{11} x_1 + a_{12} x_2 + \cdots + a_{1n} x_n \leqslant (\text{或} =, \geqslant) b_1 \\ a_{21} x_1 + a_{22} x_2 + \cdots + a_{2n} x_n \leqslant (\text{或} =, \geqslant) b_2 \\ \qquad\qquad \cdots\cdots \\ a_{m1} x_1 + a_{m2} x_2 + \cdots + a_{mn} x_n \leqslant (\text{或} =, \geqslant) b_m \\ x_1, x_2 \cdots, x_n \geqslant 0 \\ x_1, x_2 \cdots, x_n \text{ 中部分或者全部为整数} \end{cases}$$

下面探讨"0 - 1 规划"的例子。

【例 6 - 3】(背包问题扩展)　在例 6 - 2 中，假设此人还有一只旅行箱，最大载重量为 12 千克，其体积是 0.02 立方米。背包和旅行箱只能选择其一，建立下列几种情形的数学模型，使所装物品价值最大。

(1) 所装物品不变；

(2) 如果选择旅行箱，则只能装载丙和丁两种物品，价值分别是 4 元和 3 元，载重量和体积的约束为：

$$\text{s.t.} \begin{cases} 1.8 x_1 + 0.6 x_2 \leqslant 12 \\ 1.5 x_1 + 2 x_2 \leqslant 20 \end{cases}$$

解：此问题可以建立两个整数规划模型，但用一个模型描述更简单。引入 0 - 1 变量(或称逻辑变量) y_i，令：

$$y_i = \begin{cases} 1, \text{采用第 } i \text{ 种方式装载时} \\ 0, \text{不采用第 } i \text{ 种方式装载时} \end{cases}, \quad i = 1, 2$$

(1) 由于所装物品不变，原数学模型约束左边不变，整数规划数学模型为：

$$\max z = 4 x_1 + 3 x_2$$

$$\text{s.t.} \begin{cases} 1.2 x_1 + 0.8 x_2 \leqslant 10 y_1 + 12 y_2 \\ 2 x_1 + 2.5 x_2 \leqslant 25 y_1 + 20 y_2 \\ y_1 + y_2 = 1 \\ x_i \geqslant 0, \text{且均取整数}, y_i = 0 \text{ 或 } 1, \quad i = 1, 2 \end{cases}$$

(2) 由于不同载体所装物品不一样，数学模型为：

$$\max z = 4 x_1 + 3 x_2$$

$$\text{s.t.}\begin{cases}1.2x_1+0.8x_2\leqslant 10+My_2 & (a)\\ 1.8x_1+0.6x_2\leqslant 12+My_1 & (b)\\ 2x_1+2.5x_2\leqslant 25+My_2 & (c)\\ 1.5x_1+2x_2\leqslant 20+My_1 & (d)\\ y_1+y_2=1\\ x_i\geqslant 0,且均取整数,y_i=0或1, \quad i=1,2\end{cases}$$

式中,M 为充分大的正数。从上式可知,当使用背包时($y_1=1,y_2=0$),式(b)和式(d)是多余的;当使用旅行箱时($y_1=0,y_2=1$),式(a)和式(c)是多余的。上式也可以令:

$$y_1=y$$
$$y_2=1-y$$

同样可以讨论对于有 m 个条件互相排斥、有 $m(\leqslant m$、$\geqslant m)$ 个条件起作用的情形。

(1)当右端常数是 k 个值中的一个时,类似上述式子的约束条件为:

$$\sum_{j=1}^{n}a_{ij}x_j\leqslant\sum_{i=1}^{k}b_iy_i$$
$$\sum_{i=1}^{k}y_i=1$$

(2)对于 m 组条件中有 $k(k\leqslant m)$ 组起作用时,类似地可写成:

$$\sum_{j=1}^{n}a_{ij}x_j\leqslant b_i+My_i$$
$$\sum_{i=1}^{k}y_i=1$$

这里 $y_i=1$ 表示第 i 组约束不起作用,$y_i=0$ 表示第 i 个约束起作用。当约束条件是"$\geqslant$"符号时右端常数项应为:

$$b_i-My_i$$

(3)对于 m 个条件中有 $k(k\leqslant m)$ 个起作用时,约束条件写成:

$$\sum_{j=1}^{n}a_{ij}x_j\leqslant b_i+My_i$$
$$\sum_{i=1}^{k}y_i=m-k$$

6.2 分支定界法

　　求解整数规划时,如果可行域是有界的,首先容易想到的方法就是穷举变量的所有可行的整数组合,就像在求解例 6-1 那样,找出所有的整数组合,然后比较它们的目标函数值以定出最优解。对于小规模的问题,变量数很少,可行的整数组合数也很小时,这个方法是可行的,也是有效的。但对于大规模的问题,可行的整数组合很大时,在这时,穷举法是不可取的。

　　所以我们的方法一般应是仅检查可行的整数组合的一部分,就能定出最优的整数解。分支定界法就是其中的一个,分支定界法可用于解纯整数或混合的整数规划问题。由于该方法灵活且便于用计算机求解,所以现在它已是解整数规划的重要方法。

　　下面具体介绍分支定界法的步骤:

　　(1) 求整数规划的松弛问题最优解。

　　(2) 若松弛问题的最优解满足整数要求,得到整数规划的最优解,否则转下一步。

　　(3) 任意选一个非整数解的变量 x_i,在松弛问题中加上约束 $x_i \leqslant [x_i]$ 及 $x_i \geqslant [x_i]+1$ 组成两个新的松弛问题,称为分支。新的松弛问题具有以下特征:当原问题是求最大值时,目标值是分支问题的上界;当原问题是求最小值时,目标值是分支问题的下界。

　　(4) 检查所有分支的解及目标函数值,若某分支的解是整数并且目标函数值大于等于其他分支的目标值,则将其他分支剪去不再计算,若还存在非整数解并且目标值大于整数解的目标值,需要继续分支,再检查,直到得到最优解。

　　现用求解例 6-2 来具体说明步骤。

$$\max z = 4x_1 + 3x_2$$

$$\text{s.t.} \begin{cases} 1.2x_1 + 0.8x_2 \leqslant 10 \\ 2x_1 + 2.5x_2 \leqslant 25 \\ x_1, x_2 \geqslant 0, \text{且均取整数} \end{cases}$$

解:先求对应的松弛问题:

$$\max z = 4x_1 + 3x_2$$

$$\text{s.t.} \begin{cases} 1.2x_1 + 0.8x_2 \leqslant 10 \\ 2x_1 + 2.5x_2 \leqslant 25 \\ x_1, x_2 \geqslant 0 \end{cases}$$

用图解法得到最优解 $X_0 = (3.57, 7.14)$,$z_0 = 35.7$,如图 6-2 所示。

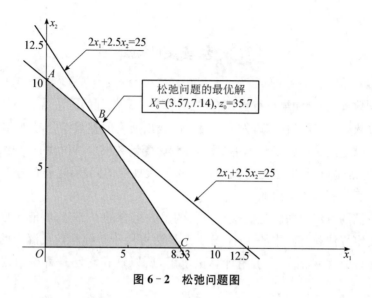

图 6-2　松弛问题图

记原问题对应的松弛线性规划问题为（B），其最优解为 $(x_1^*, x_2^*) = (3.57, 7.14)$，目标函数值 $z_0 = 35.7$，显然不满足整型约束。因此，将 x_1 进行分支，增加约束 $x_1 \leqslant 3$ 及 $x_1 \geqslant 4$ 得到两个子问题，分别记为（B_1）和（B_2），称此为第一次迭代，利用图解法求得最优解，如图 6-3 所示，分支过程如图 6-4 所示。

$$(B_1) \max z = 4x_1 + 3x_2$$
$$\text{s.t.} \begin{cases} 1.2x_1 + 0.8x_2 \leqslant 10 \\ 2x_1 + 2.5x_2 \leqslant 25 \\ x_1 \leqslant 3 \\ x_1, x_2 \geqslant 0 \end{cases}$$

$$(B_2) \max z = 4x_1 + 3x_2$$
$$\text{s.t.} \begin{cases} 1.2x_1 + 0.8x_2 \leqslant 10 \\ 2x_1 + 2.5x_2 \leqslant 25 \\ x_1 \geqslant 4 \\ x_1, x_2 \geqslant 0 \end{cases}$$

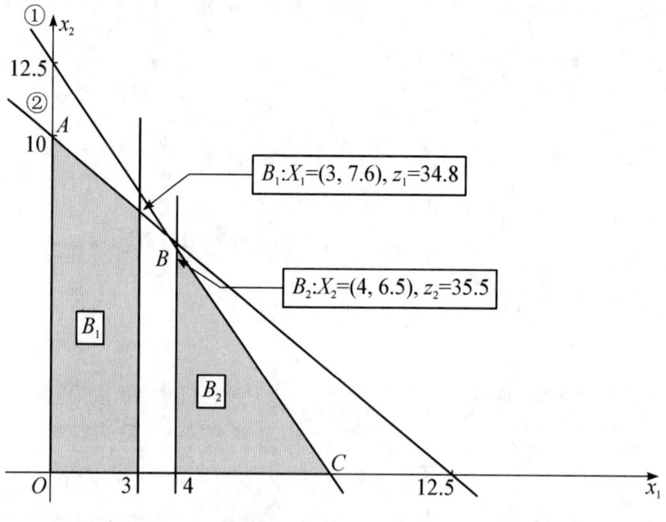

图 6-3　分支一过程图

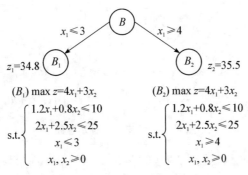

图 6-4　分支一过程示意图

（1）求解子问题 B_1，其最优解为 $(x_1^*, x_2^*) = (3, 7.6)$，目标函数值 $z_1 = 34.8$。由于 $z_1 < z_2$，选择目标值最大的分支 B_2 进行分支。

（2）求解子问题 B_2，其最优解为 $(x_1^*, x_2^*) = (4, 6.5)$，目标函数值 $z_2 = 35.5$。由于 $z_1 < z_2$，对 B_2 进行分支，添加约束条件 $x_2 \leqslant 6$，$x_2 \geqslant 7$ 得到两个子问题，分别记为 B_3 和 B_4，称此为第二次迭代，利用图解法求得最优解，如图 6-5 所示，分支过程如图 6-6 所示。

$$(B_3) \max z = 4x_1 + 3x_2$$

$$\text{s.t.} \begin{cases} 1.2x_1 + 0.8x_2 \leqslant 10 \\ 2x_1 + 2.5x_2 \leqslant 25 \\ x_1 \geqslant 4, x_2 \leqslant 6 \\ x_1, x_2 \geqslant 0 \end{cases}$$

$$(B_4) \max z = 4x_1 + 3x_2$$

$$\text{s.t.} \begin{cases} 1.2x_1 + 0.8x_2 \leqslant 10 \\ 2x_1 + 2.5x_2 \leqslant 25 \\ x_1 \geqslant 4, x_2 \geqslant 7 \\ x_1, x_2 \geqslant 0 \end{cases}$$

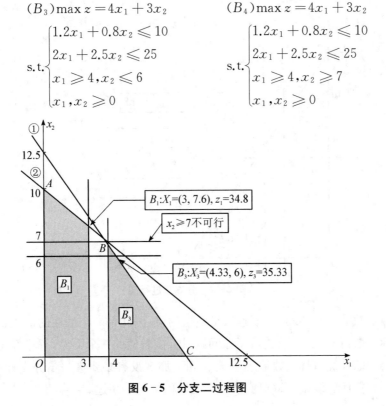

图 6-5　分支二过程图

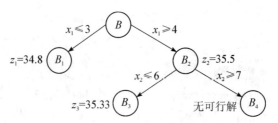

图 6-6 分支二过程示意图

（3）求解子问题 B_3，其最优解为 $(x_1^*, x_2^*) = (4.33, 6)$，目标函数值 $z_3 = 35.33$。由于 $z_3 > z_1$，选择 B_3 进行分支，增加约束条件 $x_1 \leqslant 4$，$x_1 \geqslant 5$ 得到两个子问题，分别记为 B_5 和 B_6，利用图解法求得最优解，如图 6-7 所示。

$$(B_5) \max z = 4x_1 + 3x_2 \qquad (B_6) \max z = 4x_1 + 3x_2$$

$$\text{s.t.} \begin{cases} 1.2x_1 + 0.8x_2 \leqslant 10 \\ 2x_1 + 2.5x_2 \leqslant 25 \\ x_1 \geqslant 4 \\ x_1 \leqslant 4 \\ x_2 \leqslant 6 \\ x_1, x_2 \geqslant 0 \end{cases} \qquad \text{s.t.} \begin{cases} 1.2x_1 + 0.8x_2 \leqslant 10 \\ 2x_1 + 2.5x_2 \leqslant 25 \\ x_1 \geqslant 5 \\ x_2 \leqslant 6 \\ x_1, x_2 \geqslant 0 \end{cases}$$

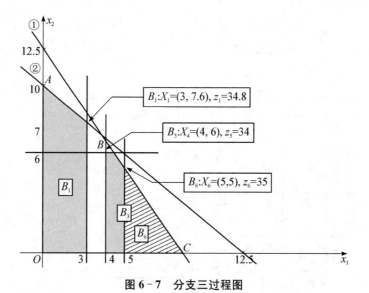

图 6-7 分支三过程图

目标函数值 $z_6 = 5.000$，该解满足整型约束，因此是一个潜在的最优整数解。这里的目标函数值 $z_6 = 35$ 就构成了原问题目标函数值的一个下界，意味着任何分支如果计算得到的最优目标函数值小于 $z_6 = 35$，那么没有必要进一步分支计算，因为该分支得到的任何后续整数解对应的目标函数值都不会超过 $z_6 = 35$。

（4）求解子问题 B_4，由图 6-4 发现其可行域为空集，因此该分支不可能是最优解。

综合上述过程可知，子问题 B_6 得到的最优解，即为原整数规划问题的最优解。

上述分支过程可用图 6-8 表示。

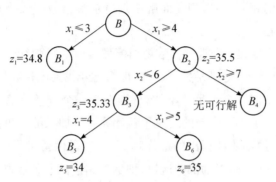

图 6-8　分支全过程示意图

用数学语言进一步来描述分支定界法的一般步骤如下：

（1）先求解原整数规划问题 A 的松弛规划问题 B。

（2）问题 B 的最优解分三种情形：

① 如果问题 B 无可行解，则问题 A 无可行解；

② 如果问题 B 的最优解符合问题 A 的整型约束，则停，已经找到问题的最优解；

③ 如果问题 B 的最优解不符合问题 A 的整型约束，则转到步骤（3）。

（3）估算原问题的某整数解，记其对应的目标函数值 z_0 作为下界。

（4）选取问题 B 最优解中不符合整数条件的分量（设其整数部分为 $x_j b_j$）进行分支，构造问题 B 的子问题 C 和 D。其中子问题 C 是在问题 B 的基础上增加约束 $x_j \leqslant b_j$，D 则是在问题 B 的基础上增加约束 $x_j \geqslant b_j + 1$。

（5）分别求解子问题 C 和 D，同样分三种情形：

① 如果子问题 C 或 D 无可行解，则剪去分支；

② 如果子问题 C 或 D 对应的目标值 $\leqslant z_0$，则剪去分支；

③ 如果子问题 C 或 D 对应的目标值 $> z_0$，进一步考虑其解是否满足整型约束：

如果解为整数解，则更新下界，令 $z_0 = z_C$ 或 $z_0 = z_D$；如果解为非整数解，则在子问题 C 或 D 的基础上继续步骤（4）。

（6）如果全部分支剪完，则停。

用分支定界法可解纯整数规划问题和混合整数规划问题。它比穷举法优越。因为它仅在一部分可行解的整数解中寻求最优解，计算量比穷举法小。若变量数目很大，其计算工作量也是相当可观的。

6.3 割平面法

与分支定界法的相同的是,割平面解法是将求解整数线性规划的问题化为一系列普通线性规划问题求解。

割平面解法的思路是：先求解整数规划模型对应的松弛线性规划问题。如果得到的最优解(记为 X^*)恰好满足整型约束,那么已经找到该整数规划问题的最优解；如果得到的最优解不能完全满足整型约束(即至少一个分量取值为非整数),那么可以在原问题的基础上加入一个新的约束重新计算。新加入的约束要同时满足两方面的要求:一是能"割"掉刚才计算出的最优解 X^*,二是保留可行域中的所有整数点。也就是说,通过割掉 X^* 附近的部分区域,把 X^* 附近的非整数点去掉。通过这种方式,能够不断缩小可行域的范围,直到真正最优的整数解出现在可行域的边界上。

考虑以下纯整数规划问题：

$$\max z = \sum_{i=1}^{n} c_i x_i$$

$$\text{s.t.} \begin{cases} \sum_{j=1}^{n} a_{ij} x_j \leqslant b_i, & i=1,2,\cdots,m \\ x_j \geqslant 0 \text{ 且为整数}, & j=1,2,\cdots,n \end{cases}$$

我们先不考虑整数型约束,求解其对应的松弛线性规划问题。引入 m 个松弛变量之后,可以利用单纯形法进行求解。为了便于表述,记松弛问题的最优解为 $X^* = (x_1,x_2,\cdots,x_m,x_{m+1},\cdots,x_{m+n})$,其中 $(x_1,x_2,\cdots,x_m)$ 是基变量,$(x_{m+1},\cdots,x_{m+n})$ 是非基变量,记最终单纯形表对应的约束方程为：

$$\begin{cases} x_1 = \bar{b}_1 - \bar{a}_1(m+1)x_{m+1} - \bar{a}_1(m+2)x_{m+2} - \cdots - \bar{a}_1(m+n)x_{m+n} \\ x_m = \bar{a}_m - \bar{a}_m(m+1)x_{m+1} - \bar{a}_m(m+2)x_{m+2} - \cdots - \bar{a}_{m(m+n)}x_{m+n} \end{cases}$$

如果 X^* 不满足整型约束,考虑某个不为整数的 x_i 所对应的"诱导方程"：

$$x_i + \sum_{j=m+1}^{m+n} \bar{a}_{ij} x_j = \bar{b}_i$$

记 $\bar{b}$ 的整数部分为 $\tilde{b}_i$,小数部分为 β_i；记 $\bar{a}_{ij}$ 的整数部分为 $\tilde{a}_{ij}$,小数部分为 α_{ij},即：

$$\bar{b}_i = \tilde{b}_i + \beta_i, \quad 0 < \beta_i < 1$$

$$\bar{a}_{ij} = \tilde{a}_{ij} + \alpha_{ij}, \quad 0 \leqslant \alpha_{ij} < 1$$

诱导方程即为：

$$\beta_i - \sum_{i=m+n}^{m+n} \alpha_{ij} x_j = x_i - \widetilde{b}_i + \sum_{j=m+1}^{m+n} \widetilde{a}_{ij} x_j$$

考虑原整数规划问题的任一可行解（所有分量都为整数），它都满足上述方程。在该方程中，等式右边一定为整数，等式左边一定小于 1。因此，我们可知这一整数点一定满足：

$$\beta_i - \sum_{j=m+1}^{m+n} \alpha_{ij} x_j \leqslant 0$$

或

$$x_i - \widetilde{b}_i + \sum_{j=m+1}^{m+n} \widetilde{a}_{ij} x_j \leqslant 0$$

于是，在原整数规划的基础上，我们加入下面的新约束：

$$\beta_i - \sum_{j=m+1}^{m+n} \alpha_{ij} x_j + s_i = 0, s_i \geqslant 0, \text{取整数}$$

或

$$x_i - \overline{b}_i + \sum_{j=m+1}^{m+n} \widetilde{a}_{ij} x_j + s_i = 0, s_i \geqslant 0, \text{取整数}$$

这一新增约束即为"割平面"约束。正如上面分析的，原始问题的任一整数可行解都满足该约束，因此该割平面的加入并不会"割"掉任一整数可行解。同时，刚才计算得到的松弛线性规划问题的最优解 X^* 并不满足这一约束条件，因此 X^* 及其周围的一个小区域被割掉了。通过这种方法，能在保留所有整数可行解的前提下，使得松弛线性规划问题的可行域越来越小。通过不断切割，整数最优解有望出现在松弛线性规划问题的可行域边界上。一旦出现在边界上，则松弛线性规划问题的最优解即为整数最优解。现通过例子来说明。

【例 6 - 4】 用割平面法求解下列问题。

$$\max z = 4x_1 + 3x_2$$
$$\text{s.t.} \begin{cases} 6x_1 + 4x_2 \leqslant 30 \\ x_1 + 2x_2 \leqslant 10 \\ x_1, x_2 \geqslant 0 \text{ 且为整数} \end{cases}$$

解：放宽约束条件，对应的松弛问题是：

$\max z = 4x_1 + 3x_2$

$\text{s.t.} \begin{cases} 6x_1 + 4x_2 \leqslant 30 \\ x_1 + 2x_2 \leqslant 10 \\ x_1, x_2 \geqslant 0 \end{cases}$

根据约束条件做出函数图像如图 6 - 9 所示。

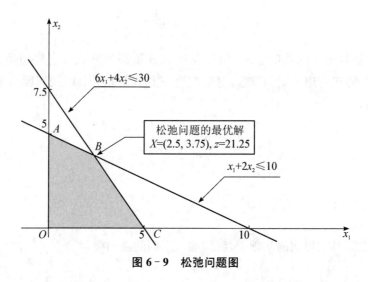

图 6-9　松弛问题图

很容易求得最优解 $X=(2.5,3.75)$，$z=21.25$，显然不满足整型约束，设想如果找到一条线段 AD 切割可行域 $OABC$（见图 6-10），使 BC 上的一个整数点 $D(3,3)$，就是可行域 $OABC$ 的一个极点，又满足所有的约束条件，这样的一个整数点就是原问题的最优解，所以解法的关键就是怎么样构建一个这样的割平面的 AD。以下继续说明。

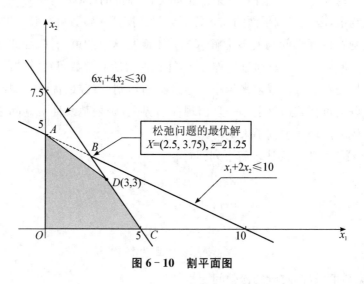

图 6-10　割平面图

用单纯形法求解，加入松弛变量 x_3 及 x_4 后，得到最优解（见表 6-3）。

表 6-3 单纯形法表

C_j		4	3	0	0	b
C_B	X_B	x_1	x_2	x_3	x_4	
4	x_1	1	0	1/4	$-1/2$	5/2
3	x_2	0	1	$-1/8$	3/4	15/4
λ_i		0	0	$-5/8$	$-1/4$	

最优解 $X^0 = (5/2, 15/4)$，显然不满足整型约束。选取一个非整数分量 x_1，其诱导方程为：

$$x_1 + \frac{1}{4}x_3 - \frac{1}{2}x_4 = \frac{5}{2}$$

分离系数后改写成：

$$x_1 + \frac{1}{4}x_3 - \frac{1}{2}x_4 = 2 + \frac{1}{2}$$

$$x_1 - x_4 - 2 = \frac{1}{2} - \frac{1}{4}x_3 - \frac{1}{2}x_4 \leqslant 0$$

加入松弛变量 x_5 可写出割平面约束为：

$$-x_3 - 2x_4 + x_5 = -2$$

将此式作为约束条件添加到表 6-2 中，用对偶单纯形法计算，如表 6-4 所示。

表 6-4 对偶单纯形法表

C_j		4	3	0	0	0	b
C_B	X_B	x_1	x_2	x_3	x_4	x_5	
4	x_1	1	0	1/4	$-1/2$	0	5/2
3	x_2	0	1	$-1/8$	3/4	0	15/4
0	x_3	0	0	-1	$[-2]$	1	$-2 \rightarrow$
λ_i		0	0	$-5/8$	$-1/4 \uparrow$	0	
4	x_1	1	0	1/2	0	$-1/4$	3
3	x_2	0	1	$-1/2$	0	3/8	3
0	x_3	0	0	1/2	1	$-1/2$	1
λ_i		0	0	$-1/2$	0	$-1/8$	

最优解 $X^1 = (3, 3)$，最优值 $z = 21$。所有变量为整数，X^1 就是该问题的最优解。如果不是整数解，需要继续切割，重复上述计算过程。

6.4 整数规划的典型应用

6.4.1 引入 0—1 变量的实际问题

【例 6-5】(投资问题) 某公司拟开发新型产品,在研发过程中有八个提议方案即代表八种产品 $A_i(i=1,2,\cdots,8)$ 可供选择,但考虑实际情况,有如下约束:

(1) 在 A_1,A_2,A_3 三种产品中至多选两个;

(2) 在 A_4,A_5 两种产品中至少选一个;

(3) 在 A_6,A_7,A_8 三种产品中至少选一个。

如果选择投产 A_i,投资成本预估为 b_i 元,每年的利润为 c_i 元,但投资的总金额不能超过 B,选择哪几种产品能使公司取得的利润最大?

解: 先引入 0-1 变量 x_i, $\quad i=1,2,\cdots,8$

令:

$$x_i = \begin{cases} 1, \text{当 } A_i \text{ 被选中} \\ 0, \text{当 } A_i \text{ 未被选中,} \end{cases} \quad i=1,2,\cdots,8$$

问题可以被表示为:

$$\max z = \sum_{i=1}^{8} c_i x_i$$

$$\text{s.t.} \begin{cases} \sum_{i=1}^{8} b_i x_i \leqslant B \\ x_1 + x_2 + x_3 \leqslant 2 \\ x_4 + x_5 \geqslant 1 \\ x_6 + x_7 + x_8 \geqslant 1 \\ x_i = 0 \text{ 或 } 1 \end{cases}$$

【例 6-6】(生产计划问题) 企业计划生产 4 000 件某种产品,可选择自己加工、外协加工任意一种形式生产。已知每种生产的固定费用、生产该产品的单件成本以及每种生产形式的最大加工数量(件)限制,如表 6-5 所示。请问:怎样安排产品的加工使总成本最小?

表 6-5 成本表

	固定成本/元	变动成本/(元/件)	最大加工数/件
本企业加工	500	8	1 500
外协加工 I	800	5	2 000
外协加工 II	600	7	不限

解:设 x_j 为采用第 $j(j=1,2,3)$ 种方式生产的产品数量,生产费用为:

$$C_j(x_j) = \begin{cases} k_j + c_j x_j, & x_j > 0 \\ 0, x_j = 0 \end{cases}$$

式中,k_j 是固定成本;c_j 是单位产品成本。设 $0-1$ 变量 y_j,令:

$$y_j = \begin{cases} 1, 采用第 j 种加工方式,x_j > 0 \\ 0, 不采用第 j 种加工方式,x_j = 0, \end{cases} \quad j = 1,2,3$$

数学模型为:

$$\min z = 500y_1 + 8x_1 + 800y_2 + 5x_2 + 600y_3 + 7x_3$$

$$\text{s.t.} \begin{cases} x_j - My_j \geqslant 0, & j = 1,2,3 \\ x_1 + x_2 + x_3 \geqslant 4\,000 \\ x_1 \leqslant 1\,500 \\ x_2 \leqslant 2\,000 \\ x_j \geqslant 0, y_j = 1 或 0, & j = 1,2,3 \end{cases}$$

$x_j - My_j$ 是处理 x_j 与 y_j 一对变量之间逻辑关系的特殊约束。当 $x_j > 0$ 时,$y_j = 1$;当 $x_j = 0$ 时,为使 z 最小化,有 $y_j = 0$。

在了解 $0-1$ 型整数规划的实际运用的基础上,下面进一步探讨 $0-1$ 型整数规划的解法。

6.4.2　0-1 型整数规划的解法

解 $0-1$ 型整数规划最容易想到的方法,和一般整数规划的情形一样,就是穷举法,即检查变量取值为 0 或 1 的每一种组合,比较目标函数值以求得最优解,这就需要检查变量取值的 2^n 个组合。对于变量个数 n 较大(如 $n \geqslant\!\!> 10$),这几乎是不可能的。因此,常设计一些方法,检查变量取值的组合的一部分,就能求到问题的最优解。这样的方法称为隐枚举法。分支定界法也是一种隐枚举法。另外,还有拉格朗日松弛法。

隐枚举法的一般步骤为:

第 1 步,找出任意一可行解,目标函数值为 z_0,

第 2 步,原问题求最大值时,则增加一个约束:

$$c_1 x_1 + c_2 x_2 + \cdots + c_n x_n \geqslant z_0 \quad (*)$$

当求最小值时,上式改为小于等于约束。

第 3 步,列出所有可能解,对每个可能解先检验式($*$);若满足再检验其他约束;若不满足式($*$),则认为不可行;若所有约束都满足,则认为此解是可行解,求出目标值。

第 4 步,目标函数值最大(最小)的解就是最优解。

下面举例说明一种解 $0-1$ 型整数规划的隐枚举法。

【例 6 - 7】 用隐枚举法求解下列 0—1 型整数规划问题。

$$\max z = 6x_1 + 2x_2 + 3x_3 + 5x_4$$

$$\text{s.t.} \begin{cases} 4x_1 + 2x_2 + x_3 + 3x_4 \leqslant 10 \\ 3x_1 - 5x_2 + x_3 + 6x_4 \geqslant 10 \\ 2x_1 + x_2 + x_3 - x_4 \leqslant 3 \\ x_1 + 2x_2 + 4x_3 + 5x_4 \leqslant 10 \\ x_j = 0 \text{ 或 } 1, \quad j = 1,2,3,4 \end{cases}$$

解:(1) 不难看出,当所有变量等于 0 或 1 的任意组合时,第一个约束满足,说明第一个约束没有约束力,是多余的,从约束条件中去掉。还能通过观察得到 $X_0 = (1, 0, 0, 1)$ 是一个可行解,目标值 $z_0 = 11$ 是问题的下界,构造一个约束:$6x_1 + 2x_2 + 3x_3 + 5x_4 \geqslant 11$,原问题变为:

$$\max z = 6x_1 + 2x_2 + 3x_3 + 5x_4$$

$$\text{s.t.} \begin{cases} 6x_1 + 2x_2 + 3x_3 + 5x_4 \geqslant 11 & (a) \\ 3x_1 - 5x_2 + x_3 + 6x_4 \geqslant 10 & (b) \\ 2x_1 + x_2 + x_3 - x_4 \leqslant 3 & (c) \\ x_1 + 2x_2 + 4x_3 + 5x_4 \leqslant 10 & (d) \\ x_j = 0 \text{ 或 } 1, \quad j = 1,2,3,4 \end{cases}$$

(2) 列出变量取值 0 和 1 的组合,共 $2^4 = 16$ 个,分别代入约束条件判断是否可行。首先判断式(a)是否满足,如果满足,接下来判断其他约束,否则认为不可行。计算过程如表 6 - 6 所示。

表 6 - 6 隐枚举法表

j	X_j	a	b	c	d	Z_j
1	(0,0,0,0)	×				
2	(0,0,0,1)	×				
3	(0,0,1,0)	×				
4	(0,0,1,1)	×				
5	(0,1,0,0)	×				
6	(0,1,0,1)	×				
7	(0,1,1,0)	×				
8	(0,1,1,1)	×				
9	(1,0,0,0)	×				
10	(1,0,0,1)	√	√	√	√	11
11	(1,0,1,0)	×				

j	X_j	a	b	c	d	Z_j
12	(1,0,1,1)	√	√	√	√	14
13	(1,1,0,0,)	×				
14	(1,1,0,1)	√	√	√	√	13
15	(1,1,1,0)	√	×			
16	(1,1,1,1)	√	√	√	×	

选择不同的初始可行解,计算量会不一样。一般地,当目标函数求最大值时,首先考虑目标函数系数最大的变量等于1。当目标函数求最小值时,先考虑目标函数系数最大的变量等于0。

在表 6-6 的计算过程中,当目标值等于14时,将其下界11改为14,可以减少计算量。

将分支定界法与隐枚举法结合起来用,可以得到分支-隐枚举法。计算步骤如下:

第1步,将问题的目标函数的系数转化为非负,如:

$\max z = 2x_1 - 3x_2 \Rightarrow$ 令 $x_2 = 1 - x_2'$, $\max z = 2x_1 + 3x_2' - 3$,当变量做了代换后,约束条件中的变量也相应做代换。

第2步,变量重新排序:变量依据目标函数系数值按升排序,如:

$\max z = 2x_1 - 3x_2 + x_3 + 4x_4 \Rightarrow$ 令 $x_2 = 1 - x_2'$, $\max z = x_3 + 2x_1 + 3x_2' + 4x_4 - 3$

第3步,求主支:目标函数是 max 形式时令所有变量等于1,得到目标值的上界;目标函数是 min 形式时令所有变量等于0,得到目标值的下界;如果主支的解满足所有约束条件则得到最优解,否则转下一步

第4步,分支与定界:从第一个变量开始依次取"1"或"0",求极大值时其后面的变量等于"1",求极小值时其后面的变量等于"0",用分支定界法搜索可行解和最优解。

分支-隐枚举法是从非可行解中进行分支搜索可行解,第1步到第3步用了隐枚举法的思路,第4步用了分支定界法的思路。

停止分支和需要继续分支的原则:

(1) 当某一子问题是可行解时则停止分支并保留;

(2) 不是可行解但目标值劣于现有保留分支的目标值时停止分支并剪去分支;

(3) 后续分支变量无论取"1"或"0"都不能得到可行解时停止分支并剪去分支;

(4) 当某一子问题不可行但目标值优于现有保留分支的所有目标值,则要继续分支。

下面通过具体的例子进行详细说明。

【例 6-8】 用分支－隐枚举法求解下列问题。

$$\max z = 6x_1 + 2x_2 + 3x_3 + 5x_4$$

$$\text{s.t.} \begin{cases} 3x_1 - 5x_2 + x_3 + 6x_4 \geqslant 4 & (a) \\ 2x_1 + x_2 + x_3 - x_4 \leqslant 3 & (b) \\ x_1 + 2x_2 + 4x_3 + 5x_4 \leqslant 10 & (c) \\ x_j = 0 \ \text{或} \ 1, \quad j = 1,2,3,4 \end{cases}$$

解：(1) 目标函数系数全部非负，直接对变量重新排序：

$$\max z = 2x_2 + 3x_3 + 5x_4 + 6x_1$$

$$\text{s.t.} \begin{cases} -5x_2 + x_3 + 6x_4 + 3x_1 \geqslant 4 & (a) \\ x_2 + x_3 - x_4 + 2x_1 \leqslant 3 & (b) \\ 2x_2 + 4x_3 + 5x_4 + x_1 \leqslant 10 & (c) \\ x_j = 0 \ \text{或} \ 1, \quad j = 1,2,3,4 \end{cases}$$

(2) 求主支：令 $X = (1,1,1,1)$ 得到主支 1，检查约束条件知（c）不满足，则进行分支。

(3) 令 $x_2 = 0$，同时令 $x_3 = 0$ 及 $x_3 = 1$，得到分支 2 和分支 3，X_2 和 X_3 是可行解，停止分支并保留，如表 6-7 及图 6-11 所示。

表 6-7 分支－隐枚举法表

分　支	(x_2,x_3,x_4,x_1)	a	b	c	z_j	可行性
X_1	(1,1,1,1)	√	√	×	16	不可行
X_2	(0,0,1,1)	√	√	√	11	可行
X_3	(0,1,1,1)	√	√	√	14	可行
X_4	(1,0,1,1)	√	√	√	13	可行
X_5	(1,1,0,1)	×			11	不可行
X_6	(1,1,1,0)	×			10	不可行

令 $x_2 = 1$，同时令 $x_3 = 0$ 得到分支 4，X_4 是可行解，停止分支并保留。令 $x_2 = 1$，$x_3 = 1$，x_4 取"0"和"1"得到分支 5 和 6，分支 5 不可行并且 $z_5 = 11$，小于 z_3 和 z_4，停止分支并剪去分支。

注意：到分支 6，$x_4 = 1$ 时只有 $x_1 = 0$（$x_1 = 1$ 就是主支），X_6 不可行并且 $z_6 = 10$，小于 z_3 和 z_4，停止分支并剪去分支，分支过程结束。

搜索到 3 个可行解，3 个目标值中 z_3 最大，因此 X_3 是最优解。转换到原问题的最优解为 $X = (1,0,1,1)$，最优值 $z = 14$，计算结束。

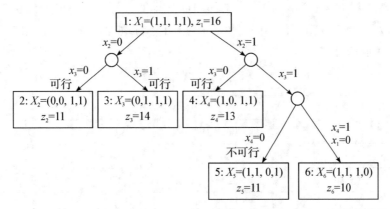

图 6‑11 分支—隐枚举法图

6.4.3 指派问题

在生活中经常遇到这样的问题,某单位需完成 n 项任务,恰好有 n 个人可承担这些任务。由于每人的专长不同,各人完成任务不同(或所费时间),效率也不同。于是产生应指派哪个人去完成哪项任务,使完成 n 项任务的总效率最高(或所需总时间最小)的问题。这类问题称为指派问题或分派问题。

考虑如下标准形式的指派问题:现有 n 个人和 n 项任务,安排第 i 人完成第 j 项任务,对应的费用为 c_{ij}。每项任务都必须有人来完成,每个人必须有事情做。请问:如何安排任务,能实现 n 项任务的总费用最小?

该指派问题可以通过 $0-1$ 规划来进行建模。设 x_{ij} 表示是否将任务 j 分配给第 i 人 $(i,j=1,2,\cdots,n)$

$$x_{ij}=\begin{cases}1,如果将任务\ j\ 分配给第\ i\ 人\\0,如果不将任务\ j\ 分配给第\ i\ 人\end{cases}$$

则指派问题对应的模型如下:

$$\min z=\sum_{i=1}^{n}\sum_{j=1}^{n}c_{ij}x_{ij}$$

$$\text{s.t.}\begin{cases}\sum_{i=1}^{n}x_{ij}=1,\quad j=1,2,\cdots,n\\\sum_{j=1}^{n}x_{ij}=1,\quad i=1,2,\cdots,n\\x_{ij}=0\ 或\ 1,\quad i,j=1,2\cdots,n\end{cases}$$

式中,约束 $\sum_{i=1}^{n}x_{ij}=1$ 表示任务 j 必须有人完成;约束 $\sum_{j=1}^{n}x_{ij}=1$ 表示第 i 人必须完成一项任务。形式上,该指派问题比较类似于 n 个产地和 n 个销地的运输问题(其中每个产地的产量和每个销地的销量都为 1),但是每个决策变量只能取 0 或者 1。

下面通过具体例子进行了解。

【例 6-9】（工作分配问题）　人事部门欲安排四人到四个不同的岗位工作，每个岗位一个人。经考核四人在不同岗位的成绩（百分制）如表 6-8 所示，如何安排他们的工作使总成绩最好？

表 6-8　成绩表

人员	工作			
	A	B	C	D
甲	85	92	73	90
乙	95	87	78	95
丙	82	83	79	90
丁	86	90	80	88

解：设

$$x_{ij} = \begin{cases} 1, & \text{如果将工作 } j \text{ 分配给第 } i \text{ 人} \\ 0, & \text{如果不将工作 } j \text{ 分配给第 } i \text{ 人} \end{cases}$$

考虑每个人对应的工作成绩，该指派问题对应的系数矩阵为：

$$C = \begin{pmatrix} 85 & 92 & 73 & 90 \\ 95 & 87 & 78 & 95 \\ 82 & 83 & 79 & 90 \\ 86 & 90 & 80 & 88 \end{pmatrix}$$

当问题要求极大化时数学模型为：

$$\max z = 85x_{11} + 92x_{12} + 73x_{13} + 90x_{14} + 95x_{21} + 87x_{22} + 78x_{23} + 95x_{24} + 82x_{31} +$$
$$83x_{32} + 79x_{33} + 90x_{34} + 86x_{41} + 90x_{42} + 80x_{43} + 88x_{44}$$

$$\text{s.t.} \begin{cases} x_{11} + x_{12} + x_{13} + x_{14} = 1 \\ x_{21} + x_{22} + x_{23} + x_{24} = 1 \\ x_{31} + x_{32} + x_{33} + x_{34} = 1 \\ x_{41} + x_{42} + x_{43} + x_{44} = 1 \\ x_{11} + x_{21} + x_{31} + x_{41} = 1 \\ x_{12} + x_{22} + x_{32} + x_{42} = 1 \\ x_{13} + x_{23} + x_{33} + x_{43} = 1 \\ x_{14} + x_{24} + x_{34} + x_{44} = 1 \\ x_{ij} = 0 \text{ 或 } 1, \quad i, j = 1, 2, 3, 4 \end{cases}$$

对于指派问题，可以用整数规划的 0-1 规划或运输问题去求解，但这就如同用单纯形法求解运输问题一样是不合算的，利用指派问题的特点可以有更简便的算法。

指派问题的最优解有这样的性质，如果某一行（或者某几行）的元素都增加或减少一个相同的常数,指派问题的最优方案保持不变。类似地,如果某一列(或者某几列)的元素都增加或减少一个相同的常数,指派问题的最优方案也保持不变。根据这一性质,可以开发一个有效的求解指派问题的算法——匈牙利法。

匈牙利法,也叫康尼格法,是哈罗德·库恩于 1955 年在匈牙利数学家康尼格的研究的基础上提出的一个算法。其基本思想是通过对系数矩阵进行等价变换(保持该系数矩阵所有元素非负),让矩阵的行或者列中都出现一些取值为 0 的数(简称“零元”)。如果能找到既不在同一行也不在同一列的 n 个零元,则它们对应的指派方案即是最优的(因为对应的总成本为 0);否则,继续对系数矩阵进行调整。

具体步骤如下:

第 1 步,对系数矩阵 C,每行减去该行中的最小值,每列减去该列中的最小值,直到每行和每列都出现零元。

第 2 步,在调整后的系数矩阵上尽可能多地圈出既不在同一行也不在同一列的独立零元。如果满足这一要求的零元个数刚好等于 n,则令零元所在位置对应的决策变量值为 1,其余为 0,即找出了问题的最优解。

第 3 步,如果圈出的最大独立零元个数小于 n,则在矩阵中选择尽量少的行或者列来覆盖所有的零元。在未被覆盖的元素中找出其取值最小的元素(记为 k)。把未被完全覆盖的行和列中所有元素都减去 k。这样,在未被覆盖的元素中一定会出现至少一个零元,同时会使得已被覆盖元素中出现负值。为了消除负元素,只需要对它们所在的列或者行都加上 k。

第 4 步,返回第 2 步,继续迭代。

【例 6-10】(生产配置问题)　某汽车公司拟将四种新产品配置到四个工厂生产,四个工厂的单位产品成本如表 6-9 所示。求最优生产配置方案。

表 6-9　产品成本表　　　　　　　　单位:元/件

	产品 1	产品 2	产品 3	产品 4
工厂 1	58	69	180	260
工厂 2	75	50	150	230
工厂 3	65	70	170	250
工厂 4	82	55	200	280

解:问题求最小值。第 1 步,找出效率矩阵每行的最小元素,并分别从每行中减去,有:

$$\begin{bmatrix} 58 & 69 & 180 & 260 \\ 75 & 50 & 150 & 230 \\ 65 & 70 & 170 & 250 \\ 82 & 55 & 200 & 280 \end{bmatrix} \Rightarrow \begin{bmatrix} 0 & 11 & 122 & 202 \\ 25 & 0 & 100 & 180 \\ 0 & 5 & 105 & 185 \\ 27 & 0 & 145 & 225 \end{bmatrix}$$

第 2 步,找出矩阵每列的最小元素,再分别从每列中减去,有:

$$\begin{bmatrix} 0 & 11 & 122 & 202 \\ 25 & 0 & 100 & 180 \\ 0 & 5 & 105 & 185 \\ 27 & 0 & 145 & 225 \end{bmatrix} \Rightarrow \begin{bmatrix} 0 & 11 & 22 & 22 \\ 25 & 0 & 0 & 0 \\ 0 & 5 & 5 & 5 \\ 27 & 0 & 45 & 45 \end{bmatrix}$$

第 3 步,用最少的直线覆盖所有"0",得:

$$\begin{bmatrix} 0 & 11 & 22 & 22 \\ 25 & 0 & 0 & 0 \\ 0 & 5 & 5 & 5 \\ 27 & 0 & 45 & 45 \end{bmatrix}$$

第 4 步,这里直线数等于 3(等于 4 时停止运算),要进行下一轮计算,从矩阵未被直线覆盖的数字中找出一个最小数 k 并且减去 k,矩阵中 $k=5$。 直线相交处的元素加上 k,被直线覆盖而没有相交的元素不变,即第 2,3 行减去 5,同时第 1 列加上 5,得到下列矩阵:

$$\begin{bmatrix} 0 & 6 & 17 & 17 \\ 30 & 0 & 0 & 0 \\ 0 & 0 & 0 & 0 \\ 32 & 0 & 45 & 45 \end{bmatrix}$$

用最少的直线覆盖所有"0",得:

$$\begin{bmatrix} 0 & 6 & 17 & 17 \\ 30 & 0 & 0 & 0 \\ 0 & 0 & 0 & 0 \\ 32 & 0 & 45 & 45 \end{bmatrix}$$

第 5 步,覆盖所有零最少需要 4 条直线,表明矩阵中存在 4 个不同行、不同列的零元素,容易看出 4 个"0"的位置:

$$\begin{bmatrix} [0] & 6 & 17 & 17 \\ 30 & 0 & [0] & 0 \\ 0 & 0 & 0 & [0] \\ 32 & [0] & 45 & 45 \end{bmatrix} \text{或} \begin{bmatrix} [0] & 6 & 17 & 17 \\ 30 & 0 & 0 & [0] \\ 0 & 0 & [0] & 0 \\ 32 & [0] & 45 & 45 \end{bmatrix}$$

故可以得到两个最优解:

$$X^{(1)} = \begin{bmatrix} 1 & & & \\ & & 1 & \\ & & & 1 \\ & 1 & & \end{bmatrix}, X^{(2)} = \begin{bmatrix} 1 & & & \\ & & & 1 \\ & & 1 & \\ & 1 & & \end{bmatrix}$$

有两个最优方案:

第一种方案:第一个工厂加工产品 1,第二工厂加工产品 3,第三个工厂加工产品

4,第四个工厂加工产品 2;第二种方案:第一个工厂加工产品 1,第二工厂加工产品 4,第三个工厂加工产品 3,第四个工厂加工产品 2;单件产品总成本 $z=58+150+250+55=513$。

以上限于讨论极小化的指派问题,对于极大化问题即求:

$$\max z = \sum_{i \in \{1,2,\cdots,4\}} \sum_{j \in \{1,2,\cdots,4\}} c_{ij} x_{ij}$$

可令:

$$b_{ij} = M - c_{ij}$$

式中,M 是足够大的常数(如选 c_{ij} 中最大元素为 M 即可),这时系数矩阵可变换为:

$$B = (b_{ij})$$

这时 $b_{ij} \geqslant 0$,符合匈牙利法的条件。目标函数经变换后,即解:

$$\max z' = \sum_{i \in \{1,2,\cdots,4\}} \sum_{j \in \{1,2,\cdots,4\}} b_{ij} x_{ij}$$

所得的最小解就是原问题的最大解,因为:

$$\sum_i \sum_j b_{ij} x_{ij} = \sum_i \sum_j (M - c_{ij}) x_{ij} = \sum_i \sum_j M - \sum_i \sum_j c_{ij} x_{ij} = nM - \sum_i \sum_j c_{ij} x_{ij}$$

因 nM 为常数,所以 $\sum_i \sum_j b_{ij} x_{ij}$ 取最小值时,$\sum_i \sum_j c_{ij} x_{ij}$ 即为最大。

【例 6-11】(求例 6-9 的最优分配方案)

解:令 $M = \max\{c_{ij}\} = 95$,则:

$$b_{ij} = 95 - c_{ij}$$

$$B = \begin{bmatrix} 10 & 3 & 22 & 5 \\ 0 & 8 & 17 & 0 \\ 13 & 12 & 16 & 5 \\ 9 & 5 & 15 & 7 \end{bmatrix}$$

求此问题的最小值。求解过程如下:

$$\begin{bmatrix} 10 & 3 & 22 & 5 \\ 0 & 8 & 17 & 0 \\ 13 & 12 & 16 & 5 \\ 9 & 5 & 15 & 7 \end{bmatrix} \Rightarrow \begin{bmatrix} 7 & 0 & 19 & 2 \\ 0 & 8 & 17 & 0 \\ 8 & 7 & 11 & 0 \\ 4 & 0 & 10 & 2 \end{bmatrix} \Rightarrow \begin{bmatrix} 7 & [0] & 19 & 2 \\ [0] & 8 & 17 & [0] \\ 8 & 7 & 11 & 0 \\ 4 & [0] & 10 & 2 \end{bmatrix}$$

即最优分配方案是:甲分配到 B 岗位;乙分配到 A 岗位;丙分配到 D 岗位;丁分配到 C 岗位;总成绩为 357。

6.5 Python 编程求解整数规划问题

6.5.1 Python 编程实现分支定界求解

采用 Python 编程语言实现以分支定界法求解例 6 - 2 中的背包问题，代码如下：

```python
from pulp import *
# 创建优化问题
prob = LpProblem("Integer_Programming_Problem", LpMaximize)
# 定义变量
x1 = LpVariable("x1", lowBound = 0, cat ='Integer')
x2 = LpVariable("x2", lowBound = 0, cat ='Integer')
# 定义目标函数
prob += 4 * x1 + 3 * x2
# 定义约束条件
prob += 1.2 * x1 + 0.8 * x2 <= 10
prob += 2 * x1 + 2.5 * x2 <= 25
# 初始化最优解和最优目标函数值
best_obj_val = - float('inf')
best_solution = {}
# 使用分支定界法求解问题
node_stack = [(prob, {})]
while node_stack:
    # 从节点栈中弹出一个节点
    node, node_vars = node_stack.pop()
    # 解决线性规划松弛问题
    node.solve()
    # 如果线性规划问题无法解决,则跳过该节点
    if LpStatus[node.status] == 'Infeasible':
        continue
    # 获取线性规划问题的最优解和最优目标函数值
    obj_val = value(node.objective)
    solution = {v.name: int(v.value()) for v in node.variables()}
    # 如果得到的解是整数解,更新最优解和最优目标函数值
    if all(isinstance(solution[v], int) for v in solution):
        if obj_val > best_obj_val:
            best_obj_val = obj_val
```

```
      best_solution = solution
  # 否则,将问题分解成两个子问题,并将其添加到节点栈中
  else:
    var_name, var_value = max(
      [(v.name, solution[v.name] - int(solution[v.name]))
        for v in node.variables()
        if isinstance(solution[v.name], float)],
        key = lambda x: x[1])
    var_value = int(var_value)
    # 创建左子问题,约束条件为 x1 <= floor(x1), x2 <= floor(x2)
    left_prob = node.copy()
    left_prob += lpSum([v for v in left_prob.variables()
                if v.name == var_name]) <= solution[var_name] - var_value
    left_node_vars = dict(node_vars, **{var_name: solution[var_name] - var_
value})
    node_stack.append((left_prob, left_node_vars))
    # 创建右子问题,约束条件为 x1 >= ceil(x1), x2 >= ceil(x2)
    right_prob = node.copy()
    right_prob += lpSum([v for v in right_prob.variables()
                if v.name == var_name]) >= solution[var_name] + 1 - var_value
    right_node_vars = dict(node_vars, **{var_name: solution[var_name] + 1 -
var_value})
    node_stack.append((right_prob, right_node_vars))
# 输出结果
print("Best Objective Value:", best_obj_val)
print("Best Solution:", best_solution)
# 运行上面程序结果如下:
Best Objective Value: 35.0
Best Solution: {'x1': 5, 'x2': 5}
```

6.5.2　Python 编程实现割平面法求解

采用 Python 编程语言实现以割平面法求解例 6 - 2 中的背包问题,代码如下:

```
from pulp import *
# 创建优化问题
prob = LpProblem("Integer_Programming_Problem", LpMaximize)
# 定义变量
x_1 = LpVariable("x_1", lowBound = 0, cat ='Integer')
x_2 = LpVariable("x_2", lowBound = 0, cat ='Integer')
```

```
# 定义目标函数
prob += 4 * x_1 + 3 * x_2
# 定义约束条件
prob += 1.2 * x_1 + 0.8 * x_2 <= 10
prob += 2 * x_1 + 2.5 * x_2 <= 25
# 初始化最优解和最优目标函数值
best_obj_val = - float('inf')
best_solution = {}
# 使用割平面法求解问题
while True:
    # 解决线性规划松弛问题
    prob.solve()
    # 如果线性规划问题无法解决，则结束循环
    if LpStatus[prob.status] == 'Infeasible':
        break
    # 获取线性规划问题的最优解和最优目标函数值
    obj_val = value(prob.objective)
    solution = {v.name: int(v.value()) for v in prob.variables()}
    # 如果得到的解是整数解，更新最优解和最优目标函数值，并结束循环
    if all(isinstance(solution[v], int) for v in solution):
        best_obj_val = obj_val
        best_solution = solution
        break
    # 否则，根据线性规划问题的最优解添加割平面约束
    new_constraint = LpConstraint(
        e = lpSum([v for v in prob.variables() if isinstance(solution[v.name],
float)]),
        sense = LpConstraintGE,
        rhs = int(obj_val) + 1,
        name ="CuttingPlane")
    prob += new_constraint
# 输出结果
print("Best Objective Value:", best_obj_val)
print("Best Solution:", best_solution)
# 运行上面程序结果如下：
Best Objective Value: 35.0
Best Solution: {'x1': 5, 'x2': 5}
```

6.5.3 指派问题求解

采用 Python 编程语言实现以匈牙利法求解例 6 - 10 指派问题,代码如下:

```python
import numpy as np
from scipy.optimize import linear_sum_assignment
# 任务分配类
class TaskAssignment:
  # 类初始化,需要输入参数有任务矩阵以及分配方式,其中分配方式有一种,匈牙利方法
Hungary。
  def __init__(self, task_matrix):
    self.task_matrix = task_matrix
    self.min_cost, self.best_solution = self.Hungary(task_matrix)
  # 匈牙利方法
  def Hungary(self, task_matrix):
    b = task_matrix.copy()
  # 行和列减 0
  for i in range(len(b)):
    row_min = np.min(b[i])   #  找到每一行的最小值
    for j in range(len(b[i])):
      [i][j] -= row_min   #  每个元素减去该行的最小值,保证每行最小值为 0
  for i in range(len(b[0])):
    col_min = np.min(b[:, i])   #  找到每一列的最小值
    for j in range(len(b)):
      b[j][i] -= col_min   #  每个元素减去该列的最小值,保证每列最小值为 0
  line_count = 0
  # 线数目小于矩阵长度时,进行循环
  while (line_count < len(b)):
    line_count = 0
    row_zero_count = []
    col_zero_count = []
    for i in range(len(b)):
      row_zero_count.append(np.sum(b[i] == 0))   # 统计每一行 0 的个数
    for i in range(len(b[0])):
      col_zero_count.append((np.sum(b[:, i] == 0)))   # 统计每一列 0 的个数
  # 划线的顺序(分行或列)
  line_order = []
  row_or_col = []
  for i in range(len(b[0]), 0, - 1):   # 从矩阵的列数开始循环
```

```python
    while (i in row_zero_count):
            # 找到行 0 个数等于 i 的索引位置
        line_order.append(row_zero_count.index(i))
        row_or_col.append(0)   # 标记为行
            # 将该位置的行 0 个数置零
        row_zero_count[row_zero_count.index(i)] = 0
    while (i in col_zero_count):
            # 找到列 0 个数等于 i 的索引位置
        line_order.append(col_zero_count.index(i))
        row_or_col.append(1)   # 标记为列
            # 将该位置的列 0 个数置零
        col_zero_count[col_zero_count.index(i)] = 0
# 画线覆盖 0,并得到行减最小值,列加最小值后的矩阵
delete_count_of_row = []
delete_count_of_rol = []
row_and_col = [i for i in range(len(b))]  # 记录行和列的索引
for i in range(len(line_order)):
    if row_or_col[i] == 0:
            # 得到需要划去的行的索引
        delete_count_of_row.append(line_order[i])
    else:
            # 得到需要划去的列的索引
        delete_count_of_rol.append(line_order[i])
c = np.delete(b, delete_count_of_row, axis = 0)  # 删除指定的行
c = np.delete(c, delete_count_of_rol, axis = 1)  # 删除指定的列
            # 计算线的总数
line_count = len(delete_count_of_row) + len(delete_count_of_rol)
# 线数目等于矩阵长度时,跳出
if line_count == len(b):
    break
# 判断是否画线覆盖所有 0,若覆盖,进行加减操作
if 0 not in c:
    row_sub = list(set(row_and_col) - set(delete_count_of_row))  # 剩下的行索引
    min_value = np.min(c)  # 找到剩下元素的最小值
    for i in row_sub:
        b[i] = b[i] - min_value  # 行减去最小值
    for i in delete_count_of_rol:
```

```
        b[:, i] = b[:, i] + min_value   # 列加上最小值
      break
    # 使用 linear_sum_assignment 函数进行任务分配
  row_ind, col_ind = linear_sum_assignment(b)
  min_cost = task_matrix[row_ind, col_ind].sum()   # 计算最小成本
  best_solution = [col + 1 for col in col_ind]   # 最优解,将索引加 1 作为工厂编号
  return min_cost, best_solution
# 输入指派矩阵
task_matrix = np.array([[58, 69, 180, 260],
          [75, 50, 150, 230],
          [65, 70, 170, 250],
          [82, 55, 200, 280]])
# 用匈牙利方法实现任务分配
ass_by_Hun = TaskAssignment(task_matrix)
print('cost matrix = ', '\n', task_matrix)
print('匈牙利方法任务分配:')
print('min cost = ', ass_by_Hun.min_cost)
print('best solution = ', ass_by_Hun.best_solution)
# 输出任务的分配情况
for i in range(len(ass_by_Hun.best_solution)):
  print(f'将产品{i + 1}生产分配给工厂{ass_by_Hun.best_solution[i]}')
# 运行上面程序结果如下:
cost matrix =
[[58 69 180 260]
 [75 50 150 230]
 [65 70 170 250]
 [82 55 200 280]]
匈牙利方法任务分配:
min cost = 513
best solution = [1, 3, 4, 2]
将产品 1 生产分配给工厂 1
将产品 2 生产分配给工厂 3
将产品 3 生产分配给工厂 4
将产品 4 生产分配给工厂 2
```

课后习题

1. 用分支定界法求解下列整数规划问题。

(1) $\max z = 5x_1 + 8x_2$

$$\text{s.t.} \begin{cases} x_1 + x_2 \leqslant 6 \\ 5x_1 + 9x_2 \leqslant 45 \\ x_1, x_2 \geqslant 0 \text{ 且为整数} \end{cases}$$

(2) $\max z = 3x_1 + 2x_2$

$$\text{s.t.} \begin{cases} x_1 + x_2 \leqslant 14 \\ 4x_1 + 2x_2 \leqslant 18 \\ x_1, x_2 \geqslant 0 \text{ 且为整数} \end{cases}$$

2. 用割平面法求解下列整数规划问题。

$$\max z = 7x_1 + 9x_2$$

$$\text{s.t.} \begin{cases} -x_1 + 3x_2 \leqslant 6 \\ 7x_1 + x_2 \leqslant 35 \\ x_1, x_2 \geqslant 0 \text{ 且为整数} \end{cases}$$

3. 用隐枚举法求解下列 $0-1$ 规划问题。

(1) $\max z = 4x_1 - 3x_2 + 2x_3$

$$\text{s.t.} \begin{cases} 2x_1 - 5x_2 + 3x_3 \leqslant 5 \\ 4x_1 + x_2 + 3x_3 \leqslant 3 \\ x_1 + x_3 \geqslant 1 \\ x_1, x_2, x_3 \geqslant 0 \text{ 且为整数} \end{cases}$$

(2) $\min z = 2x_1 + 3x_2 + 5x_3 + 6x_4$

$$\text{s.t.} \begin{cases} 6x_1 + 2x_2 + 3x_3 + 5x_5 \geqslant 6 \\ 3x_1 - 5x_2 + x_3 + 6x_4 \geqslant 4 \\ 2x_1 + x_2 + x_3 - x_4 \leqslant 3 \\ x_1, x_2, x_3, x_4 \geqslant 0 \text{ 且为整数} \end{cases}$$

4. 用匈牙利法求解下列最小化指派问题。

(1)
$$\begin{bmatrix} 4 & 8 & 7 & 15 & 12 \\ 7 & 9 & 17 & 14 & 10 \\ 6 & 9 & 12 & 8 & 7 \\ 6 & 7 & 14 & 6 & 10 \\ 6 & 9 & 12 & 10 & 6 \end{bmatrix}$$

(2)
$$\begin{bmatrix} 9 & 4 & 3 & 7 \\ 4 & 6 & 5 & 6 \\ 5 & 4 & 7 & 5 \\ 7 & 5 & 2 & 3 \end{bmatrix}$$

5. 某钻井队要从以下 10 个可供选择的井位中确定 5 个钻井探油,使的钻探费用为最小。若 10 个井位的代号为 $s_1, s_2, \cdots, s_{10}$,相应的钻探费用为 $c_1, c_2, \cdots, c_{10}$,并且井位选择上要满足下列限制条件:

(1) 或选择 s_1 和 s_7,或选择钻探 s_8;

(2) 选择了 s_3 或 s_4 就不能选 s_5,反过来也一样;

(3) 在 s_5, s_6, s_7, s_8 中最多只能选两个。

试建立此问题的整数规划模型。

6. 需制造 2 000 件的某种产品,这种产品可以用 A,B,C 设备的任意一种加工,已知每种设备的生产准备结束费用,生产该产品时的单件成本,以及每种设备的最大加工量如表所示,试对此问题建立整数规划模型并求解。

设 备	准备结束费(元)	生产成本(元/件)	最大加工数(件)
A	100	10	600
B	300	2	800
C	200	5	1 200

7. 分配甲、乙、丙、丁四人去完成五项任务。每人完成各项任务时间如下表所示。由于任务数多于人数,故规定其中有一个人可兼完成两项任务,其余三人每人完成一项。试确定总花费时间为最少的指派方案。

	A	B	C	D	E
甲	25	29	31	42	37
乙	39	38	26	20	33
丙	34	27	28	40	32
丁	24	42	36	23	45

8. 科学实验卫星拟从下列仪器装置中选若干件装上,有关数据资料见下表。

仪器装置代号	体 积	重 量	实验中的价值
A_1	v_1	w_1	c_1
A_2	v_2	w_2	c_2
A_3	v_3	w_3	c_3
A_4	v_4	w_4	c_4
A_5	v_5	w_5	c_5
A_6	v_6	w_6	c_6

要求:

(1) 装入卫星的仪器装置总体积不超过 V ,总质量不超过 W ;

(2) A_1 与 A_3 中最多安装一件;

(3) A_2 与 A_4 中至少安装一件;

(4) A_5 同 A_6 或者都安装,或者都不安装。

总的目的是装上取的仪器装置使该科学卫星发挥最大的实验价值。试建立这个问题的数学模型并用 Python 编程求解。

9. 某电子系统由三种元件组成,为使系统正常运转,每个元件都必须工作良好。如一个或多个元件安装几个备用件将提高系统的可靠性。已知系统运转可靠性为各元件可靠性的乘积,而每一元件的可靠性则是备用件数量的函数,具体数值见下表。

备用件数	元件可靠性		
	1	2	3
0	0.5	0.6	0.7
1	0.6	0.75	0.9
2	0.7	0.95	1.0
3	0.8	1.0	1.0
4	0.9	1.0	1.0
5	1.0	1.0	1.0

三种元件分别的价格和重量如下表所示。已知全部备用件的费用预算限制为150 元,重量限制为 20 千克,问每个元件各安装多少备用件(每个元件备用件不得超过 5 个),是系统可靠性为最大。试列出这个问题的整数规划模型并用 Python 编程求解。

元件	每件价格(元)	重量(千克/件)
1	20	2
2	30	4
3	40	6

10. 运筹学中著名的旅行商贩(货郎担)问题可以叙述如下:某旅行商贩从某一城市出发,到其他几个城市去推销商品,规定每个城市均须到达而且只到达一次,然后回到原出发城市。已知城市 i 和 j 之间的距离为 d_{ij},问该商贩应选择一条什么样的路线顺序旅行,使总的旅程为最短。试对此问题建立整数规划模型。

第 7 章 动态规划

动态规划是一种解决多阶段决策过程最优化问题的方法。在解决这类问题时，我们通常将问题分解成若干个阶段，每个阶段对应一个决策。通过求解每个阶段的最优决策，从而得到问题的最优解。

动态规划在工程技术、企业管理等方面都有广泛的应用。动态规划可以用于求解许多实际问题，比如最短路径问题、背包问题等。在运筹学中，动态规划也被广泛应用于求解各种最优化问题，比如生产计划、库存管理、项目管理等，所以它是现代企业管理中的一种重要的决策方法。

因此，动态规划是一个非常重要的算法，对于解决一些复杂的实际问题具有重要的意义。学习动态规划算法是计算机科学和算法研究领域中的一个重要课题。

7.1 动态规划的基本概念和方程

7.1.1 动态规划的基本概念

一个动态规划模型包含如下要素。

1. 阶段（Stage）

阶段是表示决策顺序的时段序列。阶段可以按时间或空间划分，阶段数 k 可以是确定数、不定数或无限数。动态规划将问题划分为多个阶段来求解，每个阶段表示问题的一个子任务或子状态。在每个阶段中，我们通过计算最优指标函数来确定最优决策，并逐步推进到下一个阶段，直到达到最终的目标。在实际应用中，动态规划的阶段数量和划分方式会根据问题的不同而变化。有些问题可能只有几个阶段，而有些问题可能需要更多的阶段来求解。划分阶段的关键在于将问题拆解成可处理的子问题，并确定每个阶段的状态和决策。

2. 状态（State）

状态是描述决策过程当前特征并且具有无后效性的量。具体来说，状态是描述问题当前所处状态的一组变量或参数，它们包含问题的所有必要信息，可以用来计算最优指标函数状态是问题的关键部分之一。我们将问题拆解成多个阶段，每个阶段对应一个状态，状态可以是数量，也可以是字符，数量状态可以是连续的，也可以是离散的。每一状态可以取不同值,状态变量记为 s_k。各阶段所有状态组成的集合称为状态集。

3. 决策(Decision)

决策是从某一状态向下一状态过渡时所做的选择,也就是在解决问题的过程中需要根据当前状态做出的选择。具体来说,就是在每个阶段需要做出的决策,这些决策将会影响到下一个阶段的状态。描述决策的变量,称为决策变量。它可用一个数、一组数或一向量来描述。通常用 $u_k(s_k)$ 表示第 k 阶段当状态处于 s_k 时的决策变量。在状态 s_k 下,允许采取决策的全体称为决策允许集合,记为 $D_k(s_k)$。各阶段所有决策组成的集合称为决策集,故有 $u_k(s_k) \in D_k(s_k)$。

4. 策略(Strategy)

由每段的决策按顺序排列组成的决策函数序列称为 k 子过程策略,简称子策略,记为 $\{u_k(s_k), u_{k+1}(s_{k+1}), \cdots, u_n(s_n)\}$。从第 1 阶段开始到最后阶段全过程的决策构成的序列称为策略,记为 $p_{1,n}(s_1)$,便有 $p_{1,n}(s_1) = \{u_1(s_1), u_2(s_2), \cdots, u_n(s_n)\}$。

5. 状态转移方程(State Transformation Function)

状态转移方程是某一状态以及该状态下的决策,与下一状态之间的函数关系,记为:

$$s_{k+1} = T(s_k, u_k)$$

6. 指标函数(Return Function)

指标函数是衡量对决策过程进行控制的效果的数量指标,具体可以是收益、成本、距离等指标。指标函数分为 k 阶段指标函数、k 子过程指标函数及最优指标函数。

(1) k 阶段指标函数:从 k 阶段状态 s_k 出发,选择决策 u_k 所产生的第 k 阶段指标,称为 k 阶段指标函数,记为 $v_k(s_k, u_k)$。

(2) k 子过程指标函数:从 k 阶段状态 s_k 出发,选择决策 $u_k, u_{k+1}, \cdots, u_n$ 所产生的过程指标,称为 k 子过程指标函数或简称过程指标函数。常用 $V_{k,n}$ 表示,即:

$$V_{k,n} = V_{k,n}(s_k, u_k, s_{k+1}, \cdots, s_{n+1}), \quad k = 1, 2, \cdots, n$$

对于要构成动态规划模型的指标函数,应具有可分离性。动态规划要求过程指标满足递推关系,即:

$$V_{k,n}(s_k, u_k, s_{k+1}, \cdots, s_{n+1}) = \psi_k[s_k, u_k, V_{k+1,n}(s_{k+1}, u_{k+1}, \cdots, x_n)]$$

在实际应用中,动态规划通常有两种形式:连和形式和连乘形式。

① 连和形式:过程和它的任一子过程的指标是它所包含的各阶段的指标的和。连和形式通常用于求解最大值或最小值的问题。即:

$$V_{k,n}(s_k, u_k, \cdots, s_{n+1}) = \sum_{j=k}^{n} v_j(s_j, x_j)$$

由上述 k 阶段指标函数的概念可知，$\sum_{j=k}^{n} v_j(s_j, x_j)$ 表示第 j 阶段的阶段指标。故有：

$$V_{k,n}(s_k, u_k, \cdots, s_{n+1}) = v_k(s_k, u_k) + V_{k+1,n}(s_{k+1}, u_{k+1}, \cdots, s_{n+1})$$

② 连乘形式：过程和它的任一子过程的指标是它所包含的各阶段的指标的乘积。连乘形式通常用于求解概率或期望的问题。即：

$$V_{k,n}(s_k, u_k, \cdots, s_{n+1}) = v_k(s_k, u_k) \times V_{k+1,n}(s_{k+1}, u_{k+1}, \cdots, s_{n+1}) = \prod_{j=k}^{n} v_j(s_j, u_j)$$

（3）最优指标函数：指标函数的最优值，称为最优值函数，记为 $f_k(s_k)$。它表示从第 k 阶段的状态 s_k 开始到第 n 阶段的终止状态的过程，采取最优策略所得到的指标函数值。即：

$$f_k(s_k) = \max_{\{u_k, \cdots, u_n\}} / \min V_{k,n}(s_k, u_k, \cdots, s_{n+1})$$

7.1.2　动态规划的基本方程和基本思想

动态规划是一种重要的算法思想，它可以用来解决各种最优化问题。而最短路径问题是其中一个经典的应用场景，也是动态规划的一个重要应用方向。下面通过一个经典的最短路径问题，来体现动态规划的基本方程和基本概念。

【例 7-1】（最短路径问题）　图 7-1 表示从起点 v_1 到终点 v_{10} 之间各点的距离。求 v_1 到 v_{10} 的最短路径。

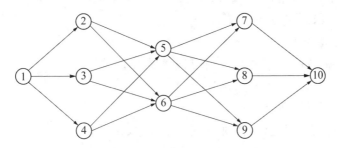

阶段：[第一阶段][第二阶段][第三阶段][第四阶段]

图 7-1　从 v_1 至 v_{10} 的路径有向图

对于这个问题，大家很容易想到的方法就是穷举法，即列出从起点 v_1 到终点 v_{10} 的所有路径，计算每条路径的总路程，再进行比较得出从 v_1 到 v_{10} 的最短路径。但是，从 v_1 开始有三种选择 $\{v_2, v_3, v_4\}$，而 v_2, v_3, v_4 又各有两种选择。以此类推，从起点 v_1 到终点 v_{10}，所有可行的路径共有 $3 \times 2 \times 3 \times 1 = 18$（种）。通过对比这 18 种可行路径的总路程，我们得出总路程最短的路径为 $v_1 \rightarrow v_2 \rightarrow v_5 \rightarrow v_7 \rightarrow v_{10}$。

虽然我们通过穷举法能够找到最短路径，但是该方法的计算较为烦琐，一旦面临更大规模的路径问题，想要通过穷举法得出最短路径是非常困难的。

下面我们换一种思路，将 v_1 到 v_{10} 的路径拆成四个阶段，如图 7-1 所示，每一阶段都选择当前阶段最短的路径，最后相加得出总路程。比如从 v_1 出发，因为 $(v_1 \rightarrow v_2) < (v_1 \rightarrow v_4) < (v_1 \rightarrow v_3)$，因此选择路径 $v_1 \rightarrow v_2$。继续，从 v_2 出发，通过比较，应该选择最短路径为 $v_2 \rightarrow v_5$。以此类推，最终的路径为 $v_1 \rightarrow v_2 \rightarrow v_5 \rightarrow v_7 \rightarrow v_{10}$。该路径对应的总路程也为 19，这与穷举法的结果相同。

但是，当我们追求每一步的局部路径最短时，我们只考虑了当前步骤的最优选择，而没有充分考虑整体的优化目标。在某些情况下，局部最短路径可能会导致进入一个局部最优解的循环，无法跳出这个局部最优解，从而无法找到全局最优解。

下面考虑用动态规划的方法来求解例 7-1。根据最优化原理，如果某一条路径是最优的，那么从该路径上任一点出发到达终点的那一段路径，一定是从该点到终点的所有可能路径中的最短路径。例如，该题中最短路径为 $v_1 \rightarrow v_2 \rightarrow v_5 \rightarrow v_7 \rightarrow v_{10}$，那么 $v_5 \rightarrow v_7 \rightarrow v_{10}$ 一定是由 v_5 出发到 v_{10} 的所有可能路径中的最短路径。用反证法证明：假设从 v_5 出发到 v_{10} 有另一条更短的子路径存在，则把它和原来的最短路径中从 $v_1 \rightarrow v_2 \rightarrow v_5$ 的那部分路径连接起来，就会形成一条比原来最短路径还要短的路径。这就产生了矛盾。

基于上述特性，我们从终点逐步向起点递推，求出各点到终点 v_{10} 的最短路径，再求得从起点 v_1 到终点 v_{10} 的最短路径。这就是用动态规划的方法寻找最短路径。

先将整体路径分为 5 个阶段，如图 7-1 所示，接着，我们定义：

$L(i,j)=$ 点 i 到点 j 的距离

$f_k(j)=$ 第 k 阶段从点 j 出发到终点 v_{10} 的最短路径

(1) 第五阶段（即当 $k=5$ 时）为终点 v_{10}。

(2) 在第四阶段（即 $k=4$ 时）：

从 v_7,v_8 或 v_9 出发到终点 v_{10} 各只有一条路径，故：

$f_4(v_7)=5, f_4(v_8)=8, f_4(v_9)=4$

(3) 在第三阶段（即当 $k=3$ 时）：

从 v_5 出发，有三种选择，即到 v_7,v_8 或 v_9，故：

$$f_3(v_5) = \min \begin{bmatrix} L(v_5,v_7)+f_4(v_7) \\ L(v_5,v_8)+f_4(v_8) \\ L(v_5,v_9)+f_4(v_9) \end{bmatrix} = \min \begin{pmatrix} 2+5 \\ 8+8 \\ 6+4 \end{pmatrix} = 7$$

这表示从 v_5 出发到终点 v_{10} 的最短距离为 7，其最短路径为 $v_5 \rightarrow v_7 \rightarrow v_{10}$。

从 v_6 出发，也有三种选择，即到 v_7,v_8 或 v_9，故：

$$f_3(v_6) = \min \begin{bmatrix} L(v_6,v_7)+f_4(v_7) \\ L(v_6,v_8)+f_4(v_8) \\ L(v_6,v_9)+f_4(v_9) \end{bmatrix} = \min \begin{pmatrix} 12+5 \\ 5+8 \\ 8+4 \end{pmatrix} = 12$$

这表示从 v_6 出发到终点 v_{10} 的最短距离为 12,其最短路径为 $v_6 \rightarrow v_9 \rightarrow v_{10}$。

(4) 在第二阶段(即当 $k=2$ 时):

从 v_2 出发,有两种选择,即到 v_5 或 v_6,故:

$$f_2(v_2) = \min\begin{bmatrix}L(v_2,v_5)+f_3(v_5)\\L(v_2,v_6)+f_3(v_6)\end{bmatrix}=\min\begin{pmatrix}10+7\\13+12\end{pmatrix}=17$$

这表示从 v_2 出发到终点 v_{10} 的最短距离为 17,其最短路径为 $v_2 \rightarrow v_5 \rightarrow v_7 \rightarrow v_{10}$。

从 v_3 出发,也有两种选择,即到 v_5 或 v_6,故:

$$f_2(v_3) = \min\begin{bmatrix}L(v_3,v_5)+f_3(v_5)\\L(v_3,v_6)+f_3(v_6)\end{bmatrix}=\min\begin{pmatrix}7+7\\10+12\end{pmatrix}=14$$

这表示从 v_3 出发到终点 v_{10} 的最短距离为 14,其最短路径为 $v_3 \rightarrow v_5 \rightarrow v_7 \rightarrow v_{10}$。

从 v_4 出发,也有两种选择,即到 v_5 或 v_6,故:

$$f_2(v_4) = \min\begin{bmatrix}L(v_4,v_5)+f_3(v_5)\\L(v_4,v_6)+f_3(v_6)\end{bmatrix}=\min\begin{pmatrix}13+7\\11+12\end{pmatrix}=20$$

这表示从 v_4 出发到终点 v_{10} 的最短距离为 20,其最短路径为 $v_2 \rightarrow v_5 \rightarrow v_7 \rightarrow v_{10}$。

(5) 在第一阶段(即当 $k=1$ 时):

从 v_1 出发,有三种选择,即到 v_2,v_3 或 v_4,故:

$$f_1(v_1) = \min\begin{bmatrix}L(v_1,v_2)+f_2(v_2)\\L(v_1,v_3)+f_2(v_3)\\L(v_1,v_4)+f_2(v_4)\end{bmatrix}=\min\begin{pmatrix}2+17\\8+14\\5+20\end{pmatrix}=19$$

这表示从起点 v_1 出发到终点 v_{10} 的最短距离为 19,其最短路径为 $v_1 \rightarrow v_2 \rightarrow v_5 \rightarrow v_7 \rightarrow v_{10}$。 这与前面穷举法得出的结果一致。

通过上述例子,发现动态规划方法与穷举法相比,有如下优点:

(1) 最短路径问题的穷举法需要枚举所有可能的路径,而动态规划方法可以通过保存子问题的最优解来避免重复计算。

(2) 动态规划方法可以通过保存子问题的最优解来得到全局最优解,而穷举法则只能得到可行解,但并不能保证是最优解。

(3) 就本问题而言,动态规划方法不仅求得了起点 v_1 到终点 v_{10} 的最短路径,而且还得到了图中任一点到终点 v_{10} 的最短路径。

通过上述求解过程发现,我们需要利用 k 阶段与 $(k+1)$ 阶段之间的递推关系来计算。一般情况下,k 阶段与 $(k+1)$ 阶段的递推关系式可写为:

$$f_k(s_k) = \max_{u_k \in D_k(s_k)}/\min\{u_k[s_k,u_k(s_k)]+f_{k+1}[u_k(s_k)]\}, \quad k=n,n-1,\cdots,1$$

其中,由于整个决策过程在第 n 阶段结束,因此不论第 $(n+1)$ 阶段状态如何,对应的效益均为 0。这就是模型中的 $f_{n+1}(s_{n+1})=0$，叫作"边界条件"。后文使用 opt 表示目标函数的优化方向。

综上所述，动态规划的基本思想可以分为四个关键步骤：定义状态、确定状态转移方程、设置边界条件和计算最优解。

（1）定义状态：首先，我们需要定义一个状态，以描述每个子问题的具体情况或属性。状态的选择应该满足以下两个条件：

① 问题可以被划分为若干个重叠子问题，即原问题的解可以通过子问题的解进行构建。

② 子问题的解可以合并为原问题的解，即子问题的解之间存在某种关系，使得通过它们的组合可以得到原问题的解。

（2）确定状态转移方程：接下来，我们需要确定子问题之间的转移关系，即如何根据已知状态推导出新的状态。状态转移方程通常使用递推或者迭代的方式表示，其中新状态的值是根据已知状态的值计算得到的。

（3）设置边界条件：边界条件指的是最小子问题的解，即无法再继续拆分的情况下的解。边界条件是动态规划算法的终止条件，它们通常是一些特殊的状态或者问题的边界情况。

（4）计算最优解：最后，我们利用已知的状态和状态转移方程，通过逐步计算子问题的最优解，最终得到原问题的最优解。这通常需要使用迭代或者递归的方式，根据已知状态逐步求解新的状态，直到达到原问题的解。

7.2 最优性原理

动态规划的基本概念是将一个大问题分解成若干个小问题，通过求解小问题的最优解来推导出大问题的最优解，其背后的理论支持是最优化原理。

最优化原理是指动态规划问题中的贝尔曼方程，也被称为贝尔曼最优性原理或贝尔曼方程原理。这个原理是由美国数学家 Richard Bellman 在 20 世纪 50 年代提出的。贝尔曼最优性原理描述了最优化问题的一个重要性质：一个问题的最优解可以通过其子问题的最优解来推导得出。

贝尔曼最优性原理的核心思想是通过递推关系来求解最优化问题。它基于以下观察：一个问题的最优解可以由其子问题的最优解和问题本身的决策所决定。因此，我们可以将一个问题拆分为若干个子问题，并通过求解子问题的最优解来得到原问题的最优解。

【定理 7-1】（最优性定理） 设阶段数为 n 的多阶段决策过程，其阶段编号为 $k=0,1,\cdots,n-1$，策略 $p_{0,n-1}^{*}=(x_0^{*},x_1^{*},\cdots,x_{n-1}^{*})$ 为最优策略的充要条件是对任意一个阶段 $k(0<k<n-1)$ 和初始状态 $s_0 \in s_0$ 有：

$$V_{0,n-1}(s_0, p_{0,n-1}^*) = \operatorname*{opt}_{p_{0,k-1} \in P_{0,k-1}(s_0)} \{V_{0,n-1}(s_0, p_{0,k-1}) + \operatorname*{opt}_{p_{k,n-1} \in P_{k,n-1}(\tilde{s}_k)} V_{k,n-1}(\tilde{s}_k, p_{k,n-1})\}$$

上式中 $p_{0,n-1}^* = (p_{0,k-1}, p_{k,n-1})$ 且 $\tilde{s}_k = T_{k-1}(s_{k-1}, u_{k-1})$，这是由给定的初始状态 s_0 和子策略 $p_{0,k-1}$ 所确定的 k 阶段状态。

证明： 必要性。设 $p_{0,n-1}^*$ 是最优策略，则：

$$V_{0,n-1}(s_0, p_{0,n-1}^*) = \operatorname*{opt}_{p_{0,n-1} \in P_{0,n-1}(s_0)} \{V_{0,n-1}(s_0, p_{0,n-1})\}$$
$$= \operatorname*{opt}_{p_{0,n-1} \in P_{0,n-1}(s_0)} \{V_{0,k-1}(s_0, p_{0,k-1}) + V_{k,n-1}(\tilde{s}_k, p_{k,n-1})\}$$

对于从第 k 至第 $(n-1)$ 阶段的子过程而言，其总指标取决于过程的起始点 $\tilde{s}_k = T_{k-1}(s_{k-1}, u_{k-1})$ 和子策略 $p_{k,n-1}$。该起始点 $\tilde{s}_k$ 是由前一阶段子过程在子策略 $p_{0,k-1}$ 确定的。因此，在策略集合 $p_{0,k-1}$ 上求解最优解等价于先在子策略集合 $p_{k,n-1}(\tilde{s}_k)$ 上求解最优解，然后再求解子最优解在子策略集合 $p_{0,k-1}(s_0)$ 上的最优解。故上式可写为：

$$V_{0,n-1}(s_0, p_{0,n-1}^*) = \operatorname*{opt}_{p_{0,k-1} \in P_{0,k-1}(s_0)} \{\operatorname*{opt}_{p_{k,n-1} \in P_{k,n-1}(\tilde{s}_k)} [V_{0,n-1}(s_0, p_{0,n-1}) + V_{k,n-1}(\tilde{s}_k, p_{k,n-1})]\}$$

其中括号内第一项与子策略 $p_{k,n-1}$ 无关，故有：

$$V_{0,n-1}(s_0, p_{0,n-1}^*) = \operatorname*{opt}_{p_{0,k-1} \in P_{0,k-1}(s_0)} \{V_{0,k-1}(s_0, p_{0,k-1}) + \operatorname*{opt}_{p_{k,n-1} \in P_{k,n-1}(\tilde{s}_k)} V_{k,n-1}(\tilde{s}_k, p_{k,n-1})\}$$

充分性：设 $p_{0,n-1} = (p_{0,k-1}, p_{k,n-1})$ 为任一策略，$\tilde{s}_k$ 为由 $(s_0, p_{0,k-1})$ 所确定的 k 阶段的起始状态，则有：

$$V_{k,n-1}(\tilde{s}_k, p_{k,n-1}) \preccurlyeq \operatorname*{opt}_{p_{k,n-1} \in P_{k,n-1}(\tilde{s}_k)} V_{k,n-1}(\tilde{s}_k, p_{k,n-1})$$

这里，当 opt 表示 max 时，"$\preccurlyeq$" 就表示 "$\leqslant$"；当 opt 表示 min 时，"$\preccurlyeq$" 就表示 "$\geqslant$"。因此：

$$V_{0,n-1}(s_0, p_{0,n-1}) = V_{0,k-1}(s_0, p_{0,k-1}) + V_{k,n-1}(\tilde{s}_k, p_{k,n-1})$$
$$\preccurlyeq V_{0,k-1}(s_0, p_{0,k-1}) + \operatorname*{opt}_{p_{k,n-1} \in P_{k,n-1}(\tilde{s}_k)} \{V_{k,n-1}(\tilde{s}_k, p_{k,n-1})\}$$
$$\preccurlyeq \operatorname*{opt}_{p_{0,k-1} \in P_{0,k-1}(s_0)} \{V_{0,k-1}(s_0, p_{0,k-1}) + \operatorname*{opt}_{p_{k,n-1} \in P_{k,n-1}(\tilde{s}_k)} V_{k,n-1}(\tilde{s}_k, p_{k,n-1})\}$$
$$= V_{0,n-1}(s_0, p_{0,n-1}^*)$$

故只要 $p_{0,n-1}^*$ 使式成立，则对任一策略 $p_{k,n-1}$，均满足：

$$V_{0,k-1}(s_0, p_{0,k-1}) \preccurlyeq V_{0,n-1}(s_0, p_{0,n-1}^*)$$

因此，$p_{0,n-1}^*$ 即为最优策略。

【推论 7-1】 若策略 $p_{0,n-1}^*$ 为最优策略，则对任意的 $k(0 < k < n-1)$，它的子策略 $p_{k,n-1}^*$ 对于以 $s_k^* = T_{k-1}(s_{k-1}^*, s_{u-1}^*)$ 为起点的 k 到 $(n-1)$ 子过程来说，必是最优策略（k 阶段状态 s_k^* 是由 s_0 和 $p_{0,k-1}^*$ 所确定的）。

证明:用反证法。若 $p_{k,n-1}^*$ 不是最优策略,则有:

$$V_{k,n-1}(s_k^*, p_{k,n-1}^*) < \mathop{\mathrm{opt}}_{p_{k,n-1} \in p_{k,n-1(s_k^*)}} \{V_{k,n-1}(s_k^*, p_{k,n-1})\}$$

因而,

$$
\begin{aligned}
V_{0,n-1}(s_0, p_{0,n-1}^*) &= V_{0,k-1}(s_0^*, p_{0,k-1}^*) + V_{k,n-1}(s_k^*, p_{k,n-1}^*) \\
&< V_{0,k-1}(s_0^*, p_{0,k-1}^*) + \mathop{\mathrm{opt}}_{p_{k,n-1} \in p_{k,n-1(s_k^*)}} \{V_{k,n-1}(s_k^*, p_{k,n-1})\} \\
&< \mathop{\mathrm{opt}}_{p_{0,k-1} \in P_{0,k-1}(s_0)} \{V_{0,k-1}(s_0, p_{0,k-1}) + \mathop{\mathrm{opt}}_{p_{k,n-1} \in P_{k,n-1(\tilde{s}_k)}} V_{k,n-1}(\tilde{s}_k, p_{k,n-1})\}
\end{aligned}
$$

这与定理 7-1 矛盾。证毕。

推论 7-1 即是动态规划的"最优性原理",它仅是最优策略的必要性。

7.3 动态规划的求解方法

在动态规划中,有两种常见的解法方式:逆序法和顺序法。其关键在于正确写出动态规划的递推关系式,故递推方式有逆推和顺推两种形式。

考查一个 n 阶段决策过程,其中状态变量为 $s_1, s_2, \cdots, s_{n+1}$;决策变量为 $x_1, x_2, \cdots, x_n$,在第 k 阶段,决策 x_k 使状态从 s_k 转移到 s_{k+1},设状态转移函数为:

$$s_{k+1} = T(s_k, u_k), \quad k = 1, 2, \cdots, n$$

过程的总效益(指标函数)与各阶段效益(阶段指标函数)的关系为:

$$V_{1,n} = v_1(s_1, x_1) * v_2(s_2, x_2) * \cdots * v_n(s_n, x_n)$$

式中,"*"在不同情境下可以全部表示为"+"或"×"。为了使 $V_{1,n}$ 达到最优,则需要求解 opt $V_{1,n}$。

7.3.1 逆序法

动态规划的逆序法是一种解决问题的方法,简单来说,就是我们从问题的最终状态开始,逆向地进行状态转移和计算,最终得到问题的初始状态的最优解。

设 $f_k(s_k)$ 为第 k 阶段初始状为 x_k 的前提下,从 k 阶段到 n 阶段采用最优决策所得到的最大效益。在最后一个阶段,有:

$$f_n(s_n) = \max_{x_n \in D_n(s_n)} v_n(s_n, x_n)$$

式中,$D_n(s_n)$ 是由状态 s_n 所确定的第 n 阶段的允许决策集合。设上述问题的最优解为 $x_n^* = x_n(s_n)$。

在第 $(n-1)$ 阶段,有:

$$f_{n-1}(s_{n-1}) = \max_{x_{n-1} \in D_n(s_{n-1})} [v_{n-1}(s_{n-1}, x_{n-1}) * f_n(s_n)]$$

式中，$s_n = T_{n-1}(s_{n-1}, x_{n-1})$。求解此一维极值问题，可以得到最优解 $x_{n-1}^* = x_{n-1}(s_{n-1})$ 和最优值 $f_{n-1}(s_{n-1})$。

在第 k 阶段，有：

$$f_k(s_k) = \max_{x_k \in D_k(s_k)} [v_k(s_k, x_k) * f_{n+1}(s_{n+1})]$$

式中，$s_{k+1} = T_k(s_k, x_k)$。通过求解，可以得到最优解 $x_k^* = x_k(s_k)$ 和最优值 $f_k(s_k)$。

依此类推，直至第一阶段，可以得到：

$$f_1(s_1) = \max_{x_1 \in D_1(s_1)} [v_1(s_1, x_1) * f_2(s_2)]$$

式中，$s_2 = T_1(s_1, x_1)$。通过求解，可以得到最优解 $x_1 = x_1(s_1)$ 和最优值 $f_1(s_1)$。

由于初始状态 s_1 已知，所以 $x_1 = x_1(s_1)$ 和 $f_1(s_1)$ 是确定的，从而 $s_2 = T_1(s_1, x_1)$ 可以确定。接着可以得到 $x_2 = x_2(s_2)$ 和 $f_2(s_2)$。这样，按照与上述递推过程相反的顺序推算下去，即可逐步确定每个阶段的决策及效益。

为便于理解，我们再次通过例 7-1 来演示逆序法的求解过程。

【**例 7-2**】(逆序法求解最短路径问题)　利用逆序法求解例 7-1。

解：当 $k = n = 5$ 时，$f_5(v_{10}) = 0$

当 $k = 4$，递推方程为：

$$f_4(s_4) = \min_{x_4 \in D_4(s_4)} \{v_4(s_4, x_4) + f_5(s_5)\}$$

计算过程见表 7-1。

表 7-1　逆序法求解过程第一步

s_4	$D_4(s_4)$	s_5	$v_4(s_4, x_4)$	$v_4(s_4, x_4) + f_5(s_5)$	$f_4(s_4)$	最优决策 x_4^*
v_7	$v_7 \rightarrow v_{10}$	v_{10}	5	5+0=5	5	$v_7 \rightarrow v_{10}$
v_8	$v_8 \rightarrow v_{10}$	v_{10}	8	8+0=8	8	$v_8 \rightarrow v_{10}$
v_9	$v_8 \rightarrow v_{10}$	v_{10}	4	4+0=4	4	$v_9 \rightarrow v_{10}$

当 $k = 3$，递推方程为：

$$f_3(s_3) = \min_{x_3 \in D_3(s_3)} \{v_3(s_3, x_3) + f_4(s_4)\}$$

计算过程见表 7-2。

表 7-2 逆序法求解过程第二步

s_3	$D_3(s_3)$	s_4	$v_3(s_3,x_3)$	$v_3(s_3,x_3)+f_4(s_4)$	$f_3(s_3)$	最优决策 x_3^*
v_5	$v_5 \rightarrow v_7$ $v_5 \rightarrow v_8$ $v_5 \rightarrow v_9$	v_7 v_8 v_9	2 8 6	2+5=7 8+8=16 6+4=10	7	$v_5 \rightarrow v_7$
v_6	$v_6 \rightarrow v_7$ $v_6 \rightarrow v_8$ $v_6 \rightarrow v_9$	v_7 v_8 v_9	12 5 8	12+5=17 5+8=13 8+4=12	12	$v_6 \rightarrow v_9$

当 $k=2$，递推方程为：

$$f_2(s_2) = \min_{x_2 \in D_2(s_2)} \{v_2(s_2,x_2)+f_3(s_3)\}$$

计算过程见表 7-3。

表 7-3 逆序法求解过程第三步

s_2	$D_2(s_2)$	s_3	$v_2(s_2,x_2)$	$v_2(s_2,x_2)+f_3(s_3)$	$f_2(s_2)$	最优决策 x_2^*
v_2	$v_2 \rightarrow v_5$ $v_2 \rightarrow v_6$	v_5 v_6	10 13	10+7=17 13+12=25	17	$v_2 \rightarrow v_5$
v_3	$v_3 \rightarrow v_5$ $v_3 \rightarrow v_6$	v_5 v_6	7 10	7+7=14 10+12=22	14	$v_3 \rightarrow v_5$
v_4	$v_4 \rightarrow v_5$ $v_4 \rightarrow v_6$	v_5 v_6	13 11	13+7=20 11+12=23	20	$v_4 \rightarrow v_5$

当 $k=1$，递推方程为：

$$f_1(s_1) = \min_{x_1 \in D_1(s_1)} \{v_1(s_1,x_1)+f_2(s_2)\}$$

计算过程见表 7-4。

表 7-4 逆序法求解过程第四步

s_1	$D_1(s_1)$	s_2	$v_1(s_1,x_1)$	$v_1(s_1,x_1)+f_2(s_2)$	$f_1(s_1)$	最优决策 x_1^*
v_1	$v_1 \rightarrow v_2$ $v_1 \rightarrow v_3$ $v_1 \rightarrow v_4$	v_2 v_3 v_4	2 8 5	2+17=19 8+14=22 5+20=25	19	$v_1 \rightarrow v_2$

最优值为上表 $f_1(s_1)$ 的值，即从 v_1 到 v_{10} 的最短路长为 19。最短路线从表到表回溯，查看最后一列最优决策，得到最短路径为：

$$v_1 \rightarrow v_2 \rightarrow v_5 \rightarrow v_7 \rightarrow v_{10}$$

7.3.2　顺序法

假定函数 $f_k(s)$ 表示第 k 阶段末结束状态为 s 的前提下，从 1 阶段到 k 阶段通过最优决策所得到的最大收益。

已知终止状态 s_{n+1} 用顺推解法与已知初始状态用逆推解法在本质上没有区别，它相当于把实际的起点视为终点，而按逆推解法进行。但应注意，这里是在上述状态变量和决策变量的记法不变的情况下考虑的。因而这时的状态变换是上面状态变换的逆变换，记为 $s_k = T_k^*(s_{k+1}, x_k)$，即是由 s_{k+1} 和 x_k 确定 s_k 的。

从第一阶段开始，由：

$$f_1(s_2) = \max_{x_1 \in D_1(s_1)} v_1(s_1, x_1)$$

式中，$s_1 = T_k^*(s_2, x_1)$，得最优解 $x_1^* = x_1(s_2)$ 和最优值 $f_1(s_2)$。

在第二阶段，由：

$$f_2(s_3) = \max_{x_2 \in D_2(s_2)} [v_2(s_2, x_2) * f_1(s_2)]$$

式中，$s_2 = T_2^*(s_3, x_2)$，以得到最优解 $x_2^* = x_2(s_3)$ 和最优值 $f_2(s_3)$。

依此类推，直至第 n 阶段，由：

$$f_n(s_{n+1}) = \max_{x_n \in D_n(s_n)} [v_n(s_n, x_n) * f_{n-1}(s_n)]$$

式中，$s_n = T_2^*(s_{n+1}, x_n)$，可以得到最优解 $x_n^* = x_n(s_{n+1})$ 和最优值 $f_n(s_{n+1})$。

由于终止状态 s_{n+1} 是已知的，所以 $x_n(s_{n+1})$ 和 $f_n(s_{n+1})$ 是确定的。这样，按照计算过程的相反顺序进行推算，便可逐步得到每个阶段的决策及效益。

【例 7-3】(顺序法求解最短路径问题)　顺序法求解例 7-1。

解: 当 $k=1$ 时，递推方程为：

$$f_1(s_2) = \min_{x_1 \in D_1(s_1)} \{v_1(s_1, x_1)\}$$

计算过程见表 7-5。

表 7-5　顺序法求解过程第一步

s_1	$D_1(s_1)$	s_2	$v_1(s_1, x_1)$	$f_1(s_2)$	最优决策 x_1^*
v_1	$v_1 \to v_2$ $v_1 \to v_3$ $v_1 \to v_4$	v_2 v_3 v_4	2 8 5	2	$v_1 \to v_2$

当 $k=2$，递推方程为：

$$f_2(s_3) = \min_{x_2 \in D_2(s_2)} \{v_2(s_2, x_2) + f_1(s_2)\}$$

计算过程见表 7-6。

表 7 - 6　顺序法求解过程第二步

s_2	$D_2(s_2)$	s_3	$v_2(s_2,x_2)$	$v_2(s_2,x_2)+f_1(s_2)$	$f_2(s_3)$	最优决策 x_2^*
v_2	$v_2 \to v_5$ / $v_2 \to v_6$	v_5 / v_6	10 / 13	10+2=12 / 13+2=25	12	$v_2 \to v_5$
v_3	$v_3 \to v_5$ / $v_3 \to v_6$	v_5 / v_6	7 / 10	7+8=14 / 10+8=18	14	$v_3 \to v_5$
v_4	$v_4 \to v_5$ / $v_4 \to v_6$	v_5 / v_6	13 / 11	13+5=18 / 11+5=16	16	$v_4 \to v_6$

当 $k=3$，递推方程为：

$$f_3(s_4) = \min_{x_3 \in D_3(s_3)} \{v_3(s_3,x_3)+f_2(s_3)\}$$

计算过程见表 7 - 7。

表 7 - 7　顺序法求解过程第三步

s_3	$D_3(s_3)$	s_4	$v_3(s_3,x_3)$	$v_3(s_3,x_3)+f_2(s_3)$	$f_3(s_4)$	最优决策 x_3^*
v_5	$v_5 \to v_7$ / $v_5 \to v_8$ / $v_5 \to v_9$	v_7 / v_8 / v_9	2 / 8 / 6	2+12=14 / 8+15=23 / 6+18=24	14	$v_5 \to v_7$
v_6	$v_6 \to v_7$ / $v_6 \to v_8$ / $v_6 \to v_9$	v_7 / v_8 / v_9	12 / 5 / 8	12+12=24 / 5+18=23 / 8+16=24	23	$v_6 \to v_8$

当 $k=4$，递推方程为：

$$f_4(s_5) = \min_{x_4 \in D_4(s_4)} \{v_4(s_4,x_4)+f_3(s_4)\}$$

计算过程见表 7 - 8。

表 7 - 8　顺序法求解过程第四步

s_4	$D_4(s_4)$	s_5	$v_4(s_4,x_4)$	$v_4(s_4,x_4)+f_3(s_4)$	$f_4(s_5)$	最优决策 x_4^*
v_7	$v_7 \to v_{10}$	v_{10}	5	5+14=19	19	$v_7 \to v_{10}$
v_8	$v_8 \to v_{10}$	v_{10}	8	8+23=31	31	$v_8 \to v_{10}$
v_9	$v_9 \to v_{10}$	v_{10}	4	4+24=28	29	$v_9 \to v_{10}$

综上，所得结果和逆推法一致。

7.4 动态规划的典型应用

7.4.1 资源分配问题

资源分配问题的一般性描述为：设有某种原料，总数量为 a，用于生产 n 种产品。若分配数量 x_i 用于生产第 i 种产品，其收益为 $g_i(x_i)$。应如何分配，才能使生产 n 产品的总收入最大？

此问题可写成静态规划问题：

$$\max z = g_1(x_2) + g_2(x_2) + \cdots + g_n(x_n)$$
$$\text{s.t.} \begin{cases} x_1 + x_2 + \cdots + x_n = a \\ x_i \geqslant 0, \quad i = 1, 2, \cdots, n \end{cases}$$

当 $g_i(x_i)$ 都是线性函数时，它是一个线性规划问题；当 $g_i(x_i)$ 是非线性函数时，它是一个非线性规划问题。但当 n 较大时，具体求解是比较麻烦的。这类问题可以将它看成一个多阶段决策问题，并利用动态规划的递推关系来求解。通常把资源分配给一个或几个使用者的过程作为一个阶段，以问题中的变量 x_i 为决策变量，以累计的量或随递推过程变化的量作为状态变量。故有：

设状态变量 s_k 表示分配用于生产第 k 种产品至第 n 种产品的原料数量；决策变量 u_k 表示分配给生产第 k 种产品的原料数量，即 $u_k = x_k$。状态转移方程为 $s_{k+1} = s_k - u_k$，允许决策集合为 $D_k(s_k) = \{u_k \mid 0 \leqslant u_k = x_k \leqslant s_k\}$。

令最优值函数 $f_k(s_k)$ 表示以数量为 s_k 的资源分配给第 k 种产品至第 n 种产品所得到的最大总收入，因而可写出动态规划的逆推关系式为：

$$\begin{cases} f_k(s_k) = \max_{0 \leqslant x_k \leqslant s_k} \{g_k(x_k) + f_{k+1}(s_k - x_k)\} \\ f_n(s_n) = \max_{x_n = s_n} g_n(x_n) \end{cases}$$

利用此递推关系式进行逐段计算，最后求得 $f_1(a)$ 即为所求问题的最大总收入。

【例 7-4】（资源分配问题） 公司有资金 8 万元，投资 A，B，C 三个项目，一个单位投资为 2 万元。每个项目的投资效益率与投入该项目的资金有关。三个项目 A，B，C 的投资效益（万元）和投入资金（万元）的关系见表 7-9。求对三个项目的最优投资分配，使总投资效益最大。

表 7-9 项目投资表

投入资金	项 目		
	A	B	C
2	8	9	10

投入资金	项　目		
	A	B	C
4	15	20	28
6	30	35	35
8	38	40	43

解:设 x_k 为第 k 个项目的投资,该问题的静态规划模型为:

$$\max z = v_1(x_1) + v_2(x_2) + v_3(x_3)$$

$$\text{s.t.} \begin{cases} x_1 + x_2 + x_3 = 8 \\ x_j = 0,2,4,6,8 \end{cases}$$

根据前面所学知识,设:

(1) 阶段 k :每投资一个项目作为一个阶段, $k=1,2,3,4$, $k=4$ 为虚设的阶段;

(2) 状态变量 s_k :投资第 k 个项目前的资金数;

(3) 决策变量 x_k :第 k 个项目的投资额;

(4) 决策允许集合: $0 \leqslant x_k \leqslant s_k$;

(5) 状态转移方程: $s_{k+1} = s_k - x_k$;

(6) 阶段指标: $v_k(s_k, x_k)$ 见表 7-9 中的数据。

那么递推方程为:

$$f_k(x_k) = \max\{v_k(s_k, x_k) + f_{k+1}(s_{k+1})\}$$

终端条件为:

$$f_4(s_4) = 0$$

数学模型为:

$$f_k(x_k) = \max\{v_k(s_k, x_k) + f_{k+1}(s_{k+1})\}, \quad k=1,2,3$$

$$\text{s.t.} \begin{cases} s_{k+1} = s_k - x_k \\ f_4(x_4) = 0 \\ x_k = 0,2,4,6,8, \quad k=1,2,3 \end{cases}$$

当 $k=4$ 时,终端条件为 $f_4(s_4) = 0$ 。

当 $k=3$ 时, $0 \leqslant x_3 \leqslant s_3$, $s_4 = s_3 - x_3$,结果见表 7-10。

表 7-10　求解过程第一步

状态 s_3	决策 $x_3(s_3)$	状态转移方程 $s_4 = s_3 - x_3$	阶段指标 $v_3(s_3, x_3)$	过程指标 $v_3(s_3, x_3) + f_4(s_4)$	最优指标 $f_3(s_3)$	最优决策 x_3^*
0	0	0	0	0+0=0	0	0
2	0 2	2 0	0 10	0+0=0 10+0=10	10	2

续 表

状态 s_3	决策 $x_3(s_3)$	状态转移方程 $s_4 = s_3 - x_3$	阶段指标 $v_3(s_3, x_3)$	过程指标 $v_3(s_3, x_3) + f_4(s_4)$	最优指标 $f_3(s_3)$	最优决策 x_3^*
4	0	4	0	0+0=0	28	4
	2	2	10	10+0=10		
	4	0	28	28+0=28		
6	0	6	0	0+0=0	35	6
	2	4	10	10+0=10		
	4	2	28	28+0=28		
	6	0	35	35+0=35		
8	0	8	0	0+0=0	43	8
	2	6	10	10+0=10		
	4	4	28	28+0=28		
	6	2	35	35+0=35		
	8	0	43	43+0=43		

当 $k=2$ 时，$0 \leqslant x_2 \leqslant s_2$，$s_3 = s_2 - x_2$，结果见表 7 - 11。

表 7 - 11 求解过程第二步

状态 s_2	决策 $x_2(s_2)$	状态 s_3	阶段指标 $v_2(s_2, x_2)$	$f_3(s_3)$	过程指标 $v_2(s_2, x_2) + f_3(s_3)$	最优指标 $f_2(s_2)$	最优决策 x_2^*
0	0	0	0	0	0+0=0	0	0
2	0	2	0	10	0+10=10	10	0
	2	0	9	0	9+0=9		
4	0	4	0	28	0+28=28	28	0
	2	2	9	10	9+10=19		
	4	0	20	0	20+0=20		
6	0	6	0	35	0+35=35	37	2
	2	4	9	28	9+28=37		
	4	2	20	10	20+10=30		
	6	0	35	0	35+0=35		
8	0	8	0	43	0+43=43	48	4
	2	6	9	35	9+35=44		
	4	4	20	28	20+20=48		
	6	2	35	10	35+10=45		
	8	0	40	0	40+0=40		

当 $k=1$ 时，$0 \leqslant x_1 \leqslant s_1$，$s_2 = s_1 - x_1$，结果见表 7 - 12。

表 7-12　求解过程第三步

状态 s_1	决策 $x_1(s_1)$	状态 s_2	阶段指标 $v_1(s_1,x_1)$	$f_2(s_2)$	过程指标 $v_1(s_1,x_1)+f_2(s_2)$	最优指标 $f_1(s_1)$	最优决策 x_1^*
8	0	8	0	48	0+48=48	48	0
	2	6	8	37	8+37=45		
	4	4	15	28	15+28=43		
	6	2	30	10	30+10=40		
	8	0	38	0	38+0=38		

综上,通过逆推求得最优解为:

由表得 $x_1^*=0$, $s_2=s_1-x_1^*=8$, 查表得 $x_2^*=4$, $s_3=s_2-x_2^*=4$, 故 $x_3^*=s_3=4$。

那么投资的最优策略是:项目 A 不投资,项目 B 投资 4 万元,项目 C 投资 4 万元,最大效益为 48 万元。

【例 7-5】(机器负荷分配问题)　某种设备可在高低两种不同的负荷下进行生产,设在高负荷下投入生产的设备数量为 x,产量为 $g=10x$,设备年完好率为 $a=0.75$;在低负荷下投入生产的设备数量为 y,产量为 $h=8y$,年完好率为 $b=0.9$。假定开始生产时完好的设备数量 $s_1=100$。制定一个五年计划,确定每年投入高、低两种负荷下生产的设备数量,使五年内产品的总产量达到最大。

解:首先构造该问题的动态规划模型,设:

(1) 阶段 k:运行年份($k=1,2,3,4,5,6$),$k=1$ 表示第一年年初,$k=6$ 表示第五年年末(即第六年年初);

(2) 状态变量 s_k:第 k 年年初完好的机器数($k=1,2,3,4,5,6$),也是第 $(k-1)$ 年年末完好的机器数,其中 s_6 表示第五年年末(即第六年年初)的完好机器数,$s_1=100$。

(3) 决策变量 x_k:第 k 年年初投入高负荷运行的机器数,则 (s_k-x_k) 表示第 k 年年初投入低负荷运行的机器数;

(4) 状态转移方程:$s_{k+1}=0.75x_k+0.9(s_k-x_k)$;

(5) 决策允许集合:$D_k(s_k)=\{x_k \mid 0 \leqslant x_k \leqslant s_k\}$;

(6) 阶段指标为第 k 年的产量:$v_k(s_k,x_k)=10x_k+8(s_k-x_k)$。

终端条件为 $f_6(s_6)=0$。令最优值函数 $f_k(s_k)$ 表示由资源量 s_k 出发,从第 k 年开始到第 5 年结束时所生产产品的总产量最大值。因而有如下逆推关系式:

$$f_k(s_k)=\max_{x_k \in D_k(s_k)}\{v_k(s_k,x_k)+f_{k+1}(s_{k+1})\}$$
$$=\max_{x_k \in D_k(s_k)}\{10x_k+8(s_k-x_k)+f_{k+1}[0.75x_k+0.9(s_k-x_k)]\}$$

从第 5 年开始,向前逆推:

当 $k=5$ 时,有:

$$f_5(s_5) = \max_{0 \leqslant x_5 \leqslant s_5} \{10x_5 + 8(s_5 - x_5) + f_6(s_6)\}$$
$$= \max_{0 \leqslant x_5 \leqslant s_5} \{10x_5 + 8(s_5 - x_5)\}$$
$$= \max_{0 \leqslant x_5 \leqslant s_5} \{2x_5 + 8s_5\}$$

由于 f_5 为 x_5 的线性单调增函数,故最大解为 $x_5^* = s_5$,相应的则有 $f_5(s_5) = 10s_5$。

当 $k = 4$ 时,有:

$$f_4(s_4) = \max_{0 \leqslant x_4 \leqslant s_4} \{10x_4 + 8(s_4 - x_4) + f_5(s_5)\}$$
$$= \max_{0 \leqslant x_4 \leqslant s_4} \{10x_4 + 8(s_4 - x_4) + 10s_5\}$$
$$= \max_{0 \leqslant x_4 \leqslant s_4} \{10x_4 + 8(s_4 - x_4) + 10[0.75x_4 + 0.9(s_4 - x_4)]\}$$
$$= \max_{0 \leqslant x_4 \leqslant s_4} \{0.5x_4 + 17s_4\}$$

同理得最大解为 $x_4^* = s_4$,相应的则有 $f_4(s_4) = 17.5s_4$。

当 $k = 3$ 时,有:

$$f_3(s_3) = \max_{0 \leqslant x_3 \leqslant s_3} \{10x_3 + 8(s_3 - x_3) + f_4(s_4)\}$$
$$= \max_{0 \leqslant x_3 \leqslant s_3} \{10x_3 + 8(s_3 - x_3) + 17.5s_4\}$$
$$= \max_{0 \leqslant x_3 \leqslant s_3} \{10x_4 + 8(s_4 - x_4) + 17.5[0.75x_3 + 0.9(s_3 - x_3)]\}$$
$$= \max_{0 \leqslant x_3 \leqslant s_3} \{-0.625x_3 + 23.75s_3\}$$

这时 f_3 为 x_3 的线性单调减函数,故最大解为 $x_3^* = 0$,相应的则有 $f_3(s_3) = 23.75s_3$。 以此类推,可以求得最大解:

$$\begin{cases} x_2^* = 0,\text{相应地则有 } f_2(s_2) = 29.375s_2 \\ x_1^* = 0,\text{相应地则有 } f_1(s_1) = 34.437\ 5s_1 \end{cases}$$

因为 $s_1 = 100$,五年的最大总产量为 $f_1(s_1) = 3\ 443.75$ 台。

根据最优策略: $x_1^* = x_2^* = x_3^* = 0, x_4^* = s_4, x_5^* = s_5$,设备的最优分配策略是,第一年至第三年将设备全部用于低负荷运行,第四年和第五年将设备全部用于高负荷运行。

从始端向终端递推计算出每年投入高负荷运行的机器数以及每年年初完好的机器数为:

$s_1 = 100$

$x_1^* = 0, s_2 = 0.75x_1 + 0.9(s_1 - x_1) = 0.9s_1 = 90$

$x_2^* = 0, s_3 = 0.75x_2 + 0.9(s_2 - x_2) = 0.9s_2 = 81$

$x_3^* = 0, s_4 = 0.75x_3 + 0.9(s_3 - x_3) = 0.9s_3 = 72.9$ 取整 73

$x_4^* = s_4 = 73, s_5 = 0.75x_4 + 0.9(s_4 - x_4) = 0.75s_4 = 54.75$ 取整 55

$x_5^* = s_5 = 55, s_6 = 0.75x_5 + 0.9(s_5 - x_5) = 0.75s_5 = 41.25$ 取整 41

即第五年年末还有 41 台完好设备。上述最优策略过程,始端状态 s_1 是固定的,

而终端状态 s_6 是自由的。由此所得到的最优策略称为始端固定终端自由的最优策略,目标函数为五年内的产品总产量最高。

一般地,设一个周期为 n 年,高负荷生产时设备的完好率为 a,单台产量为 g;低负荷完好率为 b,单台产量为 h。若有 t 满足:

$$\sum_{i=0}^{n-t-1} a^i \leqslant \frac{g-h}{g(b-a)} \leqslant \sum_{i=0}^{n-t} a^i$$

则最优设备分配策略是:$1 \sim t-1$ 年,年初将全部完好设备投入低负荷运行;$t \sim n$ 年,年初将全部完好设备投入高负荷运行,总产量达到最大。

7.4.2 生产与储存问题

在动态规划中,生产与储存问题是一类经典的优化问题,通常涉及在多个时间阶段内进行生产和储存决策,以最大化效益或最小化成本。该问题的基本思想是:在每个时间阶段,根据当前的需求和库存情况,做出生产和储存的决策,使得总的效益最大或总的成本最小。

该问题的一般性描述为:设某公司对某种产品要制定一项 n 阶段的生产(或购买)计划。已知它的初始库存量为零,每阶段中该产品的生产(或购买)数量有上限限制;每阶段中社会对该产品的需求量是已知的,公司需要保证供应,并且确保在 n 阶段末的终结库存量仍为零。问:该公司如何制定每个阶段的生产(或采购)计划,从而使总成本最小?

设 d_k 为第 k 阶段该产品的需求量,x_k 为第 k 阶段该产品的生产量(或采购量),v_k 为第 k 阶段结束时的产品库存量,则有 $v_k = v_{k-1} + x_k - d_k$。

$c_k(x_k)$ 表示第 k 阶段生产 x_k 单位产品所需要支付的成本费用,它包括生产准备成本 K 和产品成本 ax_k(其中 a 是单位产品成本)两项费用。即:

$$c_k(x_k) = \begin{cases} 0, & \text{当 } x_k = 0 \\ K + ax_k, & \text{当 } x_k = 1, 2, \cdots, m \\ \infty, & \text{当 } x_k > m \end{cases}$$

$h_k(x_k)$ 表示在第 k 阶段结束时库存量为 v_k 所需的存储费用,故第 k 阶段的成本费用为 $c_k(x_k) + h_k(x_k)$,m 表示每个阶段生产该产品的上限数。因而,上述问题的数学模型可表述为:

$$\min g = \sum_{k=1}^{n} \left[c_k(x_k) + h_k(x_k) \right]$$

$$\text{s.t.} \begin{cases} v_0 = 0, v_n = 0 \\ v_k = \sum_{j=1}^{k} (x_j - d_j) \geqslant 0, \quad k = 2, \cdots, n-1 \\ 0 \leqslant x_k \leqslant m, \quad k = 1, 2, \cdots, n \\ x_k \text{ 为整数}, \quad k = 1, 2, \cdots, n \end{cases}$$

上述问题可以看作一个 n 阶段决策问题,利用动态规划方法对其进行求解。令 v_{k-1} 为状态变量,它表示第 k 阶段的初始库存量。x_k 为决策变量,它表示第 k 阶段的产品生产量。这样,状态转移方程可写为:

$$v_k = v_{k-1} + x_k - d_k, \quad k = 1, 2, \cdots, n$$

最优值函数 $f_k(v_k)$ 表示从第 1 阶段初始库存量为 0 到第 k 阶段末库存量为 v_k 时的最小总费用。因此,可以给出如下顺序递推关系式:

$$f_k(v_k) = \min_{0 \leqslant x_k \leqslant \sigma_k} [c_k(x_k) + h_k(x_k) + f_{k-1}(v_{k-1})], \quad k = 1, 2, \cdots n$$

由于每个阶段中产品的生产量上限为 m,并且产品的产量需要满足需求,故第 $k-1$ 阶段末的库存量 v_{k-1} 必须非负,即 $v_k + d_k - x_k$($x_k \leqslant v_k + d_k$)。因此,$\sigma_k = \min(v_k + d_k, m)$。

边界条件为 $f_0(v_0) = 0$ 或 $f_1(v_1) = \min\limits_{x_1 = \sigma_1}[c_1(x_1) + h_1(x_1)]$),从边界条件出发,利用上述递推关系计算 $f_k(v_k)$ 中 v_k 在 0 至 $\min(\sum\limits_{j=k+1}^{n} d_j, m - d_k)$ 之间的数值解,其中 $k = 1, 2, \cdots n$,由此得到的 $f_n(0)$ 即为所要求解的最小总费用。

【例 7-6】(生产与储存问题) 一个工厂生产某种产品,1—6 月份生产成本和产品需求量的变化情况见表 7-13。

表 7-13 生产成本和产品需求量变化

月份 k	1	2	3	4	5	6
需求量 d_k /件	20	30	35	40	25	45
单位产品成本 c_k /元	15	12	16	19	18	16

没有生产准备成本,单位产品一个月的存储费为 $h_k = 0.6$ 元,月底交货。分别求下述情况下 6 个月总成本最小的生产方案:1 月月初与 6 月月底存储量为零,不允许缺货,仓库容量为 $S = 50$ 件,生产能力无限制。

解:设:

(1) 阶段 k 为月份,$k = 1, 2, \cdots, 7$;

(2) 状态变量 s_k:第 k 个月月初的库存量;

(3) 决策变量 x_k:第 k 个月的生产量;

(4) 状态转移方程:$s_{k+1} = s_k + x_k - d_k$;

(5) 决策允许集合:$D_k(s_k) = \{x_k \mid x_k \geqslant 0, 0 \leqslant s_k + x_k - d_k \leqslant 50\}$;

(6) 阶段指标:$v_k(s_k, x_k) = c_k x_k + h_k s_k = c_k x_k + 0.6 s_k$。

终端条件为 $f_7(s_7) = 0, s_7 = 0$。 综上,递推方程为 $f_k(s_k) = \min\limits_{x_k \in D_k(s_k)} \{v_k(s_k, x_k) + f_{k+1}(s_{k+1})\} = \min\limits_{x_k \in D_k(s_k)} \{v_k(s_k, x_k) + f_{k+1}(s_k + x_k - d_k)\}$。

当 $k = 6$ 时,因要求期中终库存量为 0,即 $s_7 = 0$。 因此,$f_7(s_7) = 0$,可以得到

$s_7 = s_6 + x_6 - d_6 = s_6 + x_6 - 45 = 0$，$x_6 = 45 - s_6$，其中 $s_6 \leqslant 45$。

$$f_6(s_6) = \min_{x_6 = 45 - s_6} \{16x_6 + 0.6s_6 + f_7(s_7)\} = \min_{x_6 = 45 - s_6} \{16x_6 + 0.6s_6\} = -15.4s_6 + 720$$

那么相应的最优解为 $x_6^* = 45 - s_6$。

当 $k = 5$ 时，由于 $0 \leqslant s_6 \leqslant 45$，而 $s_6 = s_5 + x_5 - d_5 = s_5 + x_5 - 25$，代入得 $0 \leqslant s_5 + x_5 - 25 \leqslant 45$，调整后得到 $25 - s_5 \leqslant x_5 \leqslant 70 - s_5$。由于库存量为 50，故 $s_5 \leqslant 50$，则当 $25 - s_5 < 0$ 时 x_5 取 0，决策允许集合为：

$$D_5(s_5) = \{x_5 \mid \max[0, 25 - s_5] \leqslant x_5 \leqslant 70 - s_5\}$$

$$\begin{aligned} f_5(s_5) &= \min_{x_5 \in D_5(s_5)} \{18x_5 + 0.6s_5 + f_6(s_6)\} \\ &= \min_{x_5 \in D_5(s_5)} \{18x_5 + 0.6s_5 - 15.4s_6 + 720\} \\ &= \min_{x_5 \in D_5(s_5)} \{2.6x_5 + 14.8s_5 + 1\,150\} \\ &= \begin{cases} -17.4s_5 + 1\,170, & s_5 \leqslant 25 \text{ 时取下界}, x_5^* = 25 - s_5 \\ -18.4s_5 + 1\,105, & s_5 > 25 \text{ 时取下界}, x_5^* = 0 \end{cases} \end{aligned}$$

当 $k = 4$ 时，由于 $0 \leqslant s_5 \leqslant 25$，而 $s_5 = s_4 + x_4 - d_4 = s_4 + x_4 - 40$，代入得 $0 \leqslant s_4 + x_4 - 40 \leqslant 25$，调整后得到 $40 - s_4 \leqslant x_4 \leqslant 65 - s_4$，决策允许集合为：

$$D_4(s_4) = \{x_4 \mid \max[0, 40 - s_4] \leqslant x_4 \leqslant 65 - s_4\}$$

$$\begin{aligned} f_4(s_4) &= \min_{x_4 \in D_4(s_4)} \{19x_4 + 0.6s_4 + f_5(s_5)\} \\ &= \min_{x_4 \in D_4(s_4)} \{19x_4 + 0.6s_4 - 17.4s_5 + 1\,170\} \\ &= \min_{x_4 \in D_4(s_4)} \{1.6x_4 + 16.8s_4 + 1\,866\} \\ &= \begin{cases} -18.4s_4 + 1\,930, & s_4 \leqslant 25 \text{ 时取下界}, x_4^* = 40 - s_4 \\ -16.8s_4 + 1\,866, & 40 \leqslant s_4 \leqslant 50 \text{ 时取下界}, x_4^* = 0 \end{cases} \end{aligned}$$

而 $25 \leqslant s_5 \leqslant 50$ 时，$x_5 = 0$，由 $s_5 = s_4 + x_4 - d_4 = s_4 + x_4 - 40$，代入得 $25 \leqslant s_4 + x_4 - 40 \leqslant 50$，调整后有：

$$D_4(s_4) = \{x_4 \mid 65 - s_4 \leqslant x_4 \leqslant 90 - s_4\}$$

$$\begin{aligned} f_4^{(1)}(s_4) &= \min_{x_4 \in D_4(s_4)} \{19x_4 + 0.6s_4 + f_5(s_5)\} \\ &= \min_{x_4 \in D_4(s_4)} \{19x_4 + 0.6s_4 - 14.8s_5 + 1\,105\} \\ &= \min_{x_4 \in D_4(s_4)} \{4.2x_4 + 14.2s_4 + 1\,697\} \\ &= -18.4s_4 + 1\,970 \text{ 取下界}: x_4^* = 65 - s_4 \end{aligned}$$

该决策不可行：$x_5 = 0$，$s_4 + x_4 = 65 = d_4 + d_5$，就会导致 $s_5 = s_6 = 0$，这与 $s_5 \geqslant 25$ 矛盾。故有：

$$f_4(s_4) = \begin{cases} -18.4s_4 + 1\,930, & 0 \leqslant s_4 \leqslant 40, x_4^* = 40 - s_4 \text{ 且 } 0 \leqslant s_5 \leqslant 25, x_5 = 25 - s_5 \\ -16.8s_4 + 1\,866, & 40 \leqslant s_4 \leqslant 50, x_4^* = 0 \text{ 且 } 0 \leqslant s_5 \leqslant 25, x_5 = 25 - s_5 \end{cases}$$

$k=3$ 时,当 $0 \leqslant s_4 \leqslant 40$ 时,$0 \leqslant s_3 + x_3 - 35 \leqslant 40$,调整后有:

$$D_3(s_3) = \{x_3 \mid \max[0, 35 - s_3] \leqslant x_3 \leqslant 75 - s_3\}$$

$$f_3(s_3) = \min_{x_3 \in D_3(s_3)} \{16x_3 + 0.6s_3 + f_4(s_4)\} = \min_{x_3 \in D_3(s_3)} \{16x_3 + 0.6s_3 - 18.4s_4 + 1\,930\}$$

$$= \min_{x_3 \in D_3(s_3)} \{-2.4x_3 + 17.8s_3 + 2\,574\}$$

$$= -15.4s_3 + 2\,394 \quad \text{取上界：} x_3^* = 75 - s_3$$

当 $40 \leqslant s_4 \leqslant 50$ 时,$40 \leqslant s_3 + x_3 - 35 \leqslant 50$,调整后有:

$$D_3(s_3) = \{x_3 \mid 75 - s_3 \leqslant x_3 \leqslant 85 - s_3\}$$

$$f_3(s_3) = \min_{x_3 \in D_3(s_3)} \{16x_3 + 0.6s_3 + f_4(s_4)\} = \min_{x_3 \in D_3(s_3)} \{16x_3 + 0.6s_3 - 16.8s_4 + 1\,866\}$$

$$= \min_{x_3 \in D_3(s_3)} \{-0.8x_3 - 16.2s_3 + 2\,454\}$$

$$= -15.4s_3 + 2\,386 \quad \text{取上界：} x_3^* = 85 - s_3$$

当 $k=2$ 时,由于 $40 \leqslant s_4 \leqslant 50$,$0 \leqslant s_3 \leqslant 50$,而 $s_3 = s_2 + x_2 - d_2 = s_2 + x_2 - 30$,代入得 $0 \leqslant s_2 + x_2 - 30 \leqslant 50$,调整后得到 $30 - s_2 \leqslant x_2 \leqslant 80 - s_2$,决策允许集合为:

$$D_2(s_2) = \{x_2 \mid \max[0, 30 - s_2] \leqslant x_2 \leqslant 80 - s_2\}$$

$$f_2(s_2) = \min_{x_2 \in D_2(s_2)} \{12x_2 + 0.6s_2 + f_3(s_3)\} = \min_{x_2 \in D_2(s_2)} \{16x_2 + 0.6s_2 - 15.4s_3 + 2\,386\}$$

$$= \min_{x_2 \in D_2(s_2)} \{-3.4x_2 - 14.8s_2 + 2\,848\}$$

$$= -11.4s_2 + 2\,576 \quad \text{取上界：} x_2^* = 80 - s_2$$

当 $k=1$ 时,由于 $0 \leqslant s_2 \leqslant 50$,而 $s_2 = s_1 + x_1 - d_1 = s_1 + x_1 - 20$,带入得 $0 \leqslant s_1 + x_1 - 20 \leqslant 50$,调整后得到 $20 - s_1 \leqslant x_1 \leqslant 70 - s_2$,只要期初存量 $s_1 \leqslant 20$,则决策允许集合为:

$$D_1(s_1) = \{x_1 \mid 20 - s_1 \leqslant x_1 \leqslant 70 - s_2\}$$

$$f_1(s_1) = \min_{x_1 \in D_1(s_1)} \{15x_1 + 0.6s_1 + f_2(s_2)\}$$

$$= \min_{x_1 \in D_1(s_1)} \{15x_1 + 0.6s_1 - 11.4s_2 + 2\,584\}$$

$$= \min_{x_1 \in D_1(s_1)} \{3.6x_1 - 10.8s_1 + 2\,804\}$$

$$= -14.4s_1 + 2\,876 \quad \text{取上界：} x_1^* = 20 - s_1$$

期初储存量 $s_1 = 0$,根据各阶段最优决策 x_k^* 及状态转移方程逆推即可求出最优策略,见表 7-14。

表 7-14 最优策略

产量 x_k^*	期初库存量 s_k
$x_1^* = 20$	$s_2 = s_1 + x_1 - d_1 = 0 + 20 - 20 = 0$
$x_2^* = 80$	$s_3 = s_2 + x_2 - d_2 = 0 + 90 - 30 = 50$
$x_3^* = 85 - 50 = 35$	$s_4 = s_3 + x_3 - d_3 = 50 + 35 - 35 = 50 > 40$

产量 x_k^*	期初库存量 s_k
$x_4^* = 0$	$s_5 = s_4 + x_4 - d_4 = 50 - 0 - 40 = 10 < 25$
$x_5^* = 25 - 10 = 15$	$s_6 = s_5 + x_5 - d_5 = 10 + 15 - 25 - 0$
$x_6^* = 45 - 0 = 45$	

综上,1 至 6 月份生产和储存的详细计划表如表 7 - 15 所示。

表 7 - 15　1 至 6 月份生产和储存的详细计划表

月份 k	1	2	3	4	5	6	合　计
需求量 d_k / 件	20	30	35	40	25	45	195
单位产品成本 c_k / 元	0.6	0.6	0.6	0.6	0.6	0.6	0.6
产量 x_k / 件	20	80	35	0	15	45	195
期初库存量 s_k / 件	0	0	50	50	10	0	110
生产成本 $c_k(x_k)$ / 元	300	960	560	0	270	720	2 810
储存成本 $h_k(s_k)$ / 元	0	0	30	30	6	0	66

在实际问题中,还会遇到某些多阶段决策过程,其状态转移不是完全确定的,出现了随机性因素,状态转移是按照某种已知概率分布取值的。具有这种性质的多阶段决策过程称为随机性决策过程。用动态规划方法也可处理这类随机性问题,又称为随机性动态规划。下面通过一个例子来说明这种随机性决策过程。

【例 7 - 7】(不确定性的采购问题)　某厂生产上需要在近五周内必须采购一批原料,而估计在未来五周内价格有波动,其浮动价格和概率已测得如表 7 - 16 所示。试求在哪一周以什么价格购入,使其采购价格的数学期望值最小,并求出期望值。

表 7 - 16　原料单价及对应概率

单　价	概率 E
300	0.2
400	0.3
500	0.5

解:价格是一个随机变量,按某种已知的概率分布取值。用动态规划方法处理,按采购期限 5 周分为 5 个阶段,将每周的价格看作该阶段的状态。设:

状态变量 y_k:第 k 周的实际价格。

决策变量 x_k:$x_k = 1$ 时表示第 k 周决定采购;$x_k = 0$ 时表示第 k 周决定等待。

y_{kE}:第 k 周决定等待,而在以后采取最优决策时采购价格的期望值。

$f_k(y_k)$:第 k 周实际价格为 y_k 时,从第 k 周至第 5 周采取最优决策所得的最小期望值。

故可得到如下的逆推关系式：

$$f_k(y_k)=\min\{y_k,y_{kE}\},y_k \in s_k$$

$$f_5(y_5)=y_5,y_5 \in s_5$$

其中，

$$s_k=\{300,400,500\},\quad k=1,2,3,4,5$$

由上述定义可知：

$$y_{kE}=Ef_{k+1}(y_{k+1})=0.2f_{k+1}(300)+0.3f_{k+1}(400)+0.5f_{k+1}(400)$$

因此最优决策为：

$$x_k=\begin{cases}1,采购,当\ f_k(y_k)=y_k\\0,等待,当\ f_k(y_k)=y_{kE}\end{cases}$$

以最后一周为起点，向前逆推计算：

当 $k=5$ 时，由于 $f_5(y_5)=y_5$ 且 $y_5 \in s_5$，故：

$$f_5(300)=300,f_5(400)=400,f_5(500)=500$$

这表示在第五周时，若所需材料尚未购入，则无论市场价格多少，都必须采购。

当 $k=4$ 时，根据上述逆推关系式可知：

$$y_{4E}=0.2f_5(300)+0.3f_5(400)+0.5f_5(400)$$
$$=0.2\times 300+0.3\times 400+0.5\times 400$$
$$=380$$

$$f_4(y_4)=\min_{y_4\in s_4}\{y_4,y_{4E}\}=\min_{y_4\in s_4}\{y_4,380\}=\begin{cases}300,若\ y_4=300\\380,若\ y_4=400\\380,若\ y_4=500\end{cases}$$

故第四周的最优决策为：

$$x_4=\begin{cases}1,采购,若\ y_4=300\\0,等待,若\ y_4=400\ 或\ 500\end{cases}$$

$$f_3(y_3)=\min_{y_4\in s_4}\{y_4,y_{4E}\}=\min_{y_4\in s_4}\{y_3,380\}=\begin{cases}300,若\ y_4=300\\380,若\ y_4=400\\380,若\ y_4=500\end{cases}$$

当 $k=3$ 时，根据上述逆推关系式可知：

$$y_{4E}=0.2f_3(300)+0.3f_3(400)+0.5f_3(400)$$
$$=0.2\times 300+0.3\times 380+0.5\times 380$$
$$=364$$

$$f_3(y_3)=\min_{y_3\in s_3}\{y_3,y_{3E}\}=\min_{y_3\in s_3}\{y_3,364\}=\begin{cases}300,若\ y_3=300\\364,若\ y_3=400\\364,若\ y_3=500\end{cases}$$

故第三周的最优决策为：

$$x_4 = \begin{cases} 1,采购,若 y_3 = 300 \\ 0,等待,若 y_3 = 400 或 500 \end{cases}$$

当 $k=2$ 时，根据上述逆推关系式可知：

$$y_{2E} = 0.2 f_2(300) + 0.3 f_2(400) + 0.5 f_2(400)$$
$$= 0.2 \times 300 + 0.3 \times 364 + 0.5 \times 364$$
$$= 351.2$$

$$f_2(y_2) = \min_{y_2 \in s_2}\{y_2, y_{2E}\} = \min_{y_2 \in s_2}\{y_2, 351.2\} = \begin{cases} 300,若 y_2 = 300 \\ 351.2,若 y_2 = 400 \\ 351.2,若 y_2 = 500 \end{cases}$$

故第二周的最优决策为：

$$x_2 = \begin{cases} 1,采购,若 y_2 = 300 \\ 0,等待,若 y_2 = 400 或 500 \end{cases}$$

当 $k=1$ 时，根据上述逆推关系式可知：

$$y_{1E} = 0.2 f_1(300) + 0.3 f_1(400) + 0.5 f_1(400)$$
$$= 0.2 \times 300 + 0.3 \times 351.2 + 0.5 \times 351.2$$
$$= 340.96$$

$$f_1(y_1) = \min_{y_1 \in s_1}\{y_1, y_{1E}\} = \min_{y_1 \in s_1}\{y_1, 340.96\} = \begin{cases} 300,若 y_1 = 300 \\ 340.96,若 y_1 = 400 \\ 340.96,若 y_1 = 500 \end{cases}$$

故第一周的最优决策为：

$$x_2 = \begin{cases} 1,采购,若 y_1 = 300 \\ 0,等待,若 y_1 = 400 或 500 \end{cases}$$

综上，最优策略为：在第一周至第四周时，若单价为 300 则应进行采购，若单价为 400 或 500 时则应该等待；在第五周时则必须进行采购。

7.4.3 复合系统工作的可靠性问题

如果一个机器的工作系统由 n 个部件串联组成，只要有一个部件失灵，整个系统就无法正常运行。为了提高系统的可靠性，在每个部件上都安装了备用元件，并设计了备用元件自动投入装置。很明显，备用元件越多，整个系统的可靠性就越高。然而，随着备用元件数量的增加，整个系统的成本、重量、体积也会相应增加，而且工作精度可能会下降。因此，在考虑上述限制条件的前提下，最优化问题是如何选择各个部件的备用元件数量，以实现整个系统的最大工作可靠性。

设部件 $i = 1, 2, \cdots, n$ 上装有 u_i 个备用件时，它正常工作的概率为 $p_i(u_i)$。因此，整个系统正常工作的可靠性，可用它正常工作的概率衡量。即：

$$P = \prod_{i=1}^{n} p_i(u_i)$$

设装一个部件 i 备用元件费用为 c_i，重量为 ω_i，要求总费用不超过 c，总重量不超过 ω，则这个问题有两个约束条件，它的静态规划模型为：

$$\max P = \prod_{i=1}^{n} p_i(u_i)$$

$$\text{s.t.} \begin{cases} \sum_{i=1}^{n} c_i u_i \leqslant c \\ \sum_{i=1}^{n} c_i \omega_i \leqslant \omega \\ u_i \geqslant 0 \text{ 且为整数}, \quad i = 1,2,\cdots,n \end{cases}$$

这是一个非线性整数规划问题，因 u_i 要求为整数，且目标函数是非线性的，故此问题用动态规划方法来求解。

为构造动态规划模型，根据两个约束条件，取二维状态变量，采用两个状态变量：x_k：由第 k 个到第 n 个部件所容许使用的总费用；y_k：由第 k 个到第 n 个部件所容许具有的总重量。

决策变量 u_k 为部件 k 上装的备用元件数，这里决策变量是一维的。这样，状态转移方程为：

$$x_{k+1} = x_k - u_k c_k$$
$$y_{k+1} = y_k - u_k \omega_k, \quad k = 1,\cdots,n$$

允许决策集合 $D_k(x_k,y_k) = \{u_k : 0 \leqslant u_k \leqslant \min([x_k/c_k],[y_k/\omega_k])\}$。

最优值函数 $f_k(x_k,y_k)$ 为由状态 x_k 和 y_k 出发，从部件 k 到部件 n 的系统的最大可靠性。

因此，整个机器的可靠性的动态规划基本方程为：

$$\begin{cases} f_k(x_k,y_k) = \max_{u_k \in D_k(x_k,y_k)} \left[p_k(u_k) f_{k+1}(x_k - c_k u_k, y_k - \omega_k u_k) \right] \\ f_{n+1}(x_{n+1},y_{n+1}) = 1, \quad k = n,n-1,\cdots,1 \end{cases}$$

边界条件为 1，这是因为 x_{n+1}，y_{n+1} 均为零，装置根本不工作，故可靠性当然为 1。最后计算得 $f_1(c,\omega)$ 即为问题所求的最大可靠性。

【例 7 - 8】（复合系统工作可靠性问题）　某厂设计一种电子设备，由三种元件 D_1，D_2，D_3 组成。已知这三种元件的价格和可靠性如表 7 - 17 所示，要求在设计中所使用元件的费用不超过 105 元。应如何设计使设备的可靠性达到最大（不考虑重量的限制）？

表 7 - 17 元件单价与可靠性

元 件	单 价	可靠性
D_1	30	0.9
D_2	15	0.8
D_3	20	0.5

解：设：

按元件种类划分为三个阶段，$k = 1, 2, 3$；

状态变量 s_k：第 k 阶段初还剩余的费用；

决策变量 x_k：决定在第 k 个阶段使用 D_k 元件的个数，$x_k \geqslant 1$ 且 x_k 为整数；

则允许变量决策集合为：

$$X_1 = \left\{ x_1 \ \middle| \ 1 \leqslant x_1 \leqslant \frac{105 - 15 - 20}{30} \ \text{且为整数} \right\} = \{x_1 = 1, 2\}$$

$$X_2 = \left\{ x_2 \ \middle| \ 1 \leqslant x_2 \leqslant \frac{105 - 30 - 20}{15} \ \text{且为整数} \right\} = \{x_1 = 1, 2, 3\}$$

$$X_2 = \left\{ x_2 \ \middle| \ 1 \leqslant x_2 \leqslant \frac{105 - 30 - 15}{20} \ \text{且为整数} \right\} = \{x_1 = 1, 2, 3\}$$

状态转移方程为：

$$s_1 = 105$$

$$s_{k+1} = s_k - x_k a_k, \quad k = 1, 2$$

式中，a_k 为 D_k 元件的单价，则 $x_k a_k$ 表示第 k 阶段花的钱，配置了 x_k 件 D_k 元件。

设 p_k 表示一个 D_k 元件正常工作的概率，则 $(1 - p_k)^{x_k}$ 为 x_k 个 D_k 元件不正常工作的概率。

最优指标函数为：

$$f_k(s_k) = \text{opt} \begin{Bmatrix} D_k \ \text{元件部分可靠且} \ D_{k+1} \ \text{元件部分可靠,} \\ \text{正常工作且} \ D_n \ \text{元件部分可靠,正常工作} \end{Bmatrix} = \text{opt} \prod_{i=k}^{n} \left[1 - (1 - p_i)^{x_i} \right]$$

$$= \text{opt} \begin{Bmatrix} D_k \ \text{元件部分可靠,正常工作且} \ D_{k+1} \ \text{元件部分正常工作且} \\ D_n \ \text{元件部分正常工作} \end{Bmatrix}$$

$$= \text{opt} \{ D_k \ \text{元件部分可靠,正常工作} \ f_{k+1}(s_{k+1}) \}$$

$$= \text{opt} \{ [1 - (1 - p_k)^{x_k}] \cdot f_{k+1}(s_{k+1}) \}$$

这里 "opt" 根据题意表示 "max"，边界条件为 $f_4(s_4) = 1$。

当 $k = 3$ 时，$f_3(s_3)$ 表示仅考虑 D_3 元件部分正常工作。

$$f_3(s_3) = \max_{x_3} \{ 1 - (1 - p_3)^{x_3} \} = \max_{x_3} \{ 1 - 0.5^{x_3} \}$$

状态变量 s_3 的取值范围如表 7 - 18 所示。

表 7-18 状态变量 s_3 的取值范围表

	$1-0.5^{x_3}$			$f_3(s_3)$	x_3^*
	$x_3=1$	$x_3=2$	$x_3=3$		
$s_3=30$	0.5			0.5	1
$s_3=45$	0.5	0.75		0.75	2
$s_3=60$	0.5	0.75	0.875	0.875	3

当 $k=2$ 时，$f_2(s_2)$ 表示第二阶段开始到第三阶段结束的可靠性，即 D_2 元件和 D_3 元件的综合可靠性。

$$f_2(s_2)=\max_{x_2}\{[1-(1-p_2)^{x_2}]\cdot f_3(s_3)\}=\max_{x_2}\{[1-(1-0.8)^{x_2}]\cdot$$
$$f_3(s_2-x_2a_2)\}$$
$$=\max_{x_2}\{[1-0.2^{x_2}]\cdot f_3(s_2-15x_2)\}$$

状态变量 s_2 的取值范围如表 7-19 所示。

表 7-19 状态变量 s_2 的取值范围表

	$[1-0.2^{x_2}]\cdot f_3(s_2-15x_2)$			$f_2(s_2)$	x_2^*
	$x_2=1$	$x_2=2$	$x_2=3$		
$s_2=45$	0.4			0.4	1
$s_3=75$	0.7	0.72	0.496	0.72	2

当 $k=1$ 时，$f_1(s_1)$ 表示第一阶段开始到第三阶段结束的可靠性，即联合考虑系统可靠性。

$$f_1(s_1)=\max_{x_1}\{[1-(1-p_1)^{x_1}]\cdot f_2(s_2)\}$$
$$=\max_{x_1}\{[1-(1-0.9)^{x_1}]\cdot f_2(s_1-x_1a_1)\}$$
$$=\max_{x_1}\{[1-0.1^{x_1}]\cdot f_2(105-30x_1)\}$$

状态变量 s_1 的取值范围如表 7-20 所示。

表 7-20 状态变量 s_1 的取值范围表

	$[1-0.1^{x_1}]\cdot f_2(105-30x_1)$		$f_1(s_1)$	x_1^*
	$x_1=1$	$x_1=2$		
$s_1=105$	0.648	0.396	0.648	1

综上，通过逆推，得出最优方案为 $x_1^*=1$，$x_2^*=2$，$x_3^*=2$，总费用为 100 元，可靠性为 0.648。

7.4.4 背包问题

有一个人带一个背包上山，其可携带物品重量（或体积）的限度为 W 千克。设有

n 种物品可供他选择装入背包中,这 n 种物品编号为 $1,2,\cdots,n$。已知和第 k 种物品每件重量为 ω_k 千克。此人应如何选择携带物品(各几件),使所起作用(总价值)最大? 这就是著名的背包问题。

背包问题数学模型为:

$$\max z = c_1 x_1 + c_2 x_2 + \cdots + c_n x_n$$
$$\text{s.t.} \begin{cases} \omega_1 x_1 + \omega_2 x_2 + \cdots + \omega_n x_n \leqslant W \\ x_i \geqslant 0 \ \text{且为整数}, \quad i = 1,2,\cdots,n \end{cases}$$

式中,c_k 表示第 k 种物品的单位价值。

动态规划的有关要素如下:

阶段 k:第 k 次装载第 k 种物品($k=1,2,\cdots,n$);

状态变量 s_k:第 k 次装载时背包还可以装载的重量(或体积);

决策变量 x_k:第 k 次装载第 k 种物品的件数;

决策允许集合:$D_k(s_k) = \{d_k \mid 0 \leqslant x_k \leqslant s_k/\omega_k, x_k \text{ 为整数}\}$;

状态转移方程:$s_{k+1} = s_k - \omega_k x_k$;

阶段指标:$v_k = c_k x_k$;

进而递推方程为:

$$f_k(s_k) = \max\{c_k x_k + f_{k+1}(s_{k+1})\} = \max\{c_k x_k + f_{k+1}(s_k - \omega_k x_k)\}$$

终端条件为 $f_{n+1}(s_{n+1}) = 1$。

【例 7-9】(背包问题) 利用动态规划方法求解下列背包问题。

$$\max z = 60x_1 + 40x_2 + 60x_3$$
$$\text{s.t.} \begin{cases} 3x_1 + 2x_2 + 5x_3 \leqslant 10 \\ x_1, x_2, x_3 \geqslant 0 \text{ 且为整数} \end{cases}$$

解:根据上述定义,终端条件为 $f_4(s_4)=0$。

当 $k=3$ 时,递推方程为 $f_3(s_3) = \max\limits_{0 \leqslant x_3 \leqslant s_3/\omega_3}\{c_3 x_3 + f_4(s_4)\} = \max\limits_{0 \leqslant x_3 \leqslant s_3/\omega_3}\{c_3 x_3\} = \max\limits_{0 \leqslant x_3 \leqslant s_3/5}\{60x_3\}$,计算过程见表 7-21。

表 7-21 阶段 3 计算过程

s_3	$D_3(s_3)$	s_4	$60x_3 + f_4(s_4)$	$f_3(s_3)$	x_3^*
0	0	0	0+0=0	0	0
1	0	1	0+0=0	0	0
…	…	…	…	…	0
5	0 1	5 0	0+0=0 60+0=60	60	1
…	…	…	…	…	1

续　表

s_3	$D_3(s_3)$	s_4	$60x_3+f_4(s_4)$	$f_3(s_3)$	x_3^*
10	0 1 2	10 5 0	0+0=0 60+0=60 120+0=120	120	2

根据表 7-21，由于 $D_k(s_k)=\{d_k\mid 0\leqslant x_k\leqslant s_k/\omega_k,x_k\text{ 为整数}\}$，故当 s_3 为 0 至 4 时，$x_3=0$；当 s_3 为 5 至 9 时，$x_3=1$；当 s_3 为 10 时，$x_3=2$。

当 $k=2$ 时，$f_2(s_2)=\max\limits_{0\leqslant x_2\leqslant s_2/\omega_2}\{c_2x_2+f_3(s_3)\}=\max\limits_{0\leqslant x_2\leqslant s_2/2}\{40x_2+f_2(s_2-2x_2)\}$，计算过程见表 7-22。

表 7-22　阶段 2 计算过程

s_2	$D_2(s_2)$	s_3	$40x_2+f_3(s_3)$	$f_2(s_2)$	x_2^*
0	0	0	0+0=0	0	0
1	0	1	0+0=0	0	0
2	0 1	2 0	0+0=0 40+0=40	40	1
3	0 1	3 1	0+0=0 40+0=40	40	1
4	0 1 2	4 2 0	0+0=0 40+0=40 80+0=80	80	2
5	0 1 2	5 3 1	0+60=60 40+0=40 80+0=80	80	2
…	…	…	…	…	…
10	0 1 2 3 4 5	10 8 6 4 2 0	0+120=120 40+60=100 80+60=140 120+0=120 160+0=160 200+0=200	200	5

故阶段 2 的最优决策见表 7-23。

表 7-23　阶段 2 最优决策

s_2	0	1	2	3	4	5	6	7	8	9	10
$f_2(s_2)$	0	0	40	40	80	80	120	120	160	160	200
x_2^*	0	0	1	1	2	2	3	3	4	4	5

当 $k=1$ 时，$f_1(s_1)=\max\limits_{0\leqslant x_1\leqslant s_1/w_1}\{c_1x_1+f_2(s_2)\}=\max\limits_{0\leqslant x_1\leqslant s_1/3}\{60x_1+f_2(s_1-3x_1)\}$，计算过程见表 7-24。

表 7-24 阶段 1 计算过程

s_1	$D_1(s_1)$	s_2	$60x_1+f_2(s_2)$	$f_1(s_1)$	x_1^*
10	0 1 2 3	10 7 4 1	0+200=200 60+120=180 120+80=200 180+0=180	200	0, 2

根据上述表格，逆推得到两个最优解：$X_1=\{0,5,0\}$，$X_2=\{2,2,0\}$，最优值为 200。X_1 表示装载 5 件物品 2；X_2 表示装载 2 件物品 1 和 2 件物品 2。

7.5 Python 编程实现动态规划

Python 编程实现以动态规划方法求解例 7-1 最短路问题，代码如下：

```python
def shortest_path(graph, start, end):
    num_nodes = len(graph)
    max_value = float('inf')
    # 初始化距离数组，表示从起点到每个节点的最短距离
    distance = [max_value]* num_nodes
    distance[start - 1] = 0
    # 记录前驱节点数组
    predecessor = [- 1]* num_nodes
    # 递推计算最短路径
    for i in range(start - 1, end):
        for j in range(num_nodes):
            if graph[i][j] ! = max_value and distance[i] + graph[i][j] < distance[j]:
                distance[j] = distance[i] + graph[i][j]
                predecessor[j] = i
    # 构建最短路径
    path = []
    current = end - 1
    while current ! = - 1:
        path.insert(0, current + 1)
        current = predecessor[current]
    return distance[end - 1], path
```

```python
# 示例有向图的邻接矩阵表示
max_value = float('inf')
graph = [
    [0, 2, 8, 5, max_value, max_value, max_value, max_value, max_value, max_value],
    [max_value, 0, max_value, max_value, 10, 13, max_value, max_value, max_value, max_value],
    [max_value, max_value, 0, max_value, 7, 10, max_value, max_value, max_value, max_value],
    [max_value, max_value, max_value, 0, 13, 11, max_value, max_value, max_value, max_value],
    [max_value, max_value, max_value, max_value, 0, max_value, 2, 8, 6, max_value],
    [max_value, max_value, max_value, max_value, max_value, 0, 12, 5, 8, max_value],
    [max_value, max_value, max_value, max_value, max_value, max_value, 0, max_value, max_value, 5],
    [max_value, max_value, max_value, max_value, max_value, max_value, max_value, 0, max_value, 8],
    [max_value, max_value, max_value, max_value, max_value, max_value, max_value, max_value, 0, 4],
    [max_value, max_value, max_value, max_value, max_value, max_value, max_value, max_value, max_value, 0]
]
# 设置起始节点和结束节点
start_node = 1
end_node = 10
# 调用 shortest_path 函数
result_distance, result_path = shortest_path(graph, start_node, end_node)
# 输出结果
if result_distance == float('inf'):
    print(f"There is no path from node {start_node} to {end_node}.")
else:
    print(f"The shortest path from node {start_node} to {end_node} is {result_distance}.")
    print("The shortest path is:", result_path)
# 运行上面程序结果如下：
The shortest path from node 1 to 10 is 19.
The shortest path is: [1, 2, 5, 7, 10]
```

　　该段代码实现了动态规划解决从给定有向图的起点到终点的最短路径和最短距离问题。通过初始化距离数组和前驱节点数组，利用两层循环逐步更新最短距离和前驱节点，最终构建出从起点到终点的最短路径。输出结果包括最短路径的距离以及路径本身，若不存在从起点到终点的路径，则输出相应提示信息。

　　Python 编程实现以动态规划方法求解例 7 - 10 背包问题，代码如下：

```
def dynamic_p():
# 物品项
    items = [
        {"name": "1", "weight": 3, "value": 60},
        {"name": "2", "weight": 2, "value": 40},
        {"name": "3", "weight": 5, "value": 60},
    ]
    max_capacity = 10   # 约束条件为背包最大承重为 10
    dp = [[0] * (max_capacity + 1) for _ in range(len(items) + 1)]
    for row in range(1, len(items) + 1):   # row 代表行
      for col in range(1, max_capacity + 1):   # col 代表列
        weight = items[row - 1]["weight"]   # 获取当前物品重量
        value = items[row - 1]["value"]   # 获取当前物品价值
        if weight > col:   # 判断物品重量是否大于当前背包容量
            dp[row][col] = dp[row - 1][col] # 大于直接取上一次最优结果 此时 row
- 1 代表上一行
        else:
            # row - 1 为上一行，row 为本行，若要重复拿取，只需要在目前物品所在的那
一行寻找最优解即可
            dp[row][col] = max(value + dp[row][col - weight], dp[row - 1][col])
    return dp
dp = dynamic_p()
# 打印数组
print(dp)
print(dp[- 1][- 1])
# 运行上面程序结果如下：
[[0, 0, 0, 0, 0, 0, 0, 0, 0, 0, 0], [0, 0, 0, 60, 60, 60, 120, 120, 120, 180, 180], [0,
0, 40, 60, 80, 100, 120, 140, 160, 180, 200], [0, 0, 40, 60, 80, 100, 120, 140, 160,
180, 200]]
200
```

　　该段代码实现了动态规划解决背包问题。首先，定义了三个物品项，每个物品具有重量和价值。然后，规定了背包的最大承重为 10。通过初始化一个二维数组"dp"，其中"dp[row][col]"表示在前"row"个物品中，背包容量为"col"时的最大总价值。

接下来,通过嵌套循环遍历每个物品和背包容量,根据当前物品的重量和价值,判断是否将该物品放入背包。若重量超过当前背包容量,则取上一次的最优解;否则,在上一行和当前行的结果中选择最优解。最终,返回计算得到的动态规划数组"dp"。在示例输入下,打印该数组并输出最终结果。结果只给出目标函数的最大值 200,而最优目标值对应的 x_1,x_2,x_3 值则需要依照上文的内容进行逆推得到。

课后习题

1. 用逆推法求解下面非线性规划。

$$\max Z = 2x_1 + 3x_2 + x_3^2$$

$$\begin{cases} x_1 + x_2 + x_3 = 10 \\ x_1, x_2, x_3 \geqslant 0 \end{cases}$$

2. 用顺推法求解下面非线性规划。

$$\max Z = x_1 x_2 x_3$$

$$\begin{cases} 2x_1 + 4x_2 + x_3 \leqslant 10 \\ x_j \geqslant 0, j = 1,2,3 \end{cases}$$

3. 现有一面粉加工厂,每星期上五天班。生产成本和需求量见下表。

星期(k)	1	2	3	4	5
需求量(d_k)(单位:袋)	10	20	25	30	30
每袋生产成本(c_k)	8	6	9	12	10

面粉加工没有生产准备成本,每袋面粉的存储费为 $h_k = 0.5$ 元/袋,按天交货,分别比较下列两种方案的最优性,求成本最小的方案。

(1) 星期一早上和星期五晚的存储量为零,不允许缺货,仓库容量为 $S = 40$ 袋;

(2) 其他条件不变,星期一初存量为 8。

4. 工厂设计的一种电子设备,其中有一系统由三个电子元件串联组成。已知这三个元件的价格和可靠性如下表所示,要求在设计中所使用元件的费用不超过 200 元,试问应如何设计使设备的可靠性达到最大。

元　件	单　价	可靠性
1	40	0.95
2	35	0.8
3	20	0.6

5. 公司计划在 5 周内必须采购一批原料,而估计在未来的 5 周内价格有波动,其浮动价格和概率根据市场调查和预测得出,如下表所示,试求在哪一周以什么价格购入,使其采购价格的期望最小,并求出期望值。

单　价	概　率
550	0.1
650	0.25
800	0.3
900	0.35

6. 有一个车队,总共有车辆 100 辆,分别送两批货物去 A、B 两地,运到 A 地去的利润与车辆数 x 关系为 $100x$,车辆抛锚率为 30%,运到 B 地的利润与车辆数 y 关系为 $80y$,车辆抛锚率为 20%,总共往返 3 轮。请设计使总利润最高的车辆分配方案。

7. 10 吨集装箱最多只能装 9 吨,现有 3 种货物供装载,每种货物的单位重量及相应单位价值如下表所示。应该如何装载货物使总价值最大并用 Python 编程求解。

货物编号	1	2	3
单位加工时间	2	3	4
单位价值	3	4	5

8. 某企业计划委派 10 个推销员到 4 个地区推销产品,每个地区分配 1~4 个推销员。各地区月收益(单位:10 万元)与推销员人数的关系如下表所示。

人数	地区			
	A	B	C	D
1	4	5	6	7
2	7	12	20	24
3	18	23	23	26
4	24	24	27	30

企业如何分配 4 个地区的推销人员,使月总收益最大。

9. 用动态规划求解下列线性规划问题。

$$\max Z = 2x_1 + 4x_2$$

$$\begin{cases} 2x_1 + x_2 \leqslant 6 \\ x_1 \leqslant 2 \\ x_2 \leqslant 4 \\ x_1, x_2 \geqslant 0 \end{cases}$$

10. 从 A 地到 D 地要铺设一条煤气管道,其中需经过两级中间站,两点之间的连线上的数字表示距离,如下图所示。问应该选择什么路线,使总距离最短并用 Python 编程求解?

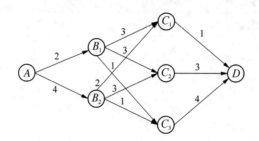

第8章 图与网络

图论作为运筹学的一个重要分支,研究的是各种实际问题可以用图来描述,并利用图论方法解决这些问题的理论和方法。本章将围绕图论在运筹学中的应用展开讨论,探索图论在解决实际问题中的重要性和广泛适用性。

首先,图论作为一门数学分支,其基本概念和方法对于解决实际问题具有重要意义。通过对图的节点、边以及它们之间关系的研究,我们可以将诸如网络流问题、路径规划问题等实际问题进行形式化描述,并运用图论方法加以解决。

其次,图论在现代社会中的广泛应用也是不容忽视的。无论是在交通运输、通信网络、生产调度还是社交网络等领域,图论都发挥着不可替代的作用。例如,在交通规划中,图论可以帮助我们优化道路布局,提高交通效率;在社交网络中,图论可以帮助我们分析人际关系,发现潜在的影响力节点。因此,通过学习图论在这些领域的具体应用案例,我们能够更好地认识到图论在运筹学中的重要性和实用性。

最后,本章还将介绍图论在运筹学中的一些经典算法和模型。例如,最短路径算法、最小生成树算法、网络流等都是图论在运筹学中的重要应用。通过对这些算法和模型的学习,我们可以更好地理解图论在解决实际问题中的操作方法。

8.1 图的基本概念

8.1.1 图的术语及其定义

在运筹学中,图是一个重要的数学模型,用于描述和解决各种实际问题。简单来说,图由顶点和边组成,顶点表示对象或事件,边表示它们之间的关系。而在实际生活中,人们也通常通过图来描绘事物对象之间关系,用于表示和解决各种实际问题。运筹学中的图可以帮助我们理解和优化各种复杂的系统和问题。以下是图的一些术语及其定义:

两点之间不带箭头的连线称为边,带箭头的连线称为弧。如果一个图 G 由点及边所构成,则称之为**无向图**(也简称为图),无向图是一种图,其中边没有方向。也就是说,从一个顶点到另一个顶点的边没有明确的方向,记为 $G = (V, E)$。式中,V, E 分别是图 G 的点集合和边集合。其中任一条连结点 $v_i, v_j \in V$ 的边记为 $[v_i, v_j]$ 或

v_j,v_i。

比如图 8-1 就是一个无向图,其中:

点的集合 $V=\{v_1,v_2,v_3,v_4\}$,

边的集合 $E=\{e_1,e_2,e_3,e_4,e_5\}$,并且 $e_1=[v_1,v_2]$,$e_2=[v_1,v_3]$,$e_3=[v_1,v_3]$,$e_4=[v_1,v_4]$,$e_5=[v_3,v_3]$。 其中 e_5 首尾顶点相同,这样的路径称为环。

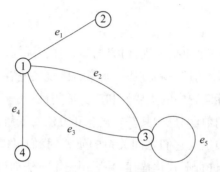

图 8-1　无向图

同理,如果一个图 G 由点及弧所构成,则称之为有向图(也简称为图),有向图是一种图,其中边具有方向。也就是说,从一个顶点到另一个顶点的边有一个明确的方向。有向图通常用箭头表示弧的方向,记为 $D=(V,A)$,式中,V,A 分别是图 D 的点集合和弧集合。从 v_i 指向 v_j 的弧记为 (v_i,v_j),称 v_i 为始点,v_j 为终点,称该弧是从 v_i 指向 v_j 的。

比如图 8-2 就是一个有向图,其中:

点的集合 $V=\{v_1,v_2,v_3,v_4,v_5,v_6\}$,

弧的集合 $E=\{a_1,a_2,a_3,a_4,a_5,a_6,a_7,a_8,a_9,a_{10},a_{11}\}$,并且 $a_1=(v_1,v_1)$,$a_2=(v_1,v_2)$,$a_3=(v_3,v_2)$,$a_4=(v_3,v_4)$,$a_5=(v_4,v_3)$,$a_6=(v_2,v_4)$,$a_7=(v_5,v_4)$,$a_8=(v_4,v_6)$,$a_9=(v_6,v_5)$,$a_{10}=(v_6,v_2)$,$a_{11}=(v_6,v_2)$。

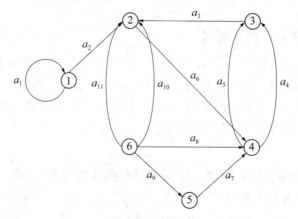

图 8-2　有向图

定义 $\varphi(e) = uv$，代表 u, v 是边 e 的端点，也称 u, v 是相邻的。称边 e 是点 u 及点 v 的关联边（图 8-1 中的 e_1, v_1, v_2 就是其端点，同时 e_1 也是 v_1, v_2 的关联边）。端点完全相同的两边，称为重边（图 8-1 中的 e_2, e_3，它们的端点同为 v_1, v_3），既无环又无重边的图称为简单图，一个无环但有重边的图称为多重图。

链（Path）和圈（Cycle）是两种基本的图结构。它们描述了图中节点之间的连接方式。

（1）链：在一个无向图或有向图中，如果存在一条路径，其中每个节点都和它后面的节点直接相连，那么这条路径就被称为链。换句话说，链是指图中一系列节点按照顺序连接而成的路径，每个节点最多只能出现一次。

在无向图中，链是一个没有重复节点的边序列。例如，节点 A 连接到节点 B，节点 B 连接到节点 C，形成 $A\text{-}B\text{-}C$ 的链。

在有向图中，链是一个没有重复节点的有向边序列。例如，节点 A 连接到节点 B，节点 B 连接到节点 C，形成 $A \rightarrow B \rightarrow C$ 的链。

（2）圈：在一个无向图或有向图中，如果从一个节点出发，经过若干条边后能回到原始节点，形成一个闭合的路径，那么这个路径就被称为圈。换句话说，圈是指图中一系列节点按照顺序连接而成的闭合路径，每个节点最多只能出现一次，且至少有一个以上的节点。

在无向图中，圈是一个没有重复节点的闭合边序列。例如，节点 A 连接到节点 B，节点 B 连接到节点 C，节点 C 连接回节点 A，形成 $A\text{-}B\text{-}C\text{-}A$ 的圈。

在有向图中，圈是一个没有重复节点的闭合有向边序列。例如，节点 A 连接到节点 B，节点 B 连接到节点 C，节点 C 连接回节点 A，形成 $A \rightarrow B \rightarrow C \rightarrow A$ 的圈。

（3）初等链和初等圈：初等链是指在一个无向图或有向图中，路径中的节点不重复的链。初等圈是指在一个无向图或有向图中，闭合路径中的节点不重复的圈。

无向图中的初等链和初等圈是指不包含重复节点的路径和圈。

有向图中的初等链和初等圈是指不包含重复节点的有向路径和有向圈。

（4）简单链和简单圈：简单链是指在一个无向图或有向图中，路径中的节点和边都不重复的链。简单圈是指在一个无向图或有向图中，闭合路径中的节点和边都不重复的圈。

无向图中的简单链和简单圈是指不包含重复节点和边的路径和圈；有向图中的简单链和简单圈是指不包含重复节点和边的有向路径和有向圈。

设图 $G = (V, E)$ 和图 $G_1 = (V_1, E_1)$，如果 $V_1 = V$，$E_1 \subseteq E$，则称 G_1 是 G 的一个支撑子图。

（1）顶点导出子图：设 $V_1 \subseteq V$，且 $V_1 \neq \phi$，以 V_1 为顶点集，以两个端点都在 V_1 上的边为边集形成的子图，称为图 G 的由顶点集 V_1 所导出的子图。如图 8-4 所示，就是图 G 中顶点 v_1, v_2, v_3, v_4 导出的子图。

（2）边导出子图：设 $E_1 \subseteq E$，以 E_1 为边集，E_1 各顶点为顶点集形成的子图，称

为图 G 的由边集 E_1 所导出的子图。如图 8-5 所示，就是图 G 中边 e_1,e_2,e_3,e_4 导出的子图。

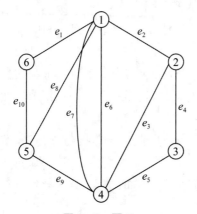

图 8-3　图 G

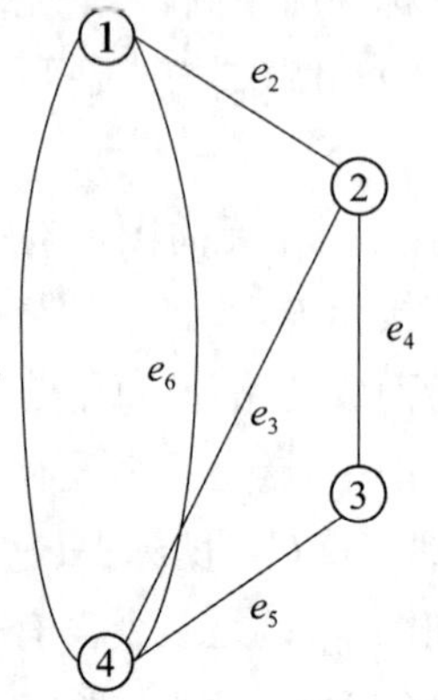

图 8-4　图 G 中顶点 v_1,v_2,v_3,v_4 导出的子图

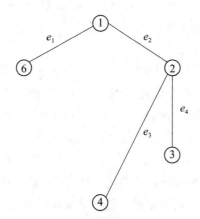

图 8-5　图 G 中边 e_1,e_2,e_3,e_4 导出的子图

设有一个有向图 $D=(V,A)$，去掉 D 中所有弧上的箭头，就得到了一个无向图，这个无向图称之为 D 的基础图。

路(Path)是由一系列不重复的节点和它们之间的边组成的路径，每个节点只能出现一次，边可以重复经过。若路的第一个点和最后一点相同，则称之为回路。

链与路的区别：路强调的是"相邻节点都有一条边连接"的连通性质，节点不能重复，边可以重复经过。链强调的是连接两个节点的路径，可以包含环，节点和边都可以重复经过。而对于无向图，链与路(圈与回路)的概念是一样的。

8.1.2　顶点的次数

在无向图中，以点 v 为端点的边的个数(或者说与顶点 v 关联的边的个数)(环算两次)称为 v 的次数(环算作两次)，记为 $d(v)$。在有向图中，从 v 引出的边的数目称

为 v 的出次,记为 $d^+(v)$;从 v 引入的边的数目称为 v 的入次,记为 $d^-(v)$。由此,我们很容易得出:

$$d(v) = d^+(v) + d^-(v)$$

此外,我们称次数为 1 的点为悬挂点,悬挂点的关联边称为悬挂边,次数为 0 的点称为孤立点。

下面,我们定义 $p(G)$ 和 $q(G)$ 分别为图中顶点的数量和边的数目,故有如下定理:

$$\sum_{v \in V} d(v) = 2q(G)$$

这是因为每条边都有两个顶点与之关联,那么每条边均被其顶点各用了一次。

推论 1　奇数次顶点的个数为偶数。

证明:设 V_1 和 V_2 分别是图 G 中奇次顶点和偶次顶点的个数,那么:

$$\sum_{v \in V_1} d(v) + \sum_{v \in V_2} d(v) = \sum_{v \in V} d(v) = 2q(G)$$

这是因为 $\sum_{v \in V_2} d(v)$ 和 $\sum_{v \in V} d(v)$ 都是偶数, $2q(G)$ 也为偶数,这就迫使 $\sum_{v \in V_1} d(v)$ 必为偶数,从而 V_1 为偶数。

8.2　树

8.2.1　树的概念及其基本性质

一个无圈并且连通的无向图(证明见下文)称为树图或简称树。组织机构、家谱、学科分支、因特网络、通信网络及高压线路网络等都能表达成一个树图。一个完整的树图中包括以下几个部分:

(1)节点:树中的每个元素都被称为节点。节点可以包含一个或多个子节点。

(2)根节点:树的顶部节点称为根节点。树中只能有一个根节点。

(3)子节点和父节点:一个节点可以有零个或多个子节点,而子节点只有一个对应的父节点。

(4)叶节点:没有子节点的节点称为叶节点或叶子节点。

(5)子树:一个节点及其所有后代节点组成的集合称为子树。

可以证明树有如下性质:

(1)设 G 为树,且其顶点的数量 $\geqslant 2$,则 G 中至少有两个悬挂点。

证明:令 $p = (v_1, v_2, \cdots, v_k)$ 是 G 中含边数最多的一条初等链,因 $p(G) \geqslant 2$ 并且 G 是连通的,故链 P 中至少有一条边,从而 v_1 与 v_2 是不同的。

现在用反证法来证明: v_1 是悬挂点,即 $d(v_1) = 1$。 如果 $d(v_1) \geqslant 2$,则存在边

(v_1,v_m) 使 $m\neq 2$,若点 v_m 不在 P 上,那么 $(v_m,v_1,v_2,\cdots,v_k)$ 是 G 中的一条初等链,它含的边数比 P 多一条,这与 P 是含边数最多的初等链矛盾。若点 v_m 在 P 上,那么 $(v_1,v_2,\cdots,v_m,v_1)$ 是 G 中的一个圈,这与树的定义矛盾。于是必有 $d(v_1)=1$,即 v_1 是悬挂点。同理可证 v_k 也是悬挂点,即 G 至少有两个悬挂点。证毕。

(2) G 是树的充要条件是 G 不含圈且恰有 $(p-1)$ 条边。

证明: ① 必要性。设 G 是一个树,根据定义,G 不含圈,故只要证明 G 恰有 $(p-1)$ 条边。对点数 p 施行数学归纳法。$p=1,2$ 时,结论显然成立。继续假设对点数 $p\leqslant n$ 时,结论成立。设树 G 含 $(n+1)$ 个点。由性质(1)可知,G 含悬挂点,设 v_1 是 G 的一个悬挂点,考虑图 $G-v_1$($G-v_i$ 表示从图 G 中去掉点 v_i 及 v_i 的关联边后得到的一个图),易知 $p(G-v_1)=n$,$q(G-v_1)=q(G)-1$。又因 $G-v_1$ 是 n 个点的树,由归纳假设,$q(G-v_1)=n-1$,于是有 $q(G)=q(G-v_1)+1=n-1+1=n=p(G)-1$。

② 充分性。只要证明 G 是连通的。用反证法。设 G 是不连通的,G 含 s 个连通分图 $G_1,G_2,\cdots,G_s(s\geqslant 2)$。因为每个 $G_i(i=1,2,\cdots,s)$ 是连通的,并且不含圈,故每个 G_i 是树。设 G_i 有 p_i 个点,则由必要性,G_i 有 (p_i-1) 条边,于是:

$$q(G)=\sum_{i=1}^{s}q(G_i)=\sum_{i=1}^{s}(p_i-1)=\sum_{i=1}^{s}p_i-s=p(G)-s\leqslant p(G)-2$$

这与 $q(G)=p(G)-11$ 的假设矛盾。证毕。

(3) G 是树的充要条件是 G 连通且边数等于点数减 1(即 $q(G)=p(G)-1$)。

证明: ① 必要性。设 G 是树,则 G 是连通图,由性质(2)可知 $q(G)=p(G)-1$。
② 充分性。只要证明 G 不含圈,对点数施行归纳。$p(G)=1,2$ 时,结论显然成立。设 $p(G)=n(n\geqslant 1)$ 时结论成立。现设 $p(G)=n+1$,首先证明 G 必有悬挂点。若 G 无悬挂点,由于 G 是连通的,且 $p(G)\geqslant 2$,故对每个点 v_i 有 $d(v_i)\geqslant 2$。从而,

$$q(G)=\frac{1}{2}\sum_{i=1}^{p(G)}d(v_i)\geqslant p(G)$$

这与 $q(G)=p(G)-1$ 矛盾,故 G 必有悬挂点。设 v_1 是 G 的一个悬挂点,考虑 $G-v_1$,这个图仍是连通的,$q(G-v_1)=q(G)-1=p(G)-2=p(G-v_1)-1$,由归纳假设知 $G-v_1$ 不含圈,则 G 也不含圈。

(4) G 是树的充要条件是 G 无回路(圈)或环且任意两个顶点之间有唯一一条链。

证明: ① 必要性。由于 G 是连通的,故任两个点之间至少有一条链。如果某两个点之间有两条链的话,那么图 G 中就含有圈,这就与树的定义矛盾,所以任两个点之间恰有一条链。

② 充分性。设图 G 中任两个点之间恰有一条链,则 G 是连通的。如果 G 中含有圈,那么这个圈上的两个顶点之间有两条链,这与假设矛盾,故 G 不含圈,则 G 是树。

由上述性质,可以得出如下结论:

(1) 在树中任意两个点之间添加一条边就形成圈;

(2) 在树中去掉任意一条边图就变为不连通。

8.2.2　最小支撑树问题

在一个连通图 G 中,取部分边连接 G 的所有点组成的树称为 G 的支撑树(或部分树)。它保留了原图的所有顶点,但是去掉了一些边,使得剩下的边形成一个不含有回路的连通子图。

支撑树有以下特点:

(1) 支撑树包含原图的所有顶点。

(2) 支撑树是一个连通图,即任意两个顶点之间都存在路径。

(3) 支撑树不存在回路,也就是说其中没有环。

对于连通图而言,必定存在至少一个支撑树。通过选择不同的边来构造支撑树,可以得到不同的支撑树。

例如,图 8-6(a)是图 8-6(b)的一个支撑树。

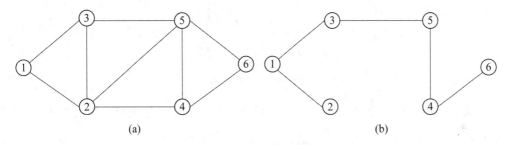

图 8-6　树与支撑树

定义:给定一个图 $G=(V,E)$,G 中的每一条边 $[v_i,v_j]$,都有相应的数 ω_{ij},则称这样的图 G 为赋权图,ω_{ij} 称为边 $[v_i,v_j]$ 上的权。

最小支撑树问题是赋权图上的最优化问题之一,赋权图也称为加权图,是指在图的边上附加了权重或者成本的图。这些权重可以代表各种不同的度量,比如距离、时间、成本等。在一个赋权图中,每条边都有一个与之相关联的权重值。这个权重值可以用来表示两个顶点之间的距离或者消耗。通常情况下,权重可以是正数、零或者负数,具体取决于问题的背景和定义。

设有一个连通图 $G=(V,E)$,每一条边 $[v_i,v_j]$ 都有一个非负权 ω_{ij}。

定义:如果 $T=(V,E')$ 是 G 的一个支撑树,则称 E' 中所有边的权和为 T 的权,记为 $\omega(T)$,即:

$$\omega(T) = \sum_{[v_i,v_j] \in T} \omega_{ij}$$

如果支撑树 T^* 的权 $\omega(T^*)$ 是 G 的所有支撑树的权中最小者,则称 T^* 是 G 的最小支撑树。即：

$$\omega(T^*)=\min_T\omega(T)$$

下面提供了两个寻求连通图的最小树的方法：

方法 1:任取一个圈，从圈中去掉一边，一般为最长边或权最大的边，并且，当一个圈中有多个相同的最长边时，不能同时都去掉，只能去掉其中任意一条边，对余下的图重复这个步骤，直到不含圈时为止，即得到一个支撑树，称这种方法为"破圈法"。比如，现设 G 含圈，任取一圈，去掉任意一边，得到图 G 的一个支撑子图 G_1。如果 G_1 不含圈，那么 G_1 是 G 的一个支撑树；如果 G_1 仍含圈，那么从 G_1 中任取一个圈，从圈中再任意去掉一边，得到图 G 的一个支撑子图 G_2。如此重复，最终可以得到 G 的一个不含圈图 G_k，这里的 G_k 是 G 的最小树。

【例 8-1】(破圈法) 用破圈法求图 8-7 赋权图 G 的最小树。

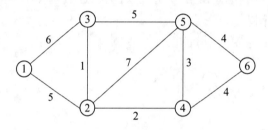

图 8-7 赋权图 G

解:任取一个圈，比如 (v_1,v_2,v_3,v_1)，其中 $[v_1,v_3]$ 就是该圈中权最大的边，去掉该边。

在剩下的图中任取一个圈，比如 (v_3,v_5,v_2,v_3)，其中 $[v_2,v_5]$ 就是该圈中权最大的边，去掉该边。

在剩下的图中任取一个圈，比如 (v_3,v_5,v_4,v_2,v_3)，其中 $[v_3,v_5]$ 就是该圈中权最大的边，去掉该边。

在剩下的图中任取一个圈，比如 (v_5,v_6,v_4,v_5)，由于最大权边 $[v_5,v_6]$ 和 $[v_4,v_6]$ 的权一致，去掉任意一边即可，这里我们去掉 $[v_4,v_6]$。

这时所得的不含圈的图即为题目所要求的最小树，如图 8-8 所示。

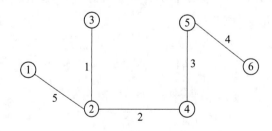

图 8-8 图 8-7 的最小树

方法 2:在图中任取一条边 e_1，找一条与 e_1 不构成圈的边 e_2，再找一条与 $\{e_1,e_2\}$ 不构成圈的边 e_2。即设已有 $\{e_1,e_2,\cdots,e_k\}$，找一条与 $\{e_1,e_2,\cdots,e_k\}$ 中的任何边不构成圈的边 e_{k+1}。重复这个过程，直到不能进行为止。这时，由所有取出的边勾成的图是一个支撑树，称这种方法为"避圈法"。

避圈法的算法具体步骤如下：

第 1 步，令 $i=1$，$E_0=\phi$；

第 2 步，① 如果 $i=p(G)$，那么 $T=(V,E_{i-1})$ 是最小支撑树，算法终止；② 如果 $i<p(G)$，选一条边 $e_i\in E\backslash E_{i-1}$（$E\backslash E_{i-1}$ 表示从 E 中去掉 E_{i-1} 这个点后剩下的所有点），使 e_i 是使 $(V,E_{i-1}\bigcup\{e\})$ 不含圈的所有边 $e(e\in E\backslash E_{i-1})$ 中权最小的边。如果这样的边不存在，则说明图 G 不含支撑树，也就没有最小支撑树，算法终止。否则令 $E_i=E_{i-1}\bigcup\{e_i\}$，转入第 3 步。

第 3 步，把 i 换成 $i+1$，转入第 2 步。

下面通过一个例子来体现该算法的过程。

【例 8-2】（避圈法）　用避圈法求图 8-7 赋权图 G 的最小树。

解:依据上述步骤，令 $i=1$，$E_0=\phi$。选一条 E 中的最小权边 $[v_2,v_3]$，令 $E_1=\{[v_2,v_3]\}$；

当 $i=2$ 时，在 $E\backslash E_1$ 中选最小权边 $[v_2,v_4]$，令 $E_2=\{[v_2,v_3],[v_2,v_4]\}$；

当 $i=3$ 时，在 $E\backslash E_2$ 中选最小权边 $[v_4,v_5]$，令 $E_3=\{[v_2,v_3],[v_2,v_4],[v_4,v_5]\}$；

当 $i=4$ 时，在 $E\backslash E_3$ 中选最小权边 $[v_5,v_6]$（这里 $[v_5,v_6]$ 和 $[v_4,v_6]$ 的权相等，任选一个即可），令 $E_4=\{[v_2,v_3],[v_2,v_4],[v_4,v_5],[v_5,v_6]\}$；

当 $i=5$ 时，在 $E\backslash E_4$ 中选最小权边 $[v_1,v_2]$（这里如果选 $[v_4,v_6]$ 就会产生 (v_4,v_5,v_6,v_4) 的圈，故即使 $[v_4,v_6]$ 的权小于 $[v_1,v_2]$，也需选择 $[v_1,v_2]$），令 $E_5=\{[v_2,v_3],[v_2,v_4],[v_4,v_5],[v_5,v_6],[v_1,v_2]\}$；

当 $i=6$ 时，位选的任一条边都会与已选边构成圈，故算法终止。

图 8-7 的最小树如图 8-9 所示。

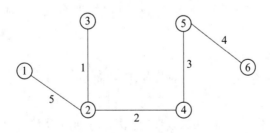

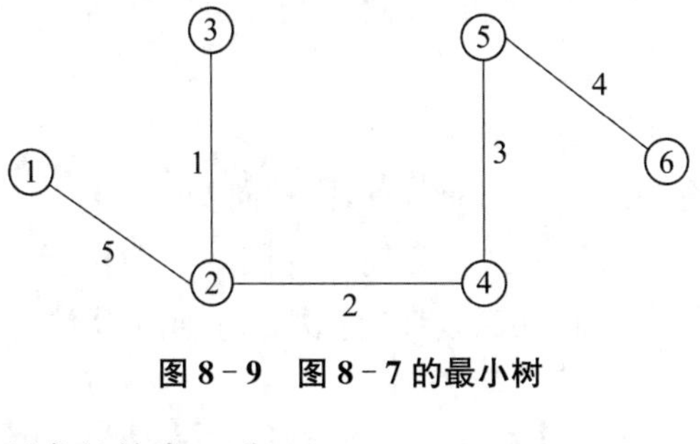

图 8-9　图 8-7 的最小树

该答案与破圈法所求的答案一致。

8.3 最短路问题

8.3.1 最短路问题的定义

最短路问题,就是从给定的网络图中找出一点到各点或任意两点之间距离最短的一条路。上一章的例 7-1 就是典型的最短路问题。最短路问题在实际中具有广泛的应用,如管道铺设、线路选择等问题,还有些如设备更新、投资等问题也可以归结为求最短路问题。

通过例 7-1 可以得出一般的最短路问题的定义:给定一个有向图 $D=(V,A)$,每一个弧 (v_i,v_j) 都有对应的权 ω_{ij};定义 P 是图 D 中 v_s 到 v_t 的路径,$\omega(P)$ 为该路上所有弧的权之和。最短路问题就是要在 D 所有从 v_s 到 v_t 的路中找到一条权最小的路,即使得 $\omega(P)$ 最小,即:

$$\omega(P_m)=\min_P\omega(P)$$

这里称 P_m 为从 v_s 到 v_t 的最短路,P_m 的权称为 v_s 到 v_t 的距离,记为 $d(v_s,v_t)$。

8.3.2 Dijkstra 算法

Dijkstra 算法是一种用于解决最短路径问题的经典算法,用于在有向图或无向图中找到从起点到其他所有节点的最短路径。该算法基于贪婪策略,逐步确定起点到各个节点的最短路径长度。

Dijkstra 算法的详细描述为:

(1) 选择一个起始点,将该点作为当前点并将其最短距离标记为 0,将其余所有点的最短距离标记为 ∞,将所有节点的前一个节点标记为 $null$。

(2) 选择所有未被探索的节点中最短距离最小的节点作为新的当前点 C。

(3) 对当前节点 C 的所有邻居 $i\in N$ 进行下面的操作:将当前节点 C 的最小距离加上 C 与邻居 i 之间的边的权重。如果两者的和小于当前邻居 i 的最小距离,则修改邻居 i 的最短距离为之前两者的和,并更新该邻居 i 的前一个节点为当前节点 C。

(4) 将当前节点 C 标记为已探索。

(5) 如果图中还存在未被访问的节点,则转向步骤(2)。否则算法结束。

为了介绍简便,我们通过一个较为简单的网络详细执行一遍 Dijkstra 算法。当然,对于规模更大、网络结构更复杂的算例,Dijkstra 算法也可以快速找到最短路径。

【例 8-3】(Dijkstra 算法求有向图的最短路) 求图 8-10 中 v_1 到 v_7 的最短路。

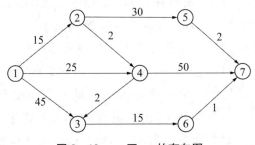

图 8-10　v_1 至 v_7 的有向图

解:首先,我们用每一个点到 v_1 的最小距离为该点进行标号。对于 v_1,我们将初始化距离标号为 0,对于其余的点,我们暂且不知道它们距离 v_1 的最短距离是多少,因此用 ∞ 来标号。

v_1 的邻近节点有 3 个,它们是 $\{v_2, v_3\}$,按照这个顺序来检查,首先从 v_2 开始,将当前节点 v_1 的最小距离(此时为 0)与当前节点与 v_2 连接的边上的权重相加,得到 $0+15=15$;然后将该值与 v_2 点当前的最小距离 ∞ 相比较,取 $\{15, \infty\}$ 内的最小值 15,并将点 v_2 的最小距离更新为 15。利用同样的方法更新 v_3 的最小距离为 $\min\{0+45, \infty\}=45$;更新 v_4 的最小距离为 $\min\{0+25, \infty\}=25$。至此,我们已经探索了 v_1 的所有邻近节点。因此,将 v_1 标记为已探索。

现在需要选择一个新的当前点。这个节点必须是所有未被探索的节点中最小距离最小的那个点。此时,未被探索的点集为 $\{v_2, v_3, v_4, v_5, v_6, v_7\}$,它们的最小距离的最小值为 $\min\{15, 45, 25, \infty, \infty, \infty\}=15$,因此选择点 v_2 为新的标号点。综上,从 v_1 到 v_2 的最短路是 $v_1 \to v_2$,最短距离为 15。

现在重复上述步骤。$d(v_i, v_j)$ 表示 v_i 到 v_j 的最短距离。检查当前节点的邻居,而忽略已被探索的节点。我们观察 v_1, v_2 指向其他点的弧,发现从 v_1 出发沿着 $(v_1, v_3), (v_1, v_4)$ 到达 v_3, v_4 的距离分别是 45 和 25,从 v_2 出发沿着 $(v_2, v_4), (v_2, v_5)$ 到达 v_4, v_5 的距离分别是 $d(v_1, v_2)+\omega_{24}=17$ 和 $d(v_1, v_2)+\omega_{25}=45$。综上,距离最短的为 $d(v_1, v_2)+\omega_{24}=17$,所以 v_1 到 v_4 的最短路为 $v_1 \to v_2 \to v_4$,最短距离为 17,这样就使 v_4 变成具有标号的点。

继续进行探索。我们观察 v_1, v_2, v_4 指向其他点的弧,发现从 v_1 出发沿着 (v_1, v_3) 到达 v_3 的距离是 45,从 v_2 出发沿着 (v_2, v_5) 到达 v_5 的距离是 $d(v_1, v_2)+\omega_{25}=45$,从 v_4 出发沿着 $(v_4, v_3), (v_4, v_7)$ 到达 v_3, v_7 的距离分别是 $d(v_1, v_4)+\omega_{43}=19$ 和 $d(v_1, v_4)+\omega_{47}=67$。综上,距离最短的为 $d(v_1, v_4)+\omega_{43}=19$,所以 v_1 到 v_3 的最短路为 $v_1 \to v_2 \to v_4 \to v_3$,最短距离为 19,这样就使 v_3 变成具有标号的点。

继续进行探索。我们观察 v_1, v_2, v_4, v_3 指向其他点的弧,从 v_2 出发沿着 (v_2, v_5) 到达 v_5 的距离是 $d(v_1, v_2)+\omega_{25}=45$,从 v_4 出发沿着 (v_4, v_7) 到达 v_7 的距离是

$d(v_1,v_4)+\omega_{47}=67$，从 v_3 出发沿着 (v_3,v_6) 到达 v_6 的距离是 $d(v_1,v_3)+\omega_{36}=$ 44。综上，距离最短的为 $d(v_1,v_3)+\omega_{36}=44$，所以 v_1 到 v_6 的最短路为 $v_1 \to v_2 \to$ $v_4 \to v_3 \to v_6$，最短距离为 44，这样就使 v_6 变成具有标号的点。

继续进行探索。我们观察 v_1,v_2,v_4,v_3,v_6 指向其他点的弧，从 v_2 出发沿着 (v_2,v_5) 到达 v_5 的距离是 $d(v_1,v_2)+\omega_{25}=45$，从 v_4 出发沿着 (v_4,v_7) 到达 v_7 的距离是 $d(v_1,v_4)+\omega_{47}=67$，从 v_6 出发沿着 (v_6,v_7) 到达 v_7 的距离是 $d(v_1,$ $v_6)+\omega_{67}=45$。综上，距离最短的为 $d(v_1,v_6)+\omega_{67}=45$，所以 v_1 到 v_7 的最短路为 $v_1 \to v_2 \to v_4 \to v_3 \to v_6 \to v_7$，最短距离为 45，这样就使 v_7 变成具有标号的点。

这时我们已经得到 v_1 到 v_7 的最短路为：$v_1 \to v_2 \to v_4 \to v_3 \to v_6 \to v_7$，最短距离为 45。但是依旧存在未被探索的点 v_5，我们观察 v_1,v_2,v_4,v_3,v_6,v_7 指向其他点的弧，从 v_2 出发沿着 (v_2,v_5) 到达 v_5 的距离是 $d(v_1,v_2)+\omega_{25}=45$，从 v_4 出发沿着 (v_4,v_7) 到达 v_7 的距离是 $d(v_1,v_4)+\omega_{47}=67$。综上，距离最短的为 $d(v_1,v_2)+$ $\omega_{25}=45$，所以 v_1 到 v_5 的最短路为 $v_1 \to v_2 \to v_5$，最短距离为 45。这样就使 v_5 变成具有标号的点。

由于没有未被探索的节点了，所以算法执行结束。这样我们不仅得到了 v_1 到 v_7 的最短路，也得到了 v_1 到各点的最短路。

【例 8 - 4】(Dijkstra 算法求无向图的最短路) 求图 8 - 11 中 v_1 到 v_8 的最短路。

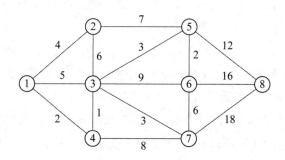

图 8 - 11 v_1 到 v_8 的无向图

解：以 Dijkstra 算法求无向图的最短路与有向图类似，故该题通过表格的方式来呈现 Dijkstra 算法的计算过程：

表 8 - 1 中行表示终点，列表示每一次更新，表格中每一个数据表示上一个点的集合到该终点的最短路径长度（由于 v_1 为起点，所以初始的集合为 v_1），∞ 表示上一个集合中的任一点无法直接到达该终点（即集合中的任一点与终点都不是临近点）。/表示该点已经处于集合内（即已探索），不考虑。

表 8 - 1 Dijkstra 算法求无向图的计算过程

	1	2	3	4	5	6
v_2	4	4	4	/	/	/
v_3	5	3	/	/	/	/
v_4	2	/	/	/	/	/
v_5	∞	∞	6	6	/	/
v_6	∞	∞	12	12	8	/
v_7	∞	10	6	6	/	/
v_8	∞	∞	∞	∞	18	18
集 合	$v_4(2)$	$v_3(3)$	$v_2(4)$	$v_5,v_7(6)$	$v_6(8)$	$v_8(18)$

进行第一轮更新(即表的第一列),易得出最短路径为 $v_1 \rightarrow v_4$,最短距离为 2。集合更新为 v_1,v_4。

进行第二轮更新(即表的第二列),集合 v_1,v_4 中距离 v_2 最短的点为 v_1,距离为 4,所以不变;集合 v_1,v_4 中,距离 v_3 最短的路径为 $v_1 \rightarrow v_4 \rightarrow v_3$,最短距离为 $2+1=3$,小于 v_1 直接到 v_3 的距离 5,所以将原来的 5 更新为 3;v_4 已经处于集合内,不考虑,用/表示;集合 v_1,v_4 两点都不与 v_5,v_6,v_8 相邻,依旧用 ∞ 表示;集合 v_1,v_4 中 v_4 与 v_7 相邻,故到 v_7 的距离为 $2+8=10$,将原来的 ∞ 更新为 10。得出最短路径为 $v_1 \rightarrow v_4 \rightarrow v_3$,最短距离为 2。集合更新为 v_1,v_4,v_3。

后续的步骤就是不断找到最短路径来更新集合,再用新的集合讨论下一轮的最短路径,以此类推,最后所得的集合即为 v_1 到各点最短路径(括号内为 v_1 到该点的最短距离),后续的过程大家可以自行计算。

8.3.3 最短路的 Floyd 算法

Floyd 算法基本步骤如下:

(1) 写出 v_i 能够直接一步到达 v_j 的距离矩阵 $L_1 = L_{ij}^{(1)}$,L_1 也是一步到达的最短距离矩阵。如果 v_i 与 v_j 之间没有边关联,则令 $\omega_{ij} = \infty$。

(2) 计算二步最短距离矩阵。设 v_i 到 v_j 经过一个中间点 v_r 两步到达 v_j,则 v_i 到 v_j 的最短距离为:

$$L_{ij}^{(2)} = \min_r \{\omega_{ir} + \omega_{rj}\}$$

最短距离矩阵记为:

$$L_2 = L_{ij}^{(2)}$$

(3) 计算 k 步最短距离矩阵。设 v_i 经过中间点 v_r 到达 v_j,v_i 经过 $(k-1)$ 步到达点 v_r 的最短距离为 $L_{ir}^{(k-1)}$,v_r 经过 $(k-1)$ 步到达点 v_j 的最短距离为 $L_{rj}^{(k-1)}$,则 v_i 经 k 步到达 v_j 的最短距离为:

$$L_{ij}^{(k)} = \min_{r}\{L_{ir}^{(k-1)} + L_{rj}^{(k-1)}\}$$

最短距离矩阵记为:

$$L_k = L_{ij}^{(k)}$$

(4) 比较矩阵 L_k 与 L_{k-1},当 $L_k = L_{k-1}$ 时得到任意两点间的最短距离矩阵 L_k。设图的点数为 n 并且 $\omega_{ij} \geqslant 0$,迭代次数 k 由下式估计得到:

$$2^{k-1} < n - 2 \leqslant 2^k - 1$$

$$k - 1 < \frac{\lg(n-1)}{\lg 2} \leqslant k$$

【例 8 - 5】(Floyd 算法求最短路) 图 8 - 12 是一张 8 个城市的铁路交通图,铁路部门要制作一张两两城市间的距离表。这个问题实际就是求任意两点间的最短路问题。

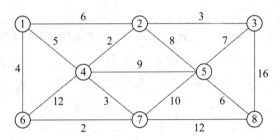

图 8 - 12 8 个城市的铁路交通图

解:先写出任意两点间一步到达距离表 L_1,如表 8 - 2 所示。

表 8 - 2 最短距离表 L_1

	v_1	v_2	v_3	v_4	v_5	v_6	v_7	v_8
v_1	0	6	∞	5	∞	4	∞	∞
v_2	6	0	3	2	8	∞	∞	∞
v_3	∞	3	0	∞	7	∞	∞	16
v_4	5	2	∞	0	9	12	3	∞
v_5	∞	8	7	9	0	∞	10	6
v_6	4	∞	∞	12	∞	0	2	∞
v_7	∞	∞	∞	3	10	2	0	12
v_8	∞	∞	16	∞	6	∞	12	0

本例中 $n=8$,根据 $k - 1 < \dfrac{\lg(n-1)}{\lg 2} \leqslant k$,得到 $\dfrac{\lg(8-1)}{\lg 2} \approx 2.8$,所以迭代次数 k 取 3。因此,计算到 L_3。$L_{ij}^{(2)}$ 等于表 8 - 2 中第 i 行与第 j 列对应元素相加取最小

值。例如，$L_{43}^{(2)}=\min\{c_{41}+c_{13},c_{42}+c_{23},c_{43}+c_{33},c_{44}+c_{43},c_{45}+c_{53},c_{46}+c_{63},c_{47}+c_{73},c_{48}+c_{83}\}=\min\{5+\infty,2+3,\infty+0,0+\infty,\infty+\infty,10+\infty,6+16\}=5$。表中其他数据以此类推。

同理，$L_{ij}^{(3)}$ 等于表 8-3 中第 i 行与第 j 列对应元素相加取最小值。最后表 8-4 就是题目所求的答案。

表 8-3　最短距离表 L_2

	v_1	v_2	v_3	v_4	v_5	v_6	v_7	v_8
v_1	0	6	9	5	14	4	6	∞
v_2	6	0	3	2	8	10	5	14
v_3	9	3	0	5	7	∞	17	13
v_4	5	2	5	0	9	5	3	15
v_5	14	8	7	9	0	12	10	6
v_6	4	10	∞	5	12	0	2	14
v_7	6	5	17	3	10	2	0	12
v_8	∞	14	13	15	6	14	12	0

表 8-4　最短距离表 L_3

	v_1	v_2	v_3	v_4	v_5	v_6	v_7	v_8
v_1	0	6	9	5	14	4	6	18
v_2	6	0	3	2	8	7	5	14
v_3	9	3	0	5	7	10	8	13
v_4	5	2	5	0	9	5	3	15
v_5	14	8	7	9	0	12	10	6
v_6	4	7	10	5	12	0	2	14
v_7	6	5	8	3	10	2	0	12
v_8	18	14	13	15	6	14	12	0

8.4　网络最大流问题

8.4.1　最大流问题定义

最大流问题是图论中的经典问题之一，它描述了一个有向图中的流网络，在这个网络中，每条边都有一个容量限制，而网络中的两个特殊节点通常被称为源点和汇点。最大流问题的目标是找到从源点到汇点的路径,使得通过网络中的各条边的总流量达到最大值。

比如在图 8 - 13 中定义了一个发点 v_1,称为源;定义了一个收点 v_6,称为汇;其余点 $v_2, v_3, \cdots, v_6$ 为中间点,称为转运点。如果有多个发点和收点,则虚设发点和收点转化成一个发点和收点。图中的权是该弧在单位时间内的最大通过能力,称为弧的容量。最大流问题是在单位时间内安排一个运送方案,将发点的物质沿着弧的方向运送到收点,使总运输量最大。

设 c_{ij} 为弧 (v_i, v_j) 的容量,f_{ij} 为弧 (v_i, v_j) 的流量。容量是弧 (v_i, v_j) 单位时间内的最大通过能力,流量是弧 (v_i, v_j) 单位时间内的实际通过量,流量的集合 $f = \{f_{ij}\}$ 称为网络的流。发点到收点的总流量记为 $v = val(f)$,v 也是网络的流量。

满足下列 3 个条件的流 f 称为可行流:

(1) 对于所有弧 (v_i, v_j) 有:

$$0 \leqslant f_{ij} \leqslant c_{ij}$$

(2) 对于中间点 v_m 有:

$$\sum_{v_m} f_{im} - \sum_{v_m} f_{mj} = 0$$

(3) 发点 v_s 流出的总流量等于收点 v_t 流入的总流量:

$$v = \sum_{v_s} f_{sj} = \sum_{v_s} f_{it}$$

(4) 对于发点 v_s 有:

$$\sum_{(v_s, v_j) \in A} f_{sj} - \sum_{(v_j, v_s) \in A} f_{js} = v(f)$$

(5) 对于收点 v_t 有:

$$\sum_{(v_t, v_j) \in A} f_{tj} - \sum_{(v_j, v_t) \in A} f_{jt} = -v(f)$$

式中,$v(f)$ 称为该可行流的流量,即发点的净输出量(或收点的净输入量)。

如图 8 - 13 所示,若给一个可行流,我们把网络中使 $f_{ij} = c_{ij}$ 的弧称为饱和弧,使 $f_{ij} < c_{ij}$ 的弧称为非饱和弧。使 $f_{ij} = 0$ 的弧称为零流弧,使 $f_{ij} > 0$ 的弧称为非零流弧。与链的方向相同的弧称为前向弧,前向弧的全体记为 μ^+;与链的方向相反的弧称为后向弧,后向弧的全体记为 μ^-。

设 f 是一个可行流,如果存在一条从 v_s 到 v_t 的链,满足:

(1) 所有前向弧上 $f_{ij} < c_{ij}$;

(2) 所有后向弧上 $f_{ij} > 0$。

则该链称为增广链。相关概念的演示见图 8 - 13[图中数据表示 $c_{ij}(f_{ij})$],其为一条增广链。

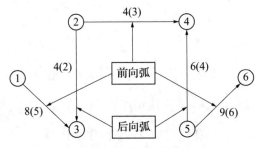

图 8 - 13 最大流问题定义图

将给定网络 $D = (V, A, C)$ 的点集分割成两部分 $V_1, \overline{V}_1$ 并且 $v_s \in V_1, v_t \in \overline{V}_1$，则箭尾在 V_1，箭头在 $\overline{V}_1$ 的弧集合 $(V_1, \overline{V}_1)$ 称为一个截集，截集中所有弧的容量之和称为截集的截量，记为 $C(V_1, \overline{V}_1)$，即：

$$C(V_1, \overline{V}_1) = \sum_{(v_j, v_i) \in (V_1, \overline{V}_1)} c_{ij}$$

任何一个可行流的流量都不会超过任何一截集的容量，即：

$$v(f) \leqslant C(V_1, \overline{V}_1)$$

那么对于一个可行流 f^*，网络中有一个截集 $C(V_1, \overline{V}_1)$，使 $v(f^*) = C(V_1^*, \overline{V}_1^*)$，则 f^* 是最大流，而 $(V_1^*, \overline{V}_1^*)$ 必定是网络中的最小截集。

定理 1 可行流 f^* 是最大流，当且仅当不存在关于 f^* 的增广链。

证明: 若 f^* 是最大流，设 D 中存在关于 f^* 的增广链 μ，令：

$$\theta = \min\{\min_{\mu^+}(c_{ij} - f_{ij}^*), \min_{\mu^-} f_{ij}^*\}$$

由增广链的定义，可知 $\theta > 0$，令：

$$f_{ij}^{**} = \begin{cases} f_{ij}^* + \theta, (v_i, v_j) \notin \mu \\ f_{ij}^* - \theta, (v_i, v_j) \in \mu^+ \\ f_{ij}^*, (v_i, v_j) \in \mu^- \end{cases}$$

可以看出 $\{f_{ij}^{**}\}$ 是一个可行流，且 $v(f^{**}) = v(f^*) + \theta > v(f^*)$。这与 f^* 是最大流的假设矛盾。

设网络中不存在关于 f^* 的增广链，证明 f^* 是最大流。令 $v_s \in V_1^*$，若 $v_i \in V_1^*$ 且 $f_{ij}^* < c_{ij}$，则令 $v_j \in V_1^*$；若 $v_i \in V_1^*$ 且 $f_{ij}^* > 0$，则令 $v_j \in V_1^*$，由于不存在关于 f^* 的增广链，故 $v_t \notin V_1^*$。

记 $\overline{V}_1^* = V \setminus V_1^*$，于是得到一个截集 $(V_1^*, \overline{V}_1^*)$，必有：

$$f_{ij}^* = \begin{cases} c_{ij}(v_i, v_j) \in (V_1^*, \overline{V}_1^*) \\ 0(v_i, v_j) \in (\overline{V}_1^*, V_1^*) \end{cases}$$

所以 $v(f^*) = C(V_1^*, \overline{V}_1^*)$。则 f^* 必是最人流。证毕。

综上可知,若 f^* 是最大流,则网络中必存在一个截集 $(V_1^*, \overline{V}_1^*)$,使 $v(f^*) = C(V_1^*, \overline{V}_1^*)$,即最大流量最小截量定理:任一个网络中,从 v_s 到 v_t 的最大流的流量等于分离 v_s, v_t 的最小截集的容量。

8.4.2 Ford-Fulkerson 标号算法

寻求最大流的标号法是指从一个可行流出发,经过标号过程与调整过程得出最大流的算法,其步骤如下:

第1步,找出第一个可行流,如所有弧的流量 $f_{ij} = 0$。

第2步,对点进行标号找一条增广链:① 总是给发点标号 ∞;② 选一个点 v_i 已标号并且另一端未标号的弧沿着某条链向收点检查:如果弧的方向向前(前向弧)并且有 $f_{ij} < c_{ij}$,则 v_j 标号:$\theta_j = c_{ij} - f_{ij}$;如果弧的方向指向 v_i(后向弧)并且有 $f_{ij} > 0$,则 v_j 标号:$\theta_j = f_{ij}$。当收点已得到标号时,说明已找到增广链,依据 v_i 的标号反向跟踪得到一条增广链。当收点不能得到标号时,说明不存在增广链,计算结束。

第3步,调整流量:① 求增广链上点 v_i 的标号的最小值,得到调整量 $\theta = \min\limits_{j}\{\theta_j\}$;② 调整流量 $f_1 = \begin{cases} f_{ij}, (v_i, v_j) \notin \mu \\ f_{ij} + \theta, (v_i, v_j) \in \mu^+ \\ f_{ij} - \theta, (v_i, v_j) \in \mu^- \end{cases}$,得到新的可行流 f_1,去掉所有标号,返回到第2步从发点重新标号寻找增广链,直到收点不能标号为止。

【例 8-6】(最大流问题) 求图 8-14 发点 v_1 到收点 v_7 的最大流及最大流量,图中数据表示 $c_{ij}(f_{ij})$。

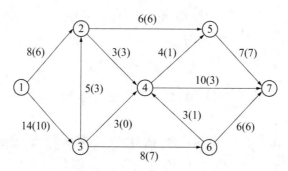

图 8-14 发点 v_1 到收点 v_7 的流量图

解:先给 v_1 标号 ∞ ;检查 v_1, $c_{12} > f_{12}$, v_2 标号 $\theta j = 2$;检查 v_2, 后向弧 $f_{32} > 0$, v_3 标号 $\theta_3 = f_{32} = 3$;由于 $c_{ij} = f_{ij}$, v_4, v_5 不能标号;所以检查 v_3, $c_{34} > f_{34}$, v_4 标号 $\theta j = 3$;检查 v_4, $c_{47} > f_{47}$, v_7 标号 $\theta j = 7$。 那么,增广链 $\mu = \{(v_1, v_2), (v_3, v_2), (v_3, v_4), (v_4, v_7)\}$, $\mu^+ = \{(v_1, v_2), (v_3, v_2), (v_3, v_4)\}$, $\mu^- = \{(v_3, v_2)\}$, 调整量为增广链上点标号的最小值 $\theta = \min\{\infty, 2, 3, 3, 7\} = 2$。

调整后的可行流如图 8-15 所示。

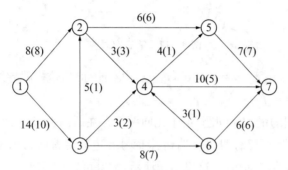

图 8-15　第一次调整

继续二轮标号:由于 $c_{ij} = f_{ij}$, v_2, v_4, v_5 不能标号, $c_{13} > f_{13}$, v_3 标号 $\theta j = 4$, 后续同第一轮标号。增广链 $\mu = \mu^+ = \{(v_1, v_3), (v_3, v_4), (v_4, v_7)\}$, 调整量为 $\theta = \min\{\infty, 4, 1, 5\} = 1$。

调整后的可行流如图 8-16 所示。

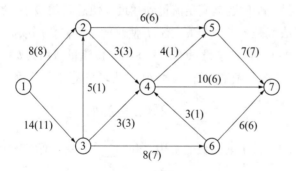

图 8-16　第二次调整

继续第三轮标号: $c_{13} > f_{13}$, v_3 标号 $\theta j = 3$; $c_{36} > f_{36}$, v_6 标号 $\theta j = 1$; $c_{64} > f_{64}$, v_4 标号 $\theta j = 2$; $c_{47} > f_{47}$, v_7 标号 $\theta j = 4$。 增广链 $\mu = \mu^+ = \{(v_1, v_3), (v_3, v_6), (v_6, v_4), (v_4, v_7)\}$, 调整量为 $\theta = \min\{\infty, 3, 1, 2, 4\} = 1$。

调整后的可行流如图 8-17 所示。

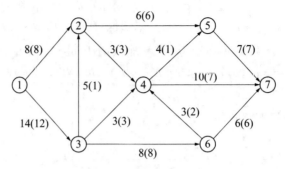

图 8 - 17 第三次调整

这里我们发现,由于 $c_{ij} = f_{ij}$,v_4,v_5,v_6 均不能标号,这样就导致 v_7 得不到标号,那么最大流量为 $v = f_{12} + f_{13} = 8 + 12 = 20$。

对于求无向图的最大流问题,由于无向图不存在后向弧,所以可以理解为所有弧都是前向弧,对一端 v_i 已标号另一端 v_j 未标号的边只要满足 $c_{ij} < f_{ij}$ 则 v_j 就可标号 $\theta j = c_{ij} - f_{ij}$。 其他步骤相同,这里不做演示,大家可以自行练习。

8.5 最小费用最大流问题

上一节我们讨论了最大流问题,而满足流量达到一个固定数使总费用最小,就是最小费用流问题;另一个问题是满足流量到达最大使总费用最小,称为最小费用最大流问题,换一种说法就是要求一个最大流 f 使流的总运输费用取极小值。

给定网络 $D = (V, A, C)$,设弧 (v_i, v_j) 的单位流量费用为 $b_{ij} \geqslant 0$,弧的容量为 $c_{ij} \geqslant 0$,设可行流 f 的一条增广链 μ,称 $b(\mu)$ 为增广链 μ 的费用。

$$b(\mu) = \sum_{\mu^+} b_{ij} - \sum_{\mu^-} b_{ij}$$

式中,$\sum\limits_{\mu^+} b_{ij}$ 表示增广链中前向弧的费用之和,$\sum\limits_{\mu^-} b_{ij}$ 表示增广链中后向弧的费用之和。$b(\mu)$ 最小的增广链称为最小费用增广链。那么所谓的最小费用最大流问题就是要求一个最大流 f,使流的总运输费用最小。

$$b(f) = \sum_{(v_j, v_i) \in A} b_{ij} f_{ij}$$

设给定的流量为 v,最小费用最大流的标号算法步骤如下:

第 1 步,取初始流量为零的可行流 $f^{(0)} = 0$,令网络中所有弧的权等于 b_{ij} 得到一个赋权图 D,用 Dijkstra 算法求出最短路,这条最短路就是初始最小费用增广链 μ。

第 2 步,调整流量。在最小费用增广链上调整流量的方法与前面最大流算法一样,前向弧上令 $\theta j = c_{ij} - f_{ij}$,后向弧上令 $\theta j = f_{ij}$,调整量为 $\theta = \min\{\theta j\}$。 调整后得

到最小费用流 $f^{(k)}$，流量为 $v^{(k)} = v^{(k-1)} + \theta$，当 $v^{(k)} = v^{(k-1)}$ 时计算结束，否则转第 3 步继续计算。

第 3 步，作赋权图 D 并寻找最小费用增广链：

（1）对可行流 $f^{(k-1)}$ 的最小费用增广链上的弧 (v_i, v_j) 做如下变动：

$$\omega_{ij} = \begin{cases} b_{ij}, f_{ij} < c_{ij} \\ +\infty, f_{ij} = c_{ij} \end{cases}, \omega_{ji} = \begin{cases} -b_{ij}, f_{ij} > 0 \\ +\infty, f_{ij} = 0 \end{cases}$$

第一种情形：当弧 (v_i, v_j) 上的流量满足 $0 < f_{ij} < c_{ij}$ 时，在点 v_i 与 v_j 之间添加一条方向相反的弧 (v_j, v_i)，权为 $-b_{ij}$。

第二种情形：当弧 (v_i, v_j) 上的流量满足 $f_{ij} = c_{ij}$ 时将弧 (v_i, v_j) 反向变为 (v_j, v_i)，权为 $-b_{ij}$。 不在最小费用增广链上的弧不作任何变动，得到一个赋权网络图 D。

（2）求赋权图 D 从发点到收点的最短路，如果最短路存在，则这条最短路就是 $f^{(k-1)}$ 的最小费用增广链，转第 2 步。

赋权图 D 的所有权非负时，可用 Dijkstra 算法求最短路，存在负权时用 Floyd 算法。

（3）如果赋权图 D 不存在从发点到收点的最短路，说明 $v^{(k-1)}$ 已是最大流量，不存在流量等于 v 的流，计算结束。

【例 8-7】（最小费用最大流问题） 以图 8-18 为例，制定一个运量 $v = 15$ 及运量最大总运费最小的运输方案。括号内表示 (c_{ij}, b_{ij})。

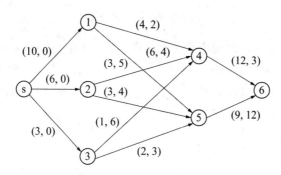

图 8-18 运输路线图

依照上述步骤：

取初始流量为零的可行流 $f^{(0)} = 0$，θj 分别为 10,4 和 12，则调整量为 $\theta = \min\{\theta j\} = 4$，流量 $v^{(0)} = 0$，总运费 $b(f^{(0)})$。 用 Dijkstra 算法求出最短路 (v_s, v_1, v_4, v_6)，这条最短路就是初始最小费用增广链 μ_1。 如图 8-19 所示，虚线箭头即为最短路。

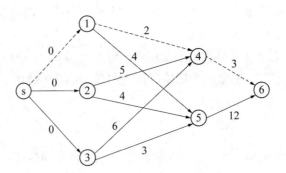

图 8‑19　初始最小费用增广链 μ_1

在 μ_1 上进行调整：由于初始流量为 0，则调整量 $\theta = 4$，对 $f^{(0)} = 0$ 进行调整得到 $f^{(1)}$，括号内的数字为弧的流量 f_{ij}，网络流量 $v^{(1)} = 4$，总运费 $b(f^{(1)}) = 0 \times 4 + 2 \times 4 + 3 \times 4 = 20$，如图 8‑20 所示。

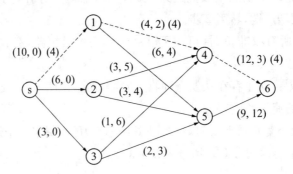

图 8‑20　第一次调整

$v^{(1)} = 4 < 15$，没有得到最小费用流。在图 8‑21 中，弧 (v_s, v_1) 和 (v_4, v_6) 满足条件 $0 < f_{ij} < c_{ij}$，添加两条反方向弧 (v_1, v_s) 和 (v_6, v_4)，权分别为 0 和 -3，由于权为 0，弧 (v_1, v_s) 可以去掉，而弧 (v_1, v_4) 上 $f_{ij} = c_{ij}$ 说明已饱和，则将弧 (v_1, v_4) 反向变为弧 (v_4, v_1)，权为 -2，如图 8‑21 所示。

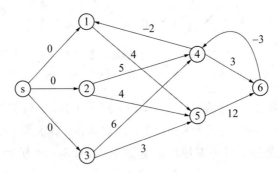

图 8‑21　调整后的赋权图

用 Floyd 算法得到最小费用增广链 μ_2：$(v_s, v_2, v_4, v_6,)$，调整量 $\theta = \min\{\theta j\} =$

3，调整得到 $f^{(2)}$，网络流量 $v^{(2)}=7$，总运费 $b(f^{(2)})=0\times4+2\times4+0\times3+3\times4+3\times7=44$，如图 8-22 所示。

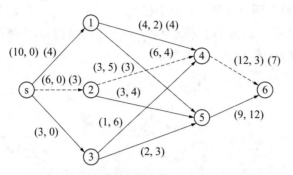

图 8-22　最小费用增广链 μ_2 和第二次调整

$v^{(2)}=7<15$，没有得到最小费用流。对最小费用增广链 μ_2 上的弧进行调整：在图 8-23 中，弧 (v_s,v_2) 和 (v_4,v_6) 满足条件 $0<f_{ij}<c_{ij}$，添加两条反方向弧 (v_2,v_s) 和 (v_6,v_4)，权分别为 0 和 -3，由于权为 0，弧 (v_2,v_s) 可以去掉，且弧 (v_6,v_4) 已存在故也不用添加。而弧 (v_2,v_4) 上 $f_{ij}=c_{ij}$ 说明已饱和，则将弧 (v_2,v_4) 反向变为弧 (v_4,v_2)，权为 -5，如图 8-23 所示。

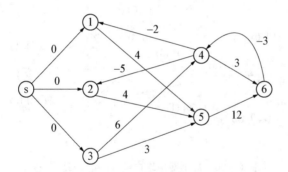

图 8-23　调整后的赋权图

用 Floyd 算法得到最小费用增广链 μ_3：(v_s,v_3,v_4,v_6)，调整量 $\theta=\min\{\theta j\}=1$，调整得到 $f^{(3)}$，网络流量 $v^{(3)}=8$，总运费 $b(f^{(3)})=2\times4+5\times3+6\times1+3\times8=53$，如图 8-24 所示。

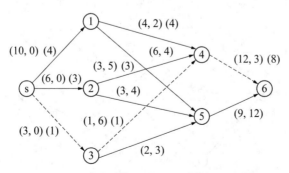

图 8-24　最小费用增广链 μ_3 和第三次调整

$v^{(3)}=8<15$，没有得到最小费用流。对最小费用增广链 μ_3 上的弧进行调整：在图 8-25 中，弧 (v_s,v_3) 和 (v_4,v_6) 满足条件 $0<f_{ij}<c_{ij}$，添加两条反方向弧 (v_3,v_s) 和 (v_6,v_4)，权分别为 0 和 -3，由于权为 0，弧 (v_3,v_s) 可以去掉，且弧 (v_6,v_4) 已存在故也不用添加。而弧 (v_2,v_4) 上 $f_{ij}=c_{ij}$ 说明已饱和，则将弧 (v_3,v_4) 反向变为弧 (v_4,v_3)，权为 -6，如图 8-25 所示。

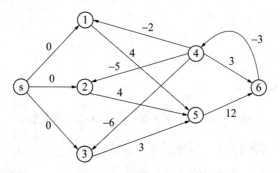

图 8-25 调整后的赋权图

用 Floyd 算法得到最小费用增广链 μ_4：(v_s,v_3,v_5,v_6)，调整量 $\theta=\min\{\theta j\}=2$，调整得到 $f^{(4)}$，网络流量 $v^{(4)}=10$，如图 8-26 所示。

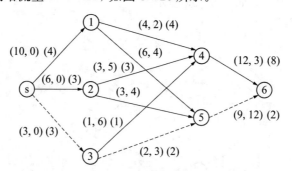

图 8-26 最小费用增广链 μ_4 和第四次调整

$v^{(4)}=10<15$，没有得到最小费用流。对最小费用增广链 μ_4 上的弧进行调整：在图 8-27 中，弧 (v_s,v_3) 和 (v_5,v_6) 满足条件 $0<f_{ij}<c_{ij}$，添加两条反方向弧 (v_3,v_s) 和 (v_6,v_5)，权分别为 0 和 -12，由于权为 0，弧 (v_3,v_s) 可以去掉。而弧 (v_3,v_5) 上 $f_{ij}=c_{ij}$ 说明已饱和，则将弧 (v_3,v_5) 反向变为弧 (v_5,v_3)，权为 -3，如图 8-27 所示。

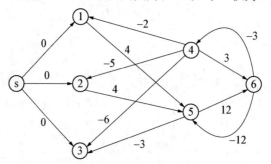

图 8-27 调整后的赋权图

用 Floyd 算法得到最小费用增广链 μ_5：(v_s, v_1, v_5, v_6)，调整量 $\theta = \min\{\theta j\} = 6$，这里只需取 $\theta = 5$ 即可满足题目要求流量 $v^{(5)} = 15 = v$，调整得到 $f^{(5)}$，如图 8 - 28 所示。

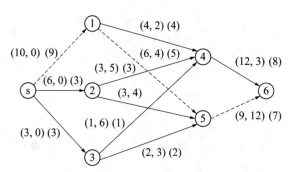

图 8 - 28　最小费用增广链 μ_5 和第五次调整

下面求最小费用最大流。对最小费用增广链 μ_5：(v_s, v_1, v_5, v_6)，取调整量 $\theta = \min\{\theta j\} = 6$ 进行调整，调整得到 $f^{(5)}$，流量 $v^{(5)} = 16$，如图 8 - 29 所示。

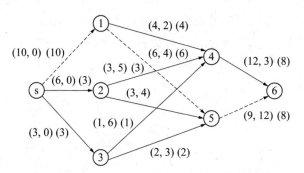

图 8 - 29　最小费用增广链 μ_5（θ 取 6 进行调整）

对最小费用增广链 μ_5 上的弧进行调整：在图 8 - 30 中，弧 (v_s, v_1)，(v_1, v_5) 和 (v_5, v_6) 均满足条件 $f_{ij} = c_{ij}$，弧 (v_s, v_1) 权为 0，故不用添加反方向弧，弧 (v_5, v_6) 已有反方向弧 (v_6, v_5)，弧 (v_1, v_5) 上 $f_{ij} = c_{ij}$ 说明已饱和，则将弧 (v_1, v_5) 反向变为弧 (v_5, v_1)，权为 -4，如图 8 - 30 所示。

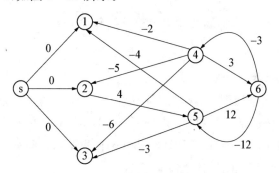

图 8 - 30　调整后的赋权图

用 Floyd 算法得到最小费用增广链 μ_5：(v_s,v_2,v_5,v_6)，调整量 $\theta=\min\{\theta j\}=1$，调整得到 $f^{(6)}$，网络流量 $v^{(6)}=17$，如图 8-31 所示。

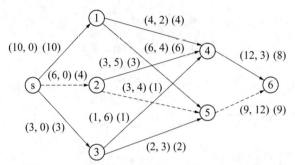

图 8-31　最小费用增广链 μ_5（θ 取 1 进行调整）

对最小费用增广链 μ_5 上的弧进行调整：在图 8-31 中，弧 (v_s,v_2) 和 (v_2,v_5) 满足条件 $0<f_{ij}<c_{ij}$，添加两条反方向弧 (v_2,v_s) 和 (v_5,v_2)，权分别为 0 和 -4，由于权为 0，边弧 (v_3,v_s) 可以去掉。而弧 (v_5,v_6) 上 $f_{ij}=c_{ij}$ 说明已饱和，但弧 (v_5,v_6) 已有反方向弧 (v_6,v_5)，如图 8-32 所示。

调整后的图 8-32 不存在从发点 v_s 到 v_6 的最短路，则图 8-32 的流就是最小费用最大流，最大流量 $v=17$，最小的总运费为 $d(f)=2\times4+4\times6+5\times3+4\times1+6\times1+3\times2+3\times8+12\times9=195$。

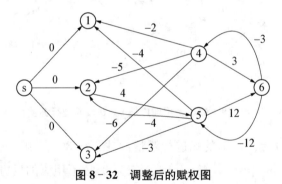

图 8-32　调整后的赋权图

8.6　中国邮递员问题

8.6.1　欧拉道路

设 G 是一个无向连通图，若存在一条道路，经过 G 中的每一条边一次且仅一次，则称这条道路为欧拉道路。如图 8-33 所示，图 8-33(a)存在 v_3 到 v_4 的一条欧拉道路 $v_3,e_3,v_4,e_4,v_1,e_1,v_2,e_2,v_4$；而图 8-33(b)任意两点之间都不存在欧拉道路，因为无论如何走，都会产生重复的道路。

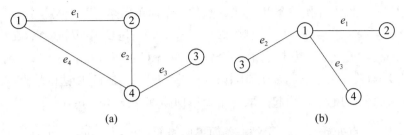

图 8-33　欧拉道路

如果图是连通的且每个顶点的度数(即与该顶点相邻的边的条数)都是偶数,则该图一定存在欧拉回路。如果一个图存在欧拉回路,那么所有的顶点的度数一定是偶数,因此不会存在奇点。相反地,如果一个图中存在奇点,则该图一定不存在欧拉回路。如图 8-34 所示,图 8-34(a)任意顶点相邻的边的条数都是 2 或 4,为偶数,存在欧拉回路 $\{v_1,e_1,v_2,e_2,v_3,e_3,v_4,e_7,v_2,e_5,v_5,e_4,v_4\}$;而图 8-34(b)的点 v_1,v_4 相邻的边的条数为 3,为奇点,所以不存在欧拉回路。

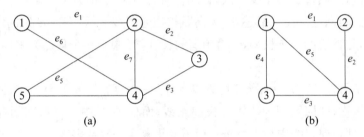

图 8-34　欧拉回路

定理:无向连通图 G 为欧拉图的充要条件是 G 中无奇点。

证明:① 必要性。已知 $G=(V,E)$ 为欧拉图,则会存在一条欧拉回路 C,其经过 G 的每一条边,又由于 G 为连通图,所以 G 中的每个点至少在 C 中出现一次。对于 $\forall v_i \in V$,若 v_i 是 C 的中间点,v_i 没出现一次,必关联两条边(由于是回路,所以起点和终点为同一点,这样的话也必关联两条边)。

② 充分性。若无向连通图 $G=(V,E)$ 中无奇点,则 G 为欧拉图。

【例 8-8】(欧拉回路)　求图 8-35 中的欧拉回路。

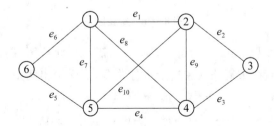

图 8-35　无向连通图 G

任取一点,比如 v_3 找一个以 v_3 为起点的一个简单回路 $C_1:\{v_3,e_3,v_4,e_9,v_2,e_2,$ $v_3\}$。记 $G'=G-C_1=(V',E')$,其中 $E'=E-E_1$,V' 是 E' 中边的端点,在 G' 中,以 G' 与 C 的公共顶点 v_2 为起点取一个简单回路 $C_2:\{v_2,e_{10},v_5,e_5,v_6,e_6,v_1,e_1,$ $v_2\}$。记 $G''=G'-C_2=(V'',E'')$,其中 $E''=E'-E_2$,V'' 是 E'' 中边的端点,在 G'' 中,以 G'' 与 C 的公共顶点 v_1 为起点取一个简单回路 $C_3:\{v_1,e_7,v_5,e_4,v_4,e_8,v_1\}$。 接着,把 C_3 从 v_1 点处插入 C_2,得到一条简单回路 $\overline{C}:\{v_2,e_{10},v_5,e_5,v_6,e_6,v_1,e_7,v_5,$ $e_4,v_4,e_8,v_1\}$,再把 $\overline{C}$ 从 v_2 处插入 C_1,即得到所求的欧拉回路 $\{v_2,e_{10},v_5,e_5,v_6,$ $e_6,v_1,e_7,v_5,e_4,v_4,e_8,v_1,e_1,v_2,e_2,v_3\}$。

8.6.2　中国邮递员问题

中国邮递员问题是由我国学者管梅谷于 1962 年提出的,其问题为:一个邮递员从邮局出发分送邮件,要走完他负责投递的所有街道,最后再返回邮局,应如何选择投递路线,才能使所走的路线最短? 利用我们前面章节所学知识,换句话来说就是在 G 上找一个圈,该圈过每边至少一次,且圈上所有边的权和最小。

中国邮递员问题的图论描述:一无向赋权连通图 $G=(V,E)$,E 中的每一条边对应一条街道,每条边的非负权 $l(e)$ 为街道的长度,V 中某一个顶点为邮局,其余为街道的交叉点。

由上一节可知,若 G 中的顶点均为偶点,即 G 中存在欧拉回路,则该回路过每条边一次且仅一次,此回路即为所求的投递路线;而如果 G 中有奇点则不存在欧拉回路,这样就会使投递路线中至少有条一街道要重复走一次或多次。

【例 8-9】(中国邮递员问题)　设图 8-36 为邮路图,v_1 为邮局,其余点为投递点,边为街道,上面标注了街道长度。邮递员从邮局出发分送邮件,要走完他负责投递的所有街道,最后再返回邮局,应如何选择投递路线,才能使所走的路线最短?

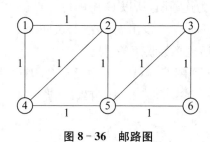

图 8-36　邮路图

解:首先我们发现 v_3 和 v_4 为奇点,所以 G 就不是欧拉图,那么其也不存在欧拉回路。所以该题只能在重复路线中选择最佳路线,下面给出两条可行路线:

(1) 路线 $C_1:\{v_1,v_2,v_3,v_6,v_5,v_4,v_1,v_2,v_3,v_5,v_2,v_4,v_1\}$

(2) 路线 $C_2:\{v_1,v_4,v_2,v_4,v_5,v_3,v_6,v_5,v_2,v_3,v_2,v_1\}$

路线 C_1 的权和为 12,路线 C_2 的权和为 11,所以路线 C_2 优于路线 C_1。 路线 C_1 重复的边为 $[v_1,v_2]$,$[v_2,v_3]$,$[v_1,v_4]$,重复边的权和为 3;路线 C_2 重复的边为 $[v_2,$

v_4],[v_2,v_3],重复边的权和为2。

于是得出结论:选择最佳投递路线就是要选择重复边的权和最小的路线。这时,对于路线 C_1 和 C_2,在边 [v_i,v_j] 上重复走了几次,就在 v_i,v_j 之间增加几条边,称为重复边,如图 8-37 所示,增加重复边后所得的 G_1 和 G_2 就为欧拉图,路线 C_1 和 C_2 分别为其的一条欧拉回路。

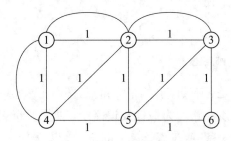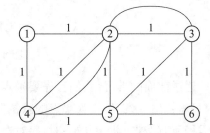

图 8-37　路线 C_1 和 C_2 增加重复边

一条投递路线对应一个欧拉图,投递路线为该图的一条欧拉回路。相反,对 G 任取奇点 v_4 到 v_3 的一条链,比如 v_4,v_5,v_6,v_3,对该链上的每一条边增加一条重复边,如图 8-38 所示,所得 G_3 也为欧拉图,那么 G_3 存在欧拉回路(即对应一条投递路线){v_1,v_2,v_3,v_6,v_3,v_5,v_6,v_5,v_2,v_4,v_5,v_4,v_1}。

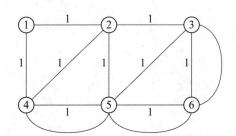

图 8-38　对奇点增加重复边

综上,我们得出结论:对任意一个含奇点的邮路图 G,由于奇点的个数为偶数个,把每两个配成一对,由于 G 为连通图,每对奇点之间至少存在一条链,对该条链上的每一条边增加一条重复边,可得一欧拉图,该欧拉图对应一条投递路线。

由此得出寻找最佳投递路线方法:在原邮路图上增加一些重复边得一个欧拉图,在所得欧拉图上找出一条欧拉回路。计算重复边的权和,重复边权和最小欧拉回路既为所求的最佳投递路线。

8.6.3　奇欧点图上作业法

下面通过一道例题来理解该方法。求解图 8-39 所示的邮路问题。

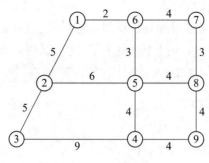

图 8－39 邮路图

通过前面的学习,我们首先要确定图中是否有奇点,如果无奇点,图 G 已是欧拉图,只需找出一条以 v_1 为起点的欧拉回路,该回路即为最佳投递路线;如果有奇点,则需把所有奇点两两配成一对,每对奇点找一条链,在该条链上的每一条边增加一条重复边,得一个欧拉图 G_1,由 G_1 所确定的欧拉回路即为一个可行路径。

发现图 G 中有奇点 v_2, v_4, v_6, v_8,两两配对,取 v_2 到 v_4 的一条链 v_2, v_1, v_6, v_7, v_8, v_9, v_4;取 v_6 到 v_8 的一条链 $v_6, v_1, v_2, v_3, v_4, v_9, v_8$。 增加重复边后得到图 $8-40$。

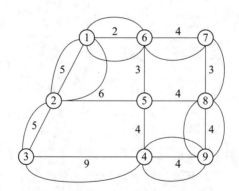

图 8－40 对奇点增加重复边

通过计算,得到重复边权和为 51。显然这不是最佳方案,对此我们需要调整可行方案,使重复边权和下降:

(1) 若图中某条边有两条或多于两条的重复边,同时去掉偶数条,使图中每一条边最多有一条重复边,可得到重复边权和较小的欧拉图 G_1,如图 $8-41(a)$ 所示,重复边权和就减少至 21。

(2) 使图中每个初等圈重复边的权和不大于该圈权和的一半。如图 $8-41(a)$ 所示,v_2, v_3, v_4, v_9, v_2 的重复边总权和为 24,但重复边总权为 14,大于该圈总权的一半。因此,将 $[v_2, v_5]$,$[v_5, v_4]$ 上的重复边代替 $[v_2, v_3]$,$[v_3, v_4]$ 上的重复边,使重复边总权和下降为 17,为图 G_2,如图 $8-41(b)$ 所示。

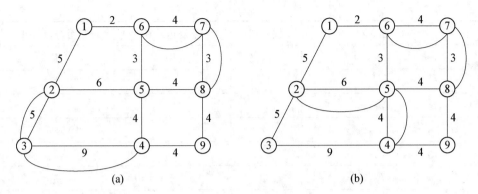

图 8 - 41　去重复边

现在开始检查 G_2 中的每个初等圈,如表 8 - 5 所示。

表 8 - 5　G_2 中的初等圈

初等圈	权　和	重复边权和	是否符合条件
v_1,v_2,v_5,v_6,v_1	16	6	是
v_6,v_5,v_8,v_7,v_6	14	7	是
v_2,v_3,v_4,v_5,v_2	24	10	是
v_5,v_4,v_9,v_8,v_5	16	4	是
$v_1,v_2,v_5,v_8,v_7,v_6,v_1$	24	13	否

所以继续调整,得到 G_3,如图 8 - 42 所示。

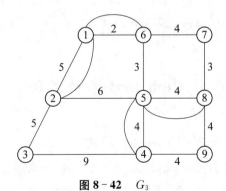

图 8 - 42　G_3

现在开始检查 G_3 中的每个初等圈,如表 8 - 6 所示。

表 8 - 6　G_3 中的初等圈

初等圈	权　和	重复边权和	是否符合条件
v_1,v_2,v_5,v_6,v_1	16	6	是
v_6,v_5,v_8,v_7,v_6	14	7	是

初等圈	权　　和	重复边权和	是否符合条件
v_2,v_3,v_4,v_5,v_2	24	10	是
v_5,v_4,v_9,v_8,v_5	16	4	是
$v_1,v_2,v_5,v_8,v_7,v_6,v_1$	24	13	否
$v_2,v_3,v_4,v_9,v_8,v_5,v_2$	32	4	是
$v_1,v_2,v_3,v_4,v_5,v_6,v_1$	28	11	是
$v_6,v_5,v_4,v_9,v_8,v_7,v_6$	22	4	是
$v_1,v_2,v_3,v_4,v_9,v_8,v_7,v_6,v_1$	36	7	是

发现 G_3 中的每个初等圈都符合条件,其中的任一欧拉圈就是邮递员的最优投递路线。综上,我们总结出奇偶点图上作业法的一般步骤:

第 1 步,确定一个初始可行方案。检查图 G 中是否有奇点。无奇点:图 G 已是欧拉图,找出一条以 v_1 为起点的欧拉回路,该回路就是最佳投递路线;有奇点:把所有奇点两两配成一对,每对奇点找一条链,在该条链上的每一条边增加一条重复边。

第 2 步,调整可行方案,使重复边权和下降。

(1) 使图中每一条边最多有一条重复边,若图中某条边有两条或多于两条的重复边,同时去掉偶数条。

(2) 使图中每个初等圈重复边的权和小于等于该圈权和的一半。若图中某初等圈重复边的权和大于该圈权和的一半,去掉圈中的重复边同时将圈中没有重复边的边加上重复边。

(3) 不断修改后,满足所有条件的图即为所求答案。

8.7　Python 编程求解图论问题

8.7.1　Python 编程实现 Dijkstra 算法

Python 编程实现以 Dijkstra 算法求解例 8 - 3 最短路问题,代码如下:

```
import networkx as nx
import matplotlib.pyplot as plt
# 创建有向图
Graph = nx.DiGraph()
# 添加节点
nodes = ['1', '2', '3', '4', '5', '6', '7']
```

```
Graph.add_nodes_from(nodes)
# 添加边和边的权重
edges = [('1', '2', 15), ('1', '3', 45), ('1', '4', 25), ('2', '4', 2),
    ('2', '5', 30), ('3', '6', 25), ('4', '3', 2),
    ('4', '7', 50), ('6', '7', 1), ('5', '7', 2),
    ]
Graph.add_weighted_edges_from(edges)
# 绘制有向图
pos = nx.spring_layout(Graph)
nx.draw_networkx(Graph,pos,with_labels = True,node_size = 500,node_color ='lightblue',font_size = 12, font_weight ='bold', edge_color ='gray', width = 1, arrowsize = 15)
# 绘制边的权重
labels = nx.get_edge_attributes(Graph, 'weight')
nx.draw_networkx_edge_labels(Graph, pos, edge_labels = labels)
# 显示图形
plt.axis('off')
plt.show()
# 使用 Dijkstra 算法找到从节点 1 到节点 7 的最短路径
def Dijkstra(Graph, org, des):
  bigM = 1000000
  Queue = []
  for node in Graph.nodes:
    Queue.append(node)
    if node == org:
      Graph.nodes[node]['min_dis'] = 0
    else:
      Graph.nodes[node]['min_dis'] = bigM
  while len(Queue) > 0:
    current_node = None
    min_dis = bigM
    for node in Queue:
      if Graph.nodes[node]['min_dis'] < min_dis:
        current_node = node
        min_dis = Graph.nodes[node]['min_dis']
    if current_node is not None:
      Queue.remove(current_node)
      for child in Graph.successors(current_node):
```

```
        arc_key = (current_node, child)
        dis_temp = Graph.nodes[current_node]['min_dis'] + Graph.edges[arc_
key]['weight']
        if dis_temp < Graph.nodes[child]['min_dis']:
            Graph.nodes[child]['min_dis'] = dis_temp
            Graph.nodes[child]['previous_node'] = current_node
    opt_dis = Graph.nodes[des]['min_dis']
    current_node = des
    opt_path = [current_node]
    while current_node != org:
        current_node = Graph.nodes[current_node]['previous_node']
        opt_path.insert(0, current_node)
 # 输出最短路径的距离和路径
    return Graph, opt_dis, opt_path
 Graph, opt_dis, opt_path = Dijkstra(Graph, '1', '7')
 print('optimal distance: ', opt_dis)
 print('optimal path: ', opt_path)
# 运行上面程序结果如下:
optimal distance: 45
optimal path: ['1', '2', '4', '3', '6', '7']
```

这段代码使用 NetworkX 库创建了一个有向图,然后进行了图的可视化展示,并实现了 Dijkstra 算法求解指定起点到终点的最短路径和最短距离。

首先,通过"nx.DiGraph()"创建了一个有向图对象"Graph"。然后,添加了节点和边,以及每条边的权重。接着,使用 Spring Layout 进行节点的布局,并调用"nx. draw_networkx"函数绘制了有向图,包括节点、边、权重等信息。

在图的展示之后,定义了 Dijkstra 算法的实现函数"Dijkstra",该函数接受有向图对象、起点和终点作为参数。在函数内部,首先初始化了队列"Queue",并为每个节点设置了最短距离和前驱节点的初始值。然后,通过循环遍历队列,找到当前队列中最短距离的节点,更新与其相邻节点的最短距离和前驱节点。这样,循环进行直到队列为空,最终得到了从起点到终点的最短路径和最短距离。

最后,通过调用"Dijkstra"函数,并指定起点为"1",终点为"7",得到了最优路径和最优距离,并将结果打印输出。

8.7.2 Python 编程实现 Ford-Fulkerson 算法

Python 编程实现以 Ford-Fulkerson 算法求解例 8-6 最大流问题,代码如下。

```
  class Graph:
def _init_(self, graph):
  # 图的初始化函数
  self.graph = graph
  self.ROW = len(graph)
# 使用 BFS 作为搜索算法
def searching_algo_BFS(self, s, t, parent):
  # BFS 搜索算法
  visited = [False] * (self.ROW)
  queue = []
  queue.append(s)
  visited[s] = True
  while queue:
    u = queue.pop(0)
    for ind, val in enumerate(self.graph[u]):
      if visited[ind] == False and val > 0:
        queue.append(ind)
        visited[ind] = True
        parent[ind] = u
  return True if visited[t] else False
# 应用 Ford - Fulkerson 算法
def ford_fulkerson(self, source, sink):
  # Ford - Fulkerson 算法
  parent = [- 1] * (self.ROW)
  max_flow = 0
  while self.searching_algo_BFS(source, sink, parent):
    path_flow = float("Inf")
    s = sink
    while s != source:
      path_flow = min(path_flow, self.graph[parent[s]][s])
      s = parent[s]
    # 添加路径流
    max_flow += path_flow
    # 更新边的剩余值
    v = sink
    while v != source:
      u = parent[v]
      self.graph[u][v] -= path_flow
```

```
        self.graph[v][u] += path_flow
        v = parent[v]
    return max_flow
#  图的邻接矩阵表示
graph = [
    [0, 8, 14, 0, 0, 0, 0],
    [0, 0, 0, 3, 6, 0, 0],
    [0, 5, 0, 3, 0, 8, 0],
    [0, 0, 0, 0, 4, 0, 10],
    [0, 0, 0, 0, 0, 0, 7],
    [0, 0, 0, 3, 0, 0, 6],
    [0, 0, 0, 0, 0, 0, 0]
]
g = Graph(graph)
source = 0
sink = 6
#  输出结果
print("最大流量: % d " % g.ford_fulkerson(source, sink))
#  运行上面程序结果如下:
最大流量: 20
```

这段代码首先定义了一个图类"Graph",其中包含图的初始化函数和 Ford-Fulkerson 算法的实现。初始化函数接受一个邻接矩阵表示的图,并记录图的行数。"searching_algo_BFS"方法使用广度优先搜索(BFS)算法寻找从源节点到汇点的增广路径,并更新路径上的流。"ford_fulkerson"方法通过反复调用 BFS 寻找增广路径,并在每次找到路径时更新流,直到无法找到增广路径为止。

最终,返回图中从源节点到汇点的最大流量。构建了一个有向图的邻接矩阵表示"graph",并通过该表示创建了一个图对象"g"。设定源节点为 0,汇点为 6,然后调用"ford_fulkerson"方法计算最大流,并输出结果。

课后习题

1. 一个乡有 9 个自然村,其间道路及各道路长度如下图所示,各边上的数字表示距离,问如何架设电线做到村村通电又能使用线最短(使用避圈法)。

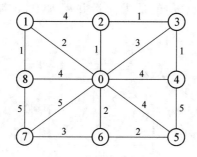

2. 使用破圈法求下图的最小树。

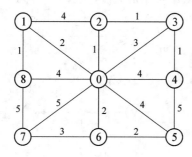

3. 用 Dijkstra 算法求图中点 v_1 到点 v_8 的最短路。

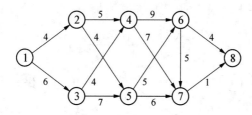

4. 求图发点 v_s 到收点 v_t 的最大流量并用 Python 编程求解,图中数据表示 (c_{ij}, f_{ij})。

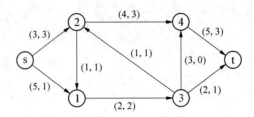

5. 求下图所示网络的最小费用最大流,弧旁数字为 (b_{ij}, c_{ij})。

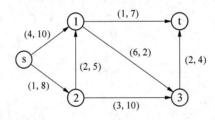

6. 已知有 6 个村子,相互间道路的距离如下图所示,拟合建一所小学。已知 A 处有小学生 50 人,B 处 40 人,C 处 60 人,D 处 20 人,E 处 70 人,F 处 90 人,问小学应建在哪一个村子,使学生上学最方便(走的总路程最短)。

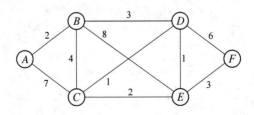

7. 求下图所示的最短路问题并用 Python 编程求解。

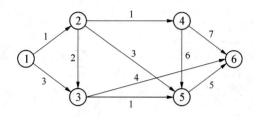

8. 将 Dijkstra 算法用表格的方式求解下图所示的无向图最短路问题。

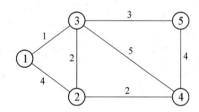

9. 判断下列说法是否正确:

(1) 图论中的图不仅反映了研究对象之间的关系,而且是真实图形的写照,因而对图中点与点的相对位置、点与点连线的长短曲直等都要严格注意。

(2) 在任一图 G 中,当点集 V 确定后,树图是 G 中边数最少的连通图。

(3) 若图中某点 v_i 有若干个相邻点,与其距离最远的相邻点为 v_j,则边 $[i,j]$, $[j,i]$ 必不包含在最小支撑树内。

(4) 求图的最小支撑树以及求图中一点至另一点的最短路问题,都可以归结为求解整数规划问题。

(5) 求网络最大流的问题可归结为求解一个线性规划模型。

10. 求下图所示的中国邮递员问题。

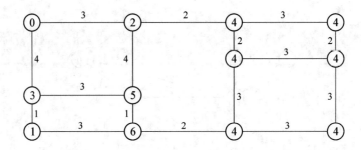

参考文献

[1] 孔造杰.运筹学[M].北京:机械工业出版社,2017.

[2] 肖勇波.运筹学:原理、工具及应用[M].北京:机械工业出版社,2021.

[3] 胡运权.运筹学教程[M].第 5 版.北京:清华大学出版社,2018.

[4] 《运筹学》编写组.运筹学[M].第 5 版.北京:清华大学出版社,2021.

[5] 温斯顿.运筹学应用范例与解法[M].第 4 版.北京:清华大学出版社,2006.

[6] 张红历.Python 与运筹优化[M].成都:西南财经大学出版社,2022.

[7] 刘兴禄.运筹优化常用模型、算法及案例实战[M].北京:清华大学出版社,2022.

[8] 殷允强,王杜娟,余玉刚.整数规划:基础、扩展及应用[M].北京:科学出版社,2022.

[9] 孙小玲,李端.整数规划[M].北京:科学出版社,2010.

[10] 孙小玲,李端.整数规划新进展[J].运筹学学报,2014,18(1):39 - 68.

[11] 安劲萍.线性规划在经济分析中的应用[J].中央财经大学学报,2005,1:44 -47.

[12] 孟香惠,施保昌,胡新生.线性规划单纯形法的动态灵敏度分析及其应用[J].应用数学,2018,31(3):697 - 703.

[13] 敖特根.单纯形法的产生与发展探析[J].西北大学学报(自然科学版),2012,42(5):861 - 864.

[14] 孟香惠,施保昌.线性规划单纯形法主元规则的几何分析[J].数学杂志,2013,33(2):373 - 380.

[15] 赵白云.线性规划最优基的退化性和矛盾性[J].暨南大学学报(自然科学与医学版),2009,30(5):498 - 503.

[16] 胡艳杰,黄思明,N. Adrien,武昱.对偶性在线性规划预处理中的应用分析[J].中国管理科学,2016,24(12):117 - 126.

[17] 王全文,吴育华,吴振奎.整数规划的一种线性规划解法[J].系统工程,2005,7:26 - 28.

[18] 中国运筹学会.中国运筹学发展研究报告[J].运筹学学报,2012,16(3):1 -48.

[19] 刘方池,叶军.关于指派问题的最优解集[J].华中科技大学学报,2000,12:

101 - 103.

[20] 崔春生.运筹学中几种运输问题的求解方法探析[J].数学的实践与认识,2014,44(8):295-300.

[21] 曾庆红,杨桥艳.最短路问题算法综述[J].保山学院学报,2019,38(5):44-46.

[22] 王邦兆,陈永清,王海军,等.中国邮递员问题奇偶点图上作业法最优标准的商榷[J].价值工程,2018,37(36):258-259.

[23] 张岩,杨龙.最短路问题的 Floyd 算法优化及分析[J].信息技术,2017,10:30-32.

[24] 顾戍杰.中国邮路最短路问题的研究[J].信息通信,2017,2:25-28.

[25] 于斌,刘姝丽,韩中庚.动态规划求解方法的 Matlab 实现及应用[J].信息工程大学学报,2005,3:95-98.

[26] R. Dial, F. Glover, D. Karney, D. Klingman. A computational analysis of alternative algorithms and labeling techniques for finding shortest path trees[J]. Networks, 1979, 9(3): 215-248.

[27] Frederick S. Hillier, Gerald J. Lieberman. Introduction to operations research[M]. New York: Tata McGraw-Hill Education, 2012.